航天工程系列精品出版项目

U0267802

航天器相对导航与控制技术

龚柏春　张　新　编著

北京理工大学出版社
BEIJING INSTITUTE OF TECHNOLOGY PRESS

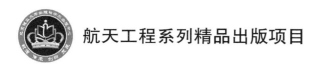

图书在版编目(CIP)数据

航天器相对导航与控制技术 / 龚柏春，张新编著. -- 北京：北京理工大学出版社，2023.12
ISBN 978-7-5763-3316-9

Ⅰ. ①航… Ⅱ. ①龚… ②张… Ⅲ. ①航天导航②航天器-飞行控制 Ⅳ. ①V556②V448.2

中国国家版本馆 CIP 数据核字(2024)第 017694 号

责任编辑：李颖颖　　**文案编辑**：李颖颖
责任校对：周瑞红　　**责任印制**：李志强

出版发行 / 北京理工大学出版社有限责任公司
社　　址 / 北京市丰台区四合庄路 6 号
邮　　编 / 100070
电　　话 / (010) 68944439 (学术售后服务热线)
网　　址 / http://www.bitpress.com.cn

版 印 次 / 2023 年 12 月第 1 版第 1 次印刷
印　　刷 / 保定市中画美凯印刷有限公司
开　　本 / 787 mm×1092 mm　1/16
印　　张 / 10.25
彩　　插 / 2
字　　数 / 241 千字
定　　价 / 46.00 元

PREFACE

前 言

航天器相对导航与控制技术是综合轨道力学、最优估计、控制、光学、数学等学科的尖端技术，广泛应用于航天器交会对接、编队集群、空间态势感知及博弈对抗等涉及两个或多个航天器相对运动的任务中。相对导航与控制以某种最优估计的方式处理星载相对导航敏感器的测量信息，获取两个航天器之间的相对轨道和姿态等信息，用于精确控制航天器之间的相对轨道和姿态，完成交会控制、构型保持与重构控制、追逃博弈控制等任务，也为空间感知与预警决策提供依据。

因为航天器相对导航与控制技术在相关领域的关键作用，国内外都在大力发展该技术。因此，系统性讲授航天器相对导航与控制技术的基础理论和方法，对推动我国在该领域的工程教育和技术发展具有重要意义。然而，国内尚缺少专门讲授该技术的专业课程和教材，编著此教材的初衷就是想填补该空白。编著者于2022年在南京航空航天大学首次开设了航天器相对导航与控制技术课程，通过两轮的教学对前期编撰的讲义进行了迭代和扩充，形成了目前这个版本的教材。本教材较为详细地介绍了航天器相对导航与控制技术的相关基础理论和方法，内容丰富、涉及面广，可作为包括飞行器控制与信息工程等专业的本科生，导航、制导与控制等学科研究生的教学参考书。同时，本书融入了作者的部分科研成果，对相关单位的科研工作和技术应用也具有一定的参考价值。

本书由南京航空航天大学航天学院控制工程系龚柏春和张新两位老师共同编著，第1~6章、第10~11章由龚柏春编著，第7~9章由张新编著，龚柏春负责最终统稿。

本书得到了国家自然科学基金（12272168）和江苏省品牌专业建设项目的资助出版，在此表示感谢！本书借鉴了国内外相关学者的研究成果，在此向相关专家、学者致以衷心的感谢！此外，本书撰写过程中的公式编辑、绘图、校稿等工作得到了邓豪、王沙、丁鑫、江林海、杨世航、刘寒琼等研究生的大力支持，在此一并致谢。

由于航天器相对导航与控制涉及多门学科，其理论、工程技术与实践应用还在快速发展中，加之编著者研究水平和学科认知有限，书中难免存在不足与疏漏之处，敬请广大同行和读者批评、指正。

编著者

目　录
CONTENTS

第1章　绪　论

航天器相对导航与控制技术是空间交会对接、航天器编队集群、天基态势感知、轨道博弈对抗等多个领域的核心使能技术之一，是综合了轨道力学、最优估计、控制、光学、数学等学科的尖端技术，是决定任务成功与否的关键技术。当前，美国的航天器相对导航与控制技术最为发达、完整，俄罗斯、欧洲和日本等也进行了大量的技术研发和在轨应用探索，我国近年来在该领域也取得了长足的进步，特别是已经完全掌握了低地球轨道交会对接任务中的相对导航与控制技术。

系统性地学习和掌握航天器相对导航与控制技术是有效参与相关任务的设计和工程实践的重要前提。本章主要对航天器相对导航与控制的概念进行阐述，以空间交会对接任务为例，简要介绍航天器相对导航与控制的主要任务和技术要求，并从多个维度简要分析其发展趋势。

1.1　概念与内涵

航天器、相对、导航、控制四个关键词构成了航天器相对导航与控制技术这门课的全部内涵，具体包括以下三个方面。

（1）空间交会对接、航天器编队集群、天基态势感知、轨道博弈对抗等至少有两个航天器参与的应用场景，如图1-1所示。

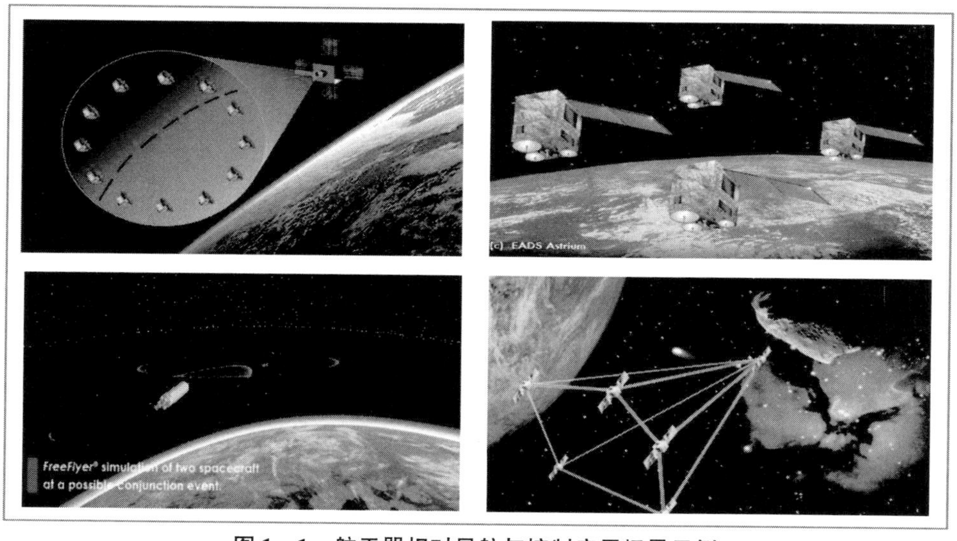

图1-1　航天器相对导航与控制应用场景示例

（2）通过处理星载相对敏感器测量的距离、方位等信息获取航天器之间的相对轨道、相对姿态等导航信息。

（3）航天器通过相对轨道和姿态的调整，完成交会对接、相对构型保持和变换、追逃博弈等多种相对运动控制。

因此，航天器相对导航与控制主要是以某种最优估计的方式处理星载相对测量敏感器的测量信息，获取两个航天器之间的相对运动信息，并用于引导航天器进行一系列的轨道/姿态机动，实现或保持某种相对位置或指向关系。航天器相对导航与控制系统的基本结构整体上如图 1－2 所示，包含相对轨道/姿态运动的相对动力学模型、相对测量敏感器、最优估计算法及相对控制算法等模块，这些模块共同形成了负反馈的闭环系统。其中，相对测量敏感器与最优估计算法组成了相对导航系统。本书后续章节内容的组织将围绕实现如图 1－2 所示的航天器相对导航与控制系统展开，分别针对各个模块进行介绍与讲解。

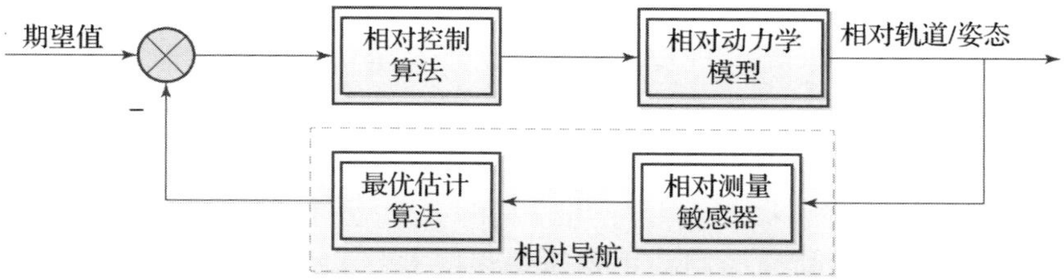

图 1－2　航天器相对导航与控制系统框图

航天器的相对导航与控制、绝对导航与控制的主要区别在于：①相对导航与控制参与的对象至少包含两个航天器，而后者只面向单个航天器；②相对导航需要有如雷达、相机等相对测量敏感器测量航天器之间的运动信息，而绝对导航通常是利用星载的惯性导航系统、星敏感器、卫星导航接收机等绝对导航敏感器的测量信息融合获取航天器的惯性位置和姿态等导航信息；③相对导航与控制主要是在局部的相对坐标系下讨论航天器之间相对轨道/姿态的导航与控制问题，而绝对导航与控制通常在惯性系下讨论单个航天器绝对轨道/姿态的导航与控制问题。

当然，相对与绝对的区别也并不是“绝对的”，相对导航的信息测量与融合通常也需要绝对轨道和姿态作为参考基准，相对轨道和姿态的控制最后的落地体现在绝对轨道和姿态的控制上。因此，读者需要辩证地看待这两个概念及其内涵。

1.2　任务与要求

正如上一节所述，航天器相对导航与控制技术主要应用于空间交会对接、航天器编队集群、天基态势感知、轨道博弈对抗等多个领域，在不同领域中应用会面临不同的任务导向和要求，但是总体上是相近的。因此，这里以空间交会对接应用为例，简要阐述相对导航与控制的任务、要求。

自 20 世纪 60 年代美国双子星座 8 号飞船与阿金纳号火箭在世界上首次实现空间交会对接至今，全球一共进行了近 400 次航天器空间交会对接。航天器空间交会对接任务可分为几个主要阶段：远程导引段、近程导引段、最终逼近段、对接和组合飞行段等，如图 1－3 所示。

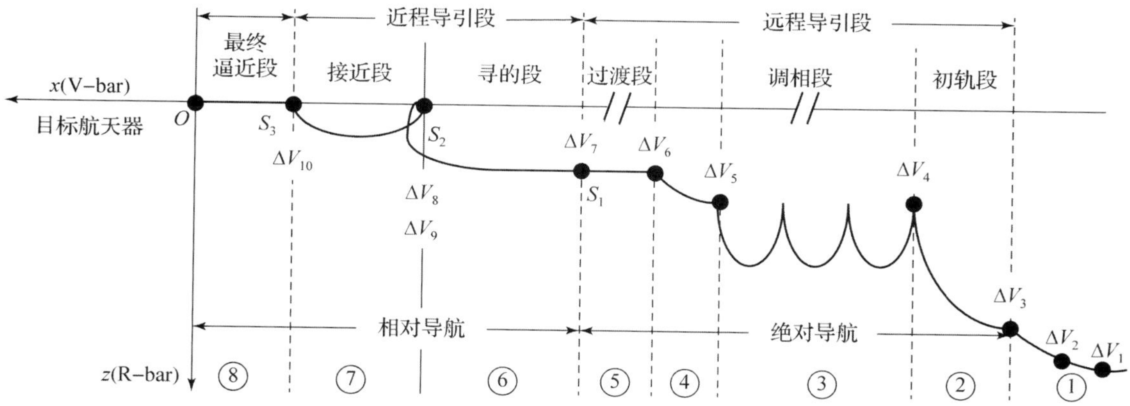

图 1-3　航天器空间交会对接过程相对轨道示意图

相对导航与控制主要作用于近程导引段和最终逼近段。其中，在近程交会段开始后星上的相对敏感器能够跟踪测量目标，获取必需的相对导航信息，并将追踪器从 100 ~ 50 km导引至距目标 1 ~ 0.1 km 的地方。在此过程中，通常将目标航天器的质心当地轨道坐标系作为自动导引参考系，将目标航天器作为质点，只考虑轨道运动。最终逼近段是指从追踪器进入接近走廊开始到追踪器与目标对接结构开始接触为止的飞行段。在该段中，追踪器在接近走廊内逼近目标，沿准直线轨迹做受迫运动，直到两飞行器对接机构接触。该段的主要任务是根据逼近速度的变化确定制导加速度，并根据对接轴和对接口调整姿态。

2011 年 11 月 1 日至 17 日，我国实施了“神舟八号”飞船与“天宫一号”空间实验室首次空间交会对接任务，标志着我国成为世界上第三个独立全面掌握空间交会对接技术的国家。“神舟八号”飞船作为追踪器的飞行过程如图 1-4 所示。远程导引段自“神舟八号”飞船入轨后开始，在地面测控通信系统的导引下，“神舟八号”飞船经 5 次变轨，从初始轨道转移到与目标器共面的 330 km 的近圆轨道，在距“天宫一号”后下方约 52 km 处，与“天宫一号”建立稳定的空空通信链路，开始自主导航。

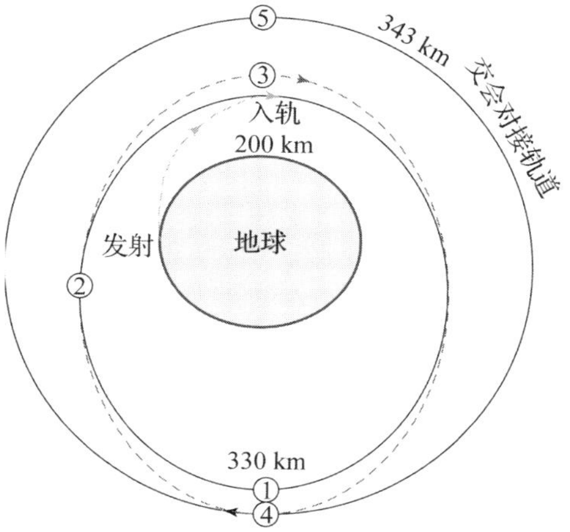

图 1-4　“神舟八号”飞船作为追踪器的飞行过程

自主控制段经历寻的、接近和平移靠拢三个阶段，“神舟八号”飞船通过交会对接测量设备，自主导航至与“天宫一号”对接，自主控制飞行过程约 144 min。自主控制段开始，作用距离较远的差分卫星导航设备和微波雷达率先工作，进入 20 km 后精度较高的激光雷达开始工作，进入 100 m 时更加精确的 CCD 光学敏感器开始介入。因为是首次交会对接，为了安全，该段设计了 5 km、400 m、140 m、30 m 四个停泊点，用于交会对接敏感器切换和交会对接状态检查。

由于地面无法完全模拟空间中的阳光强度，为避免强阳光对测量设备的干扰，第一次交会对接试验选在地球阴影区进行，第二次试验选在光照区进行，充分验证了测量设备的抗干扰能力。而后续的“神九”与“天宫”的两次交会对接则在全阳照区进行，验证了复杂恶劣环境下相对测量设备的可靠性。

通常，空间交会对接不同阶段使用不同的导航设备，各阶段对相对导航精度的要求不同。航天器交会对接各阶段的测量精度要求如表 1-1 所示。

表 1-1 航天器交会对接各阶段的测量精度要求

阶段		相对距离	精度要求	
			距离/m	速率/ $(m \cdot s^{-1})$
远程导引		>50 km	250~50	0.5~0.1
近程导引		50 km~500 m	5~0.5	0.5~0.1
最终逼近	绕飞	500 m~100 m	1~0.5	0.1~0.05
	靠近	100 m~5 m	0.5~0.2	≤0.05
	平移靠拢	5 m~0 m	<0.2	≤0.02

（1）在远程导引段，两航天器的距离在约 50 km 开外，追踪航天器无法直接对目标进行测量，需要通过地面上传相关数据或者通过全球卫星导航系统（如 GPS）间接获取目标信息。

（2）在近程导引段，两航天器的距离在几百米到几十千米之间，能够直接通过仪器设备获取目标航天器信息，采用较多的相对测量设备包括微波雷达、激光测距仪、红外敏感器、可见光跟踪相机等。

（3）在最终逼近段，测量精度要求最高，是测量系统设计的难点，多采用基于光学成像和图像信息处理技术的计算机视觉测量方法。该方法优于雷达和其他方法的原因主要有两点：一是在最后逼近段雷达测量信号与目标航天器发出的其他信号容易产生干涉等严重问题，而光学成像和图像测量法不存在信号干扰问题；二是光学系统提供的细节允许更精确地匹配目标，以确定目标的相对位置和姿态信息。

目前，自主交会对接任务中常用的星载相对测量敏感器主要有微波雷达、激光雷达、相对卫星导航及光学成像敏感器等。这四类相对测量敏感器具有各自独特的优势和不足，表 1-2 总结了它们的主要参数和特性。

表 1-2 相对导航敏感器参数与特性

敏感器	作用距离	输出参数	精度	外特性
微波雷达	1 m～（约>100）km	相对距离 相对速度 相对角度 相对角速度	0.5～30 m 0.02～0.5 $m \cdot s^{-1}$ 0.01～1° 0.003～0.5°/s	体积大，质量大，系统复杂，功耗高，作用距离远，精度高
激光雷达（半导体）	0～（约<3）km	相对距离 相对速度 相对角度 相对角速度	0.5～5 m 0.1～0.5 $m \cdot s^{-1}$ 0.01～0.1° 0.01～0.1°/s	体积小，质量小，功耗极低，作用距离近，精度极高
相对卫星导航	>约 0.1 km	相对距离 相对速度	2～40 m 0.06～0.3 $m \cdot s^{-1}$	体积小，质量小，功耗低，作用距离远，精度高
CCD 光学成像敏感器（合作目标）	0～0.5 km（宽视场）	相对距离 相对角度	0.002～9 m 0.3～5°	体积小，质量小，功耗低，作用距离远，输出参数与作用距离有关
	2 m～200 km（窄视场）	相对角度	0.01～0.1°	

微波雷达测量精度高、参数全，几乎在交会对接的全过程可用，但是技术复杂、造价昂贵、功耗高、体积大；激光雷达测距精度高、体积小、功耗低，但是作用距离一般不超过 10 km；相对卫星导航测量精度高、功耗低、体积小，但是只能用于安装有导航接收机且能相互通信的合作目标；光学成像敏感器体积小、质量小、功耗低，作用距离范围宽，但只能精确测量出相对视线角（近距离时包含相对距离）。这里需要说明的是，最新的长焦相机作用范围可以远至数千千米。

因此，根据这四种相对敏感器的特点可知，对于即将到来的太空经济和安全拓展时代，特别是依赖中小型/微纳卫星实现对空间非合作目标的交会对接/抓捕等快速响应、商业化任务来说，微波雷达和相对卫星导航都不能满足其对相对测量系统的简单可靠、体积小、全自主等要求，而激光雷达又由于作用距离范围的限制，不能用于交会对接自主导引段全程的相对测量任务，只有光学成像敏感器能够满足所有这些要求。同时，光学成像敏感器具备的无源测量特性使其在空间攻防领域具有难以替代的重要地位。

1.3 发展趋势

航天器相对导航与控制技术经过几十年的蓬勃发展，已经取得了长足的进步。也正是由于其在航天领域的重要性，航天器相对导航与控制技术也依然在高速发展。从该技术的应用场景发展来看，其参与的对象一直在扩展，如图 1-5 所示。从早期的功能完整、相互配合的飞船、卫星等合作目标，扩展到失效卫星、故障卫星等半合作目标，再到空间碎片等完全非合作目标，到目前太空攻防对抗领域的强对抗非合作目标，即敌方卫星等。其中，合作目标之间能够相互通信、相互配合，为相对导航与控制提供合作信息；半合作目标具有一定的配合能力、部分信息已知，但是配合功能不全、信息不全；完全非合作目标不能提供任何的通信、导航、控制等合作能力，甚至目标的外形、轨道和姿态运动、惯性参数等信息都是未知的；强对抗非合作目标则是具备侦察与反侦察、交会与反交会等攻防对抗能力的航天器。

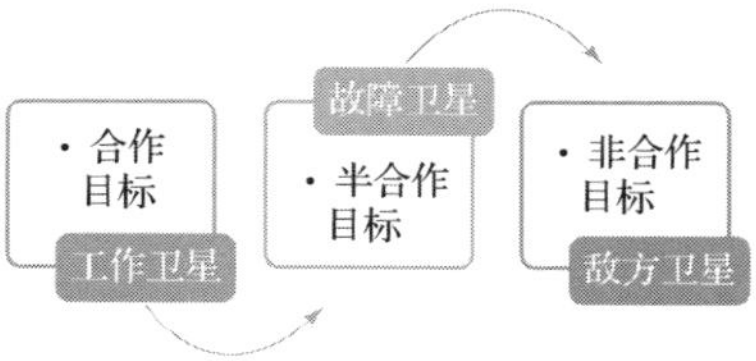

图 1－5　相对导航与控制参与对象的发展

正是因为应用的对象一直在进化，航天器相对导航与控制技术的发展趋势也在变化，如图 1－6 所示，从单纯的高精度要求，发展到全自主要求，再到面向空间攻防的隐身性要求。其中，全自主要求导航与控制的过程完全由星上实现，无须地面或其他系统参与；隐身性要求则是面向轨道博弈，包含相对测量的隐蔽性（即更多采用被动测量方式），也包含相对轨道运动的伪装性（即控制相对轨道实现背景隐匿），也就是说比传统的依赖外形、涂层材料等隐身方法具有更高的维度。同时，随着应用对象复杂程度的增加、太空安全及经济的发展需求，航天器相对导航与控制技术也将朝着智能化、体系化和商业化路线发展，限于篇幅这里不展开讨论。

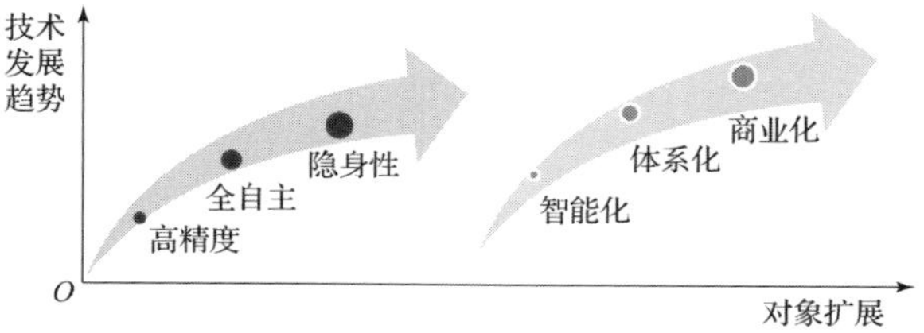

图 1－6　航天器相对导航与控制的技术发展趋势

如图 1－7 所示，美国东部时间 2009 年 2 月 10 日上午 11 时 55 分，美国铱星 33 与俄罗斯已报废的宇宙－2251 卫星在西伯利亚上空约 790 km 处相撞，这是人类历史上首次卫星相撞事故。该碰撞产生至少数千个太空碎片，可能分布在 500～1 300 km 高的太空，严重影响在轨航天器的运行安全。

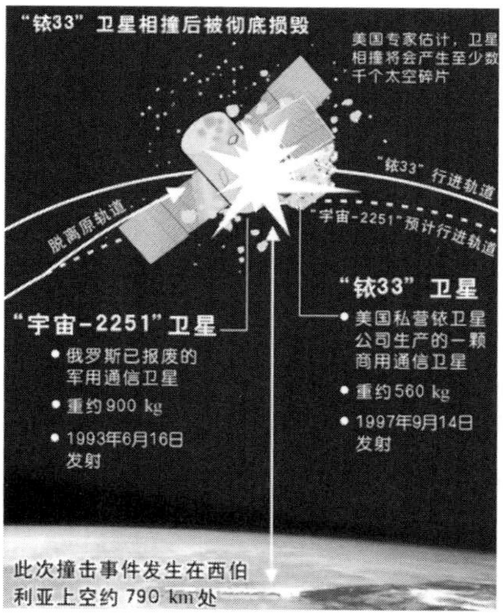

图 1－7　美国铱星 33 与俄罗斯宇宙－2251 卫星碰撞事故

2021 年 7 月，美国军方一颗代号 USA271 的地球同步轨道空间态势感知计划（GSSAP）卫星多次故意抵近中国实践二十号卫星，严重干扰并危及卫星运行安全。美军自 2014 年至今已在轨部署6颗GSSAP卫星，分别运行在GEO的上、下方，旨在监视GEO高度及其附近的常驻空间目标，验证和开发太空态势感知战术、技术与规程。GSSAP具有强大的相对导航与控制能力，定期以在轨服务、燃料加注、报废卫星处理等试验为名，对多国GEO卫星进行了大量的抵近侦察与干扰。图1-8是美国GSSAP卫星USA271抵近我国实践-20卫星的相对轨道图，最近距离不到30 km。在和USA 271纠缠24小时后，实践-20卫星采取了规避措施，迅速脱离了原本的轨道，并利用速度优势离开了USA 271的监控范围。从这次事件可以看出，我国在面向强对抗非合作目标空间安全的先进相对导航与控制技术取得了长足的进步。

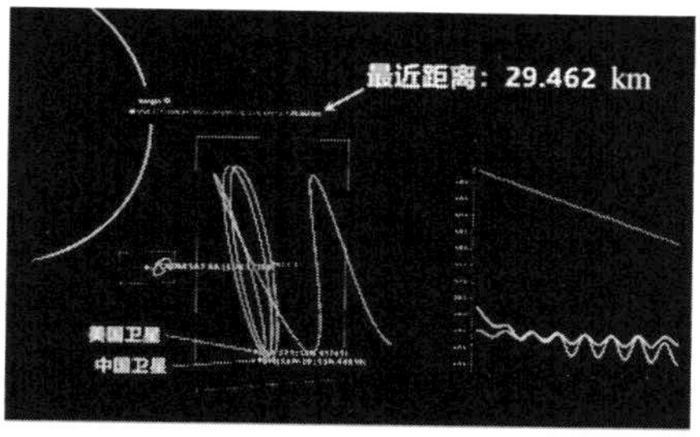

图1-8 美国GSSAP卫星USA271抵近我国实践-20卫星的相对轨道图

由于无源光学相机具有作用范围宽、测量精度高、全自主以及无源隐身性优势，目前国内外都在大力发展基于无源光学相机测量的相对导航与控制技术，特别是针对包括空间碎片、失效卫星、敌方卫星等空间非合作目标的态势感知、交会对接任务场景，美国的Orbital Express、瑞典的PRISMA、德国的AVANTI等包含自主交会对接的项目都在轨演示验证了基于光学相机的空间非合作目标相对导航与控制技术，美国的Phoenix、德国的DEOS等项目也都计划采用光学相机实现相对导航与控制。AVANTI计划导航制导与控制系统的顶层架构如图1-9所示。

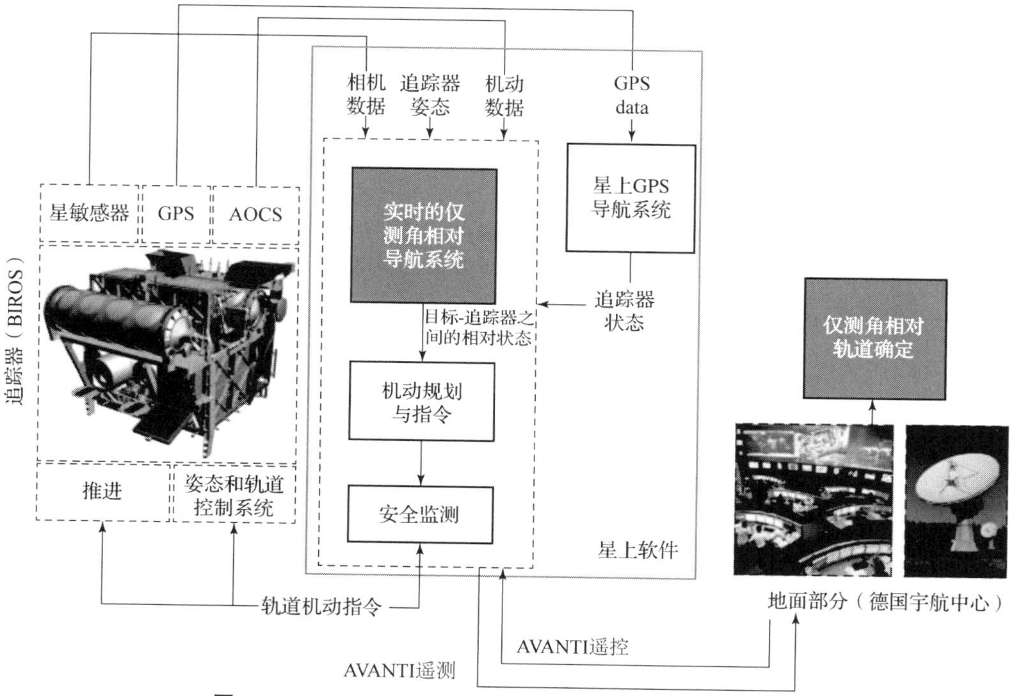

图1-9 AVANTI计划导航制导与控制系统的顶层架构

类似地，空间交会对接领域对相对导航与控制的应用要求，同样适用于空间态势感知、编队集群等任务领域，相应的相对导航与控制技术也都可以应用，相应的发展趋势也类似。因此，本书不对这些不同任务场景下的相对导航与控制技术发展进行详细扩展，感兴趣的读者可自行查阅相关文献。

此外，近年来随着人工智能技术的快速发展，不少学者将人工智能技术应用到航天器相对导航与控制中，取得了可喜的进展和成果，但总体上尚未经过在轨试验验证。考虑到基于人工智能的相对导航与控制技术也需要建立在传统方法上，因此本书的后续内容将以传统方法基础教学为主，暂不涉及智能方法。

1.4 本书的主要内容和章节安排

本书后续的章节将围绕航天器相对导航与控制技术的基础理论和应用实践展开，具体安排如下。

第 2 章，数理基础。该章将快速回顾地球的描述、时空参考、姿轨动力学基础等方面的航天器相对导航与控制的必备专业基础知识，同时简要介绍后续章节的理论推导中必需的数学预备知识。

第 3 章，相对轨道运动动力学建模。该章将详细阐述几种常见的相对轨道运动动力学建模方式、相对轨道机动的概念以及几种典型的相对运动运动形式。该章内容是航天器相对导航与控制技术的重要基础。

第 4 章，相对测量敏感器及其原理。该章重点介绍微波雷达、激光雷达、相对卫星导航、光学成像敏感器以及测距通信链路等几种常用的相对测量敏感器及其测量的基本原理，这些内容是第 6 章相对轨道导航估计理论的重要基础。

第 5 章，最优估计方法基础。该章简要回顾最小二乘估计、卡尔曼滤波、扩展卡尔曼滤波以及无味卡尔曼滤波等几种常用最优估计方法的原理和主要步骤。

第 6 章，相对轨道导航估计理论。该章介绍不同测量模式下的相对导航原理，特别重点阐述了仅测角、仅测距两种不完备测量模式下的相对导航概念、状态可观测性问题以及解决方案。

第 7 章，脉冲推力相对轨道控制方法。该章重点讲解基于 CW 方程的二脉冲制导控制原理、基于 TH 方程的多脉冲滑移制导控制原理以及基于速度增益制导的有限推力制导控制原理。

第 8 章，连续推力相对轨道控制方法。该章重点介绍基于 PID、滑模变结构以及基于 Lyapunov 稳定性理论控制理论的线性模型和非线性模型相对轨道控制设计方法。

第 9 章，直线迫近与姿轨联合控制方法。该章重点讲解应用于交会对接的最后逼近段的两种不同控制方法。

第 10 章，典型航天器相对导航与控制系统案例分析。该章以欧空局的自动转移飞行器、美国的轨道快车为例，介绍工程实践中相对导航与控制的设计情况。

第 11 章，航天器相对导航与控制设计仿真实践。该章重点讲解 GNC 系统框架、仿真中参考轨迹和测量产生方法以及相对导航与控制系统的仿真方法等内容。

思考题

1. 航天器相对导航的测量信息都有什么类型？相对控制的对象又是什么？

2. 哪些任务场景可以采用相对卫星导航？哪些任务场景采用无源的光学相机进行相对导航更具优势？

3. 什么样的目标可以称为空间非合作目标？该类目标大概具有什么特征？

4. 航天器相对导航系统与相对控制系统二者之间是什么关系？

第 2 章　数理基础

有别于在惯性系讨论单个航天器的运动，相对导航与控制是在局部的相对坐标系下讨论多个航天器参与的相对运动导航与控制问题。但是这种区别并不是割裂全局与局部、绝对与相对，二者是相互融合的，在很多场景下也是可以相互转换的，且拥有共同的力学基础和类似的数学分析工具。因此，在详细讲授相对导航与控制技术内容之前，有必要回顾地球的引力模型、时空参考、姿轨动力学基础以及相关的数学知识等重要数理基础。掌握这些基础内容是学习后续章节航天器相对导航与控制技术的前提。

2.1　地球的引力模型

引力场是一个保守场，即一个质点在场内沿任意一条封闭曲线运动一周，场对该质点所做的功等于零，这种场一定存在一个代表场能量强度的势函数 U，场对该质点的作用力 $\boldsymbol{F}$ 与势函数 U 具有如下关系

$$\boldsymbol{F} = \mathrm{grad}U \tag{2.1}$$

若设地球为一均质圆球，则可把地球质量 M 看作集中于地球中心，则地球对球外距地心 r 处的一个单位质量质点的势函数为

$$U = \frac{fM}{r} \tag{2.2}$$

其中，f 为万有引力常数。

记 $\mu = fM$，称为地球引力系数，它是一个常量，近似计算时可取为

$$\mu = fM = 3.986\,005 \times 10^{14}\ \mathrm{m^3/s^2} \tag{2.3}$$

由式（2.1）与式（2.2），可得地球对球外距地心 r 处一单位质量质点的场强（引力）为

$$\boldsymbol{g} = -\frac{fM}{r^2}\boldsymbol{r} \tag{2.4}$$

场强 $\boldsymbol{g}$ 就是地球引力场中所具有的引力加速度矢量，$\boldsymbol{r}$ 代表质点的地心位置矢量。

当认为地球是均匀球体时，地球对卫星的径向引力只与地心距平方成反比，与卫星的经、纬度无关。在此假定下，卫星在地球中心引力场中运行，卫星的运动特性由开普勒定律描述。但事实上，地球的质量分布是不均匀的，它的形状是不规则的扁状球体，赤道半径超过极轴的半径约 21.4 km，同时赤道呈轻微的椭圆状。这些现象使卫星在轨道的切线和法线方向也受到引力作用，而且径向引力不仅与距离有关，还与卫星的经、纬度有关。

对于近地球轨道，地球摄动的主要因素是地球的扁状，在地球引力位函数中，可以略去田谐项。如仅考虑四阶带谐项引力位函数，可以展开如下：

$$U=\frac{\mu}{r}\left[1-\frac{J_2R_e^2}{2r^2}(3\sin\phi-1)-\frac{J_3R_e^3}{2r^3}(5\sin^3\phi-3\sin\phi)-\frac{J_4R_e^4}{8r^4}(35\sin^4\phi-30\sin^2\phi+3)\right] \tag{2.5}$$

式中，J_2、J_3 和 J_4 为带谐项系数；R_e 为地球平均半径；ϕ 为地心纬度。

2.2　时空参考

空间和时间的参考系是测量航天器运动、描述航天器运动状态的数学物理基础。在航天任务设计过程中常会涉及多种坐标系，坐标系的适当选用在很大程度上取决于任务要求、完成过程的难易程度、计算机的存储量和运算速度、导航方程的复杂性等。

一类常用的坐标系是惯性坐标系，它的指向在空间中是固定的，与地球自转无关，对描述各种飞行器的运动状态极为方便。严格地说，航天器运动理论是根据牛顿运动定律，在惯性坐标系中建立起来的，而惯性坐标系在空间的位置和方向应保持不变或仅做匀速直线运动。但实际上严格满足这一条件很困难。在航天器的导航和制导中，惯性参考坐标系一般都通过观察星座近似定义。

另一类常用的坐标系是与地球固联的坐标系，它对于描述航天器相对于地球的定位和导航尤为方便。此外，还可能用到轨道坐标系、体轴系和游动方位系等。由于坐标系的指向具有一定的选择性，常用“协议坐标系”是指在国际上通过协议来确定的某些全球性坐标轴指向。

2.2.1　时间体系

从理论上讲，任何一个周期运动，只要它的周期是恒定的且是可观测的，都可以作为时间的尺度。实际上我们所能得到的时间尺度只能在一定精度上满足这一理论要求。科学技术的发展对时间尺度准确性越来越高的要求，推动了时间测量水准的不断提高；观测技术的进步和更加稳定的周期运动的发现使时间单位（s）的定义也经历了一个相应的变化过程。

1. 世界时

世界时（Universal Time，UT）以地球自转周期为基准，1960 年以前一直作为时间测量的基准。由于地球的自转，太阳会周期性地经过某个地点上空。太阳连续两次经过某条子午线的平均时间间隔称为一个平太阳日，以此为基准的时间称为平太阳时。英国格林尼治从午夜起算的平太阳时称为世界时（UT），一个平太阳日的 1/86 400 规定为一个世界时秒。地球除了绕轴自转之外，还有绕太阳的公转运动，所以，一个平太阳日并不等于地球自转一周的时间。

历史：格林尼治时间

1884 年 10 月，世界经度会议在美国华盛顿举行。与会专家一致同意采用时区制度，但对以何处为起点提出了不同的主张：多数人提出以格林尼治为起点；有人提议选择宗教圣城耶路撒冷；也有人认为埃及金字塔作起点最合适。经讨论，最后通过的决议是以经过格林尼治的经线为本初子午线，作为计算地理经度的起点，也是世界“时区”的起点；向东为东经，向西为西经，各为 180°，每 15°为一个时区，相差 1 小时，将全球按经线等分为 24 个时区。此次会议还决定在 180°经线附近设置一条假设的“国际日期变更线”，以避免地球各处因不能在同一时刻看到日出而引起的日期紊乱。这次会议确定了格林尼治时间为世界的标准时间。

此后，世界各国相继采用以格林尼治为时区起点的计时标准。但也有国家迟迟不愿承认，如俄罗斯直至 1924 年才以格林尼治时间作为计时标准。

世界时以地球自转周期为基准，所以地球自转轴在地球内的变化（即极移）和地球自转速度不均匀就会对世界时产生影响。地球自转速度主要的三种变化：长期变化，它是由于日月潮汐的摩擦作用引起的日长度缓慢增加；季节及周期现象引起的周期变化；地球转动惯量的不规则变化等未知因素引起的不规则变化。

经对以上主要因素修正得到的世界时为

$$UT = UT_0 + \Delta\lambda + \Delta T_\sigma \tag{2.6}$$

其中，UT_0 是从午夜起算的格林尼治平太阳时，它是由各地天文台或授时台对恒星位置直接观测并经平滑处理的结果；$\Delta\lambda$ 是极移改正值；ΔT_σ 是地球自转季节性变化的改正值。

2. 历书时

历书时（Ephemeris Time，ET）以地球绕太阳公转周期为基准，理论上讲它是均匀的，不受地球极移和转速变化的影响，因而比世界时更准确。回归年（即地球绕太阳公转一周的时间）的 1/31 556 925. 974 7 为一历书时秒，86 400 历书时秒为一历书时日。但是，由于观测太阳比较困难，只能通过观测月亮和恒星换算，其实际精度比理论分析的精度低得多，所以历书时只正式使用了 7 年。

3. 原子时

原子时（Atomic Time，AT）以位于海平面的铯原子 133 原子基态两个超精细结构能级跃迁辐射的电磁波振荡周期为基准，从 1958 年 1 月 1 日世界时的零时开始启用。铯束频标的9 192 631 770 个周期持续的时间为 1 原子时秒，86 400 个原子时秒定义为 1 原子时日。由于原子内部能级跃迁所发射或吸收的电磁波频率极为稳定，比以地球转动为基础的计时系统更为均匀，因而得到了广泛应用。

虽然原子时比以往任何一种时间尺度都精确，但它仍含有一些不稳定因素，需要修正。因此，国际原子时尺度并不是由一个具体的时钟产生的，它是一个以多个原子钟的读数为基础的平均时间尺度，目前大约有 100 台原子钟以不同的权值参加国际原子时的计算，它们分布在欧洲、澳大利亚、美洲和日本等地，每天通过罗兰 C 和电视脉冲信号进行相互对比，并且不定期地用搬运钟进行对比。国际原子时的最高读数精度为 $\pm 0.2 \sim 0.5\ \mu s$，频率准确度为年平均值 $\pm 1 \times 10^{-13}$，频率稳定度为 $\sigma(2,\tau) = 0.5 \sim 1.0 \times 10^{-13}$，2 月 $< \tau <$ 几年。

4. 协调时

协调时（Universal Time Coordinated，UTC）并不是一种独立的时间，而是时间服务工作中把原子时的秒长和世界时的时刻结合起来的一种时间。它既可以满足人们对均匀时间间隔的要求，又可以满足人们对以地球自转为基础的准确世界时时刻的要求。协调时的定义是它的秒长严格地等于原子时秒长，采用整数调秒的方法使协调时与世界时之差保持在 0. 9 s 之内。

5. GPS 时

GPS 时（GPS Time，GPST）是由 GPS 星载原子钟和地面监控站原子钟组成的一种原子时系统，与国际原子时保持有 19 s 的常数差，并在 GPS 标准历元 1980 年 1 月 6 日零时与 UTC 保持一致。GPS 时在 0 ~ 604 800 s 变化，0 s 是每星期六午夜且每到此时 GPS 时间重新设定为 0 s，GPS 周数加 1。

GPS 时的一个重要作用是作为 GPS 轨道确定的精密参考。过去，GPS 时被保持在主控制站，轨道确定过程中相对于 GPS 主钟跟踪所有卫星钟，因而每个 GPS 卫星轨道的确定都密切地与主钟联系起来。在轨道确定中，测量的每个卫星伪距与主钟比较并打上主钟的时间标记。然而，轨道确定过程并不能把估计的至卫星的距离误差与钟差分离出来，因此为了得到对轨道良好的估计，主钟在估计期间必须非常稳定，但由于主控站环境条件不理想，作为

GPS 主钟的铯钟有频率跳跃现象，为了克服这种现象，在主控站安装了一个硬件钟组，与此同时还开发了一个 GPS 组合钟并已投入使用，它是把 GPS 系统中所有钟（地面的和星上的）平均而来的。因为在轨铷钟的固有性质，它在组合钟中的加权是降低的。

由于 GPS 的时间参考和美国国防部所有与时间有关的系统都是 UTC（定标在美国海军实验室），所以必须有一个方法能把 GPST 与 UTC 联系起来，具体办法是在卫星的导航电文中播发 2 个系数，用来确定 GPST 和 UTC 之差，用户导航设备利用给定的公式可以很容易地完成这一运算。

2.2.2　空间体系

要清楚地描述航天器的运动及其观测者之间的关系，首先要确定参考坐标系，在一定的参考系中描述航天器的空间运动相对几何关系，因此，应建立描述航天器运动的坐标系，是确定航天器运行规律的重要基础。为了准确地对坐标系系统进行选择和应用，在此介绍几种常用的坐标系。

1. 天球

天球是天文学引入的概念，以空间任意点为中心、以任意长为半径的圆球称为天球，天球是为研究天体位置和运动而引进的一个假想的圆球，如图 2－1 所示，天球的特点包括以下几个方面。

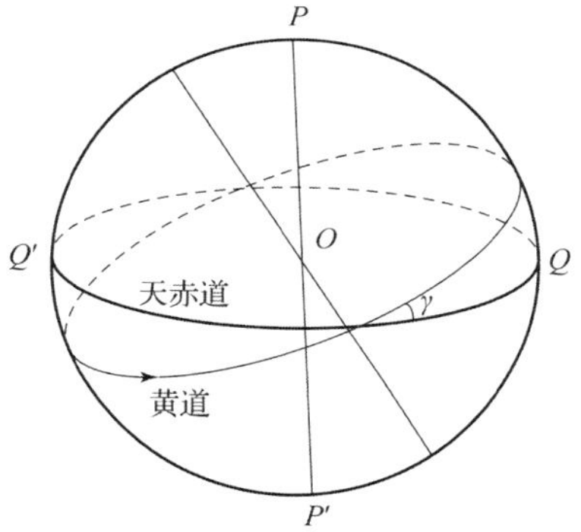

图 2－1　天球示意图

（1）一般情况下，天球的中心就是观测者的眼睛，但有时为了研究问题的方便，需要把球心移到地球中心或者太阳中心，这样的天球分别称为“地心天球”和“日心天球”，表示与一般天球的区别。

（2）天体在天球上都可以有投影，投影点为天球中交之点，称为天体在天球上的位置，或称为天体的视位置。

（3）天体在天球上的视位置是天体沿视线方向在天球上的投影，这使得天球的半径完全可以自由选取，不会影响研究问题的实质。

（4）天体离地球的距离都可以看作数学上的“无穷大”。因此，在地面不同地方看同一天体的视线方向可以认为是互相平行的。或者也可以反过来，一个天体发射到地球上不同地方的光互相平行。因此，所有平行的方向与天球交于一点。

除天球之外，这里还要介绍几个相关的概念。

（1）天极和天赤道面：通过天球中心 O 做一条与地球自转轴平行的直线为天轴。天轴与天球相交二点 P 和 P'，称为天极。通过天球中心做一个与天轴垂直的平面，称为天赤道面，天赤道面与天球的交线称为天赤道。

（2）黄道面和黄道：通过天球中心 O 做一平面与地球绕太阳公转的轨道平面平行，这一平面称为黄道面。黄道面与天球的交线是一个大圆，称为黄道。与黄道垂直的大圆称为黄经圈，与黄道平行的小圆称为黄纬圈。

（3）春分点：天赤道和黄道在天球上的交点之一，太阳从南向北穿过天赤道的一点称为春分点。在忽略岁差、章动情况下，春分点为天球上的固定点，也就是说，在惯性空间里春分点方向是恒定的。由于地球自转轴在惯性空间中进动和章动，相对应的春分点也在变化，常以 2000 年的春分点作为基准。实际的春分点的变化用 2000.0 春分点作为基准衡量，春分点常以符号 Y 表示。

2. 黄道坐标系

黄道坐标系（$O_yX_yY_yZ_y$）以黄道面为基本面，如图 2－2 所示。若将坐标原点取在地心，便为地心黄道坐标系（$O_{ey}X_{ey}Y_{ey}Z_{ey}$）；若将坐标原点取在日心，便是日心黄道坐标系（$O_{sy}X_{sy}Y_{sy}Z_{sy}$）。日心黄道坐标系主要用于研究行星和深空飞行器的运动，X_y 轴指向春分点方向，Z_y 轴指向北极，Y_y 轴满足右手定则。由于受到章动的影响，地球赤道面与黄道面交线会有缓慢漂移现象。因此，在建立精确的日心黄道坐标系时，需注明该坐标系是根据哪个历元的春分点建立的。常用的日心黄道坐标系为 J2000 日心黄道坐标系。黄道坐标系的基圈为黄道，主点为春分点 Γ，K 为黄道坐标系的北黄级，通过春分点 Γ 的黄经圈为主圈，通过天体 σ 点的黄经圈为副圈，其交黄道于 D。天体在黄道坐标系的方位用黄经、黄纬表示。黄道坐标系的黄纬常记为 β，以天赤道分别向南、北黄极两个方向度量做轴，范围为 0°~90°，向北黄极为正，向南黄极为负，极距称为黄极距，记为 γ。黄经距记为 λ，由春分点开始沿逆时针方向（即太阳周年视运动的方向）度量，范围为 0°~360°。黄道坐标系是右手坐标系。

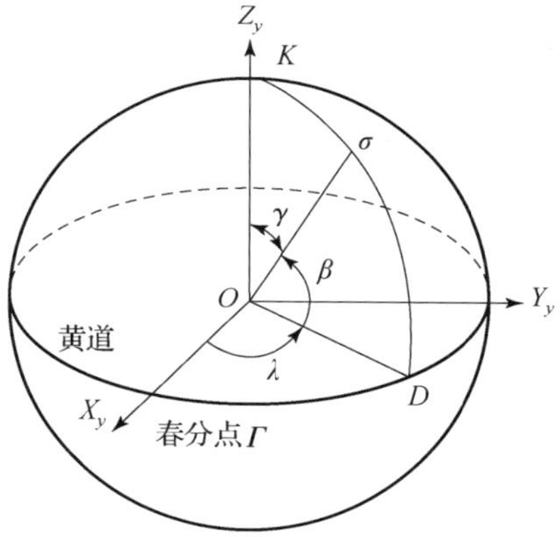

图 2－2　黄道坐标系

在黄道坐标系中，天体方向的单位矢量为

$$\boldsymbol{\gamma}(\lambda,\beta)=\begin{bmatrix}\cos\lambda\cos\beta\\ \sin\lambda\cos\beta\\ \sin\beta\end{bmatrix} \tag{2.7}$$

3. 地心赤道坐标系

地心赤道坐标系（$O_{er}X_{er}Y_{er}Z_{er}$）是惯性坐标系，原点在地心，$X_{er}O_{er}Y_{er}$ 平面为赤道面，$O_{er}Z_{er}$ 轴与地球自转角速度矢量一致，$O_{er}X_{er}Y_{er}Z_{er}$ 轴构成右手直角坐标系。地心赤道坐标系用于描述绕地航天器在惯性空间中的运动。由于 $O_{er}X_{er}$ 轴的指向不同，地心赤道坐标系分为地心第一赤道坐标系、地心第二赤道坐标系、地心第三赤道坐标系和地心第四赤道坐标系。

地心第一赤道坐标系 $O_{er}X_{er1}$ 轴指向春分点，地心第二赤道坐标系 $O_{er}X_{er2}$ 轴指向某一时刻的格林尼治子午线与赤道的交点，地心第三赤道坐标系 $O_{er}X_{er3}$ 轴指向轨道升交点，地心第四赤道坐标系 $O_{er}X_{er4}$ 轴指向格林尼治子午线与赤道的交点。地心第一赤道坐标系 $O_{er}X_{er}Y_{er}Z_{er}$ 如图 2－3 所示。

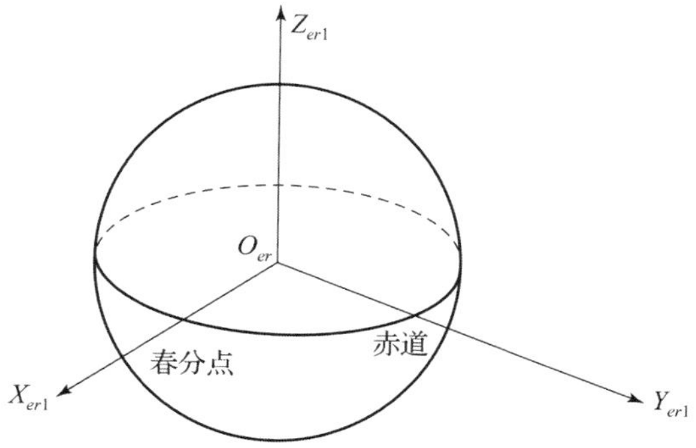

图 2－3　地心第一赤道坐标系

在地心赤道坐标系中，航天器位置可用直角坐标表示，也可用球面坐标表示。在球面坐标中，地心至航天器的距离为 r；α 为赤经（航天器所处的子午线相对于春分点的角距，自西向东度量），δ 为赤纬（地心与航天器的连线与赤道的角距，北纬为正，南纬为负）。球面坐标与直角坐标关系如下：

$$\begin{cases} \sin\delta = \dfrac{z}{r} \\ \tan\alpha = \dfrac{y}{x} \\ r = \sqrt{x^2 + y^2 + z^2} \end{cases} \tag{2.8}$$

4. 地平坐标系

地平坐标系（$O_oX_oY_oZ_o$）主要适用于从地面某个观测点来观测卫星的位置关系，在此坐标系下，坐标系原点是观测点，基本平面 $O_oX_oY_o$ 是地平面，O_oZ_o 轴垂直于水平面，即由地心指向观测点的方向，O_oX_o 轴指向正东，O_oY_o 轴指向正北。地平坐标系为右手直角坐标系，如图 2－4 所示。

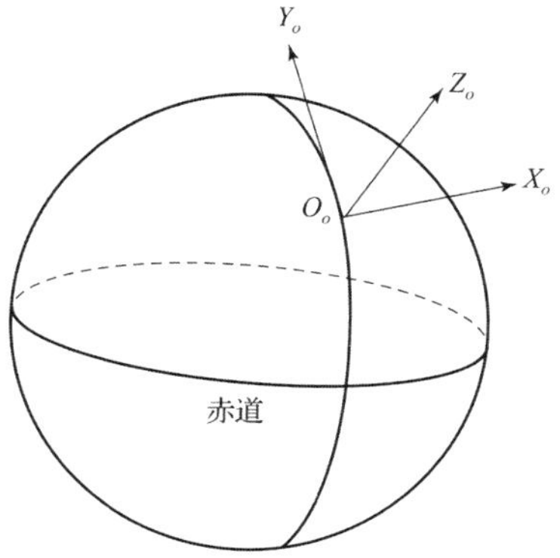

图 2－4　地平坐标系

航天器在地平坐标系的位置常用方位角 A、仰角 E 和斜距 P 来表示。方位角从北按顺时针方向度量。因此，正北为 0°，正东为 90°，正南为 180°，地平坐标系与方位角、仰角和斜距的关系为

$$P = \sqrt{x^2 + y^2 + z^2}$$

$$E = \tan^{-1}\frac{z}{\sqrt{x^2 + y^2}}$$

$$\begin{cases} \cos A = \dfrac{-x}{\sqrt{x^2 + y^2}} \\ \sin A = \dfrac{y}{\sqrt{x^2 + y^2}} \end{cases} \tag{2.9}$$

5. 航天器轨道坐标系

航天器轨道坐标系（$o_o x_o y_o z_o$），简称轨道系 o（即当地垂直当地水平坐标系，LVLH）。原点在航天器质心 o 上；z 轴指向地心；x 轴在轨道平面上与 z 轴垂直，指向航天器的速度方向；y 轴与 x 轴、z 轴构成右手系，与轨道平面的法线平行，如图 2－5 所示。o 系常用来对地心进行指向，也常用来描述航天器间的相对运动状态。这里要说明的是，不同的文献中对轨道系坐标轴指向的定义不尽相同，如以偏离地心矢量方向、轨道面法向及对应的右手系矢量方向定义轨道系。

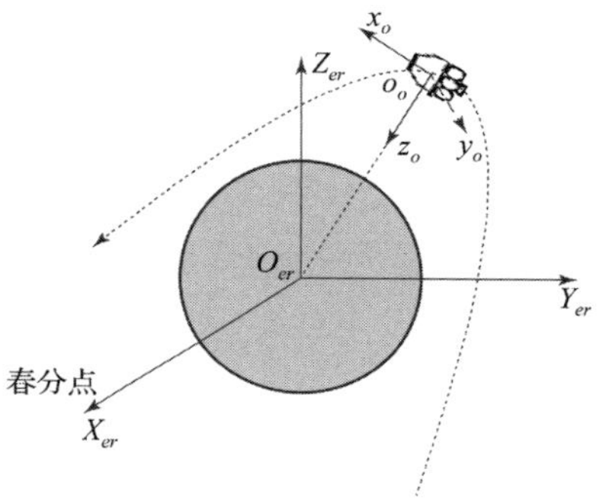

图 2－5　航天器轨道坐标系

6. 视线球坐标系

视线球坐标系原点在目标器质心，航天器位置由视线距离 ρ、偏离角 ε 和仰角 θ 三个参数确定。其中，ρ 为两航天器的相对距离，ε 为视线与其在目标轨道平面上投影之间的夹角，θ 为该投影与 o 系的 x 轴的夹角，如图 2－6 所示。

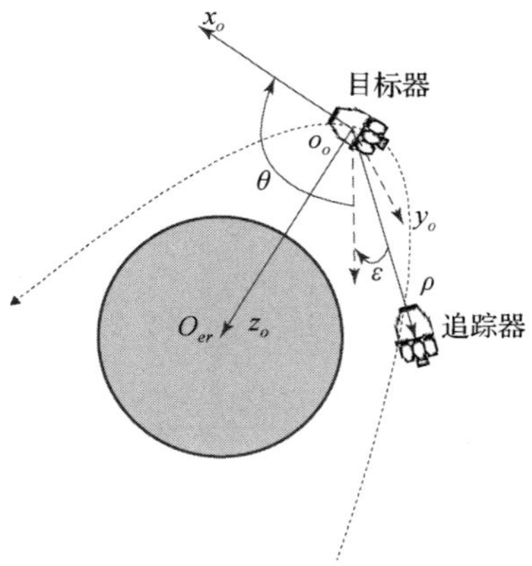

图 2－6　视线球坐标系

视线球坐标系与轨道坐标系 O 系间的转换关系为

$$\begin{cases} x = \rho\cos\varepsilon\cos\theta \\ y = \rho\sin\varepsilon \\ z = \rho\cos\varepsilon\sin\theta \end{cases} \tag{2.10}$$

2.3 航天器的姿轨动力学基础

无论是在宇宙环境运行的航天器还是在行星上行驶的行星车，其运动都可以分解为两个部分：一部分是航天器在外力作用下产生的平动运动，另一部分是航天器在外力矩作用下产生的绕质心的转动运动，前者对应航天器的位置、速度等运动信息，后者对应航天器的姿态、角速度等运动信息。这里的位置与速度、姿态与角速度，均是在空间某一参考系对航天器运动的特征描述，下面就分别对航天器的轨道动力学基础和姿态动力学基础进行简要回顾。

2.3.1 轨道动力学基础

空间中的自然天体、人造卫星都按照规律运行在各自的轨道上，人类一直在探索这个“规律”。从古代最朴素的“天圆地方”认知开始，到哥白尼的“日心说”、开普勒三大定律，极大地推动了人类对宇宙的认识，直到牛顿万有引力定律的出现才真正开创了天体力学，揭示了日、月、星辰的运行规律。下面首先介绍二体问题模型，然后介绍以二体问题模型为基础的轨道六要素表示法。

1. 二体问题

分析航天器近地轨道运动时常假设航天器在地球中心引力场中运动，忽略太阳、月球引力引起的摄动力，即仅考虑航天器质点在地球中心引力下的轨道运动称为二体问题，这种航天器轨道称为二体轨道，它是轨道动力学的基础。

二体问题中两个天体均作为质点对待。令地球的质量为 M，航天器质量为 m，两者之间的相对距离矢量为 $\boldsymbol{r}$，由 M 指向 m，r 为其矢量幅值，则 m 相对于 M 的运动方程为

$$\ddot{\boldsymbol{r}} + \frac{\mu}{\boldsymbol{r}^3}\boldsymbol{r} = 0 \tag{2.11}$$

式中，$\mu = G(M+m)$；G 为万有引力常量；μ 为地球引力常数，一般取 $\mu = 3.986\,004\,4 \times 10^{14}\ \mathrm{m^3/s^2}$。

在导航和控制算法设计中，通常定义状态量为位置和速度，即 $\boldsymbol{x} = [\boldsymbol{r}^{\mathrm{T}} \quad \boldsymbol{v}^{\mathrm{T}}]^{\mathrm{T}}$，将模型写成状态空间的形式

$$\dot{\boldsymbol{x}} = f(\boldsymbol{x}) \tag{2.12}$$

其中，

$$f(\boldsymbol{x}) = \begin{bmatrix} \boldsymbol{v} \\ -\dfrac{\mu}{r^3}\boldsymbol{r} \end{bmatrix} \tag{2.13}$$

2. 轨道要素

方程（2.11）是一个六阶的非线性微分方程组，若要完全求解该方程组则必须找出含有六个相互独立的积分常数的解。常选择一组意义明确且相互独立的六个积分常数代表运动轨道的基本量，称为轨道要素或轨道根数。

对于椭圆轨道，常用的轨道要素为（Ω，i，ω，a，e，θ），如表 2－1 所示。

表 2－1　轨道六根数的描述和定义

根数	名称	描述	定义	备注
a	半长轴	轨道大小	椭圆长轴的一半	轨道周期取决于轨道大小
e	偏心率	轨道形状	半焦距与半长轴之比	闭合轨道：$0<e<1$ 开放轨道：$1<e$
i	轨道倾角	轨道面的倾斜程度	轨道面与赤道面之间的夹角，从升交点逆时针测量	顺行轨道：$i<90°$ 极地轨道：$i=90°$ 逆行轨道：$90°<i<180°$
Ω	升交点赤经	轨道面围绕地球的旋转	从春分点到升交点，自西向东测得的角度	$0°\leqslant\Omega<360°$ 当 $i=0°$或 180°时，Ω不确定
ω	近地点幅角	轨道在轨道面内的方向	顺着航天器运动方向从升交点到近地点的角度	$0°\leqslant\omega<360°$ 当 $i=0°$或 180°时，或当 $e=0$ 时，Ω不确定
θ	真近点角	航天器在轨道上的位置	顺着航天器运动方向从近地点到航天器位置的角度	$0°\leqslant\theta<360°$ 当 $e=0$ 时，θ不确定

（1）Ω 和 i 分别为升交点赤经（Right Ascension of Ascending Node）和轨道倾角（Inclination of Orbit），表示轨道面在空间的指向。

（2）ω 为近地点幅角（Argument of Perigee），表示在轨道面内近拱点方向的指向。

（3）a 和 e 分别为半长轴（Semi－major Axis）和偏心率（Eccentricity），表示轨道的大小和形状，轨道的焦点是地球。

（4）θ 为真近点角（True Anomaly），表示航天器在轨道上的位置，间接表示过近拱点的时间。

在椭圆轨道中轨道要素的含义如图 2－7 和图 2－8 所示。

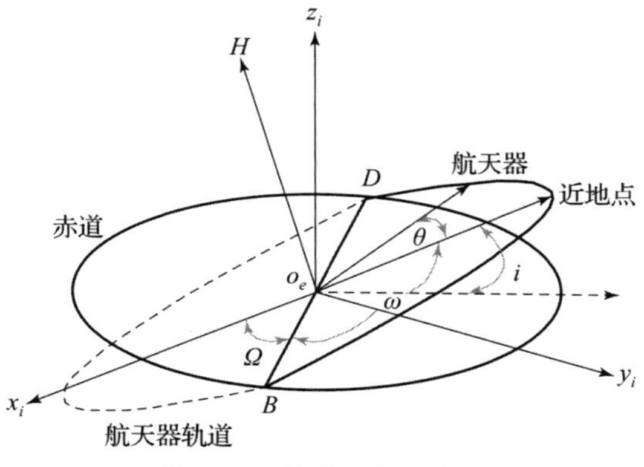

图 2－7　轨道要素立体图

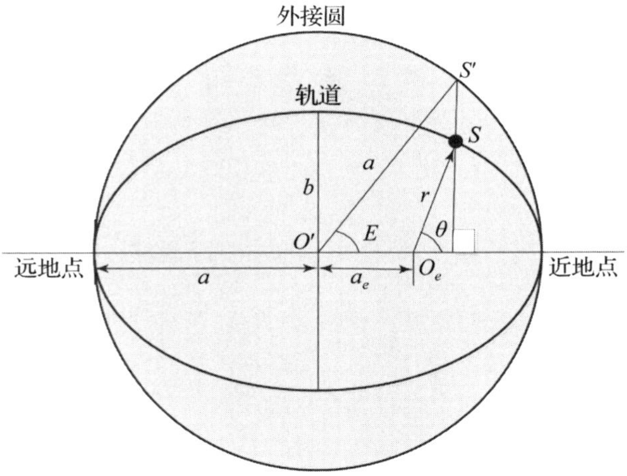

图 2-8　轨道要素平面图

对于圆轨道，偏心率 $e=0$，没有半长轴 a 的说法，替代的有轨道半径 r，其他要素同椭圆轨道。此外，不同倾角下的轨道如图 2-9 所示，倾角小于 90°的轨道称为顺行轨道，等于 90°的轨道称为极轨道，大于 90°且小于 180°的轨道称为逆行轨道。

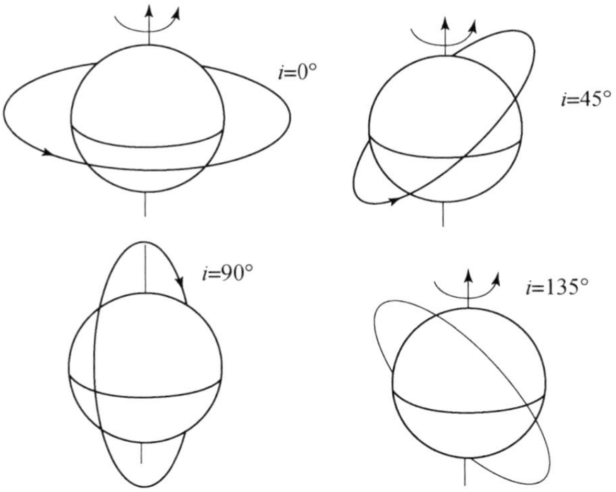

图 2-9　轨道倾角示意图

2.3.2　姿态动力学基础

航天器的相对姿态测定、估计与控制是完成包括侦察、监视、抓捕等在轨服务操作任务的前提，而姿态运动学与动力学则是基础，下面分别进行简要回顾。

1. 姿态运动学方程

航天器的姿态是航天器本体坐标系相对于参考坐标系的相对角位置关系，其描述有多种方式，这里介绍本文用到的两种姿态描述方式：方向余弦阵和姿态四元数，并给出基于这两种姿态参数的运动学方程。

（1）方向余弦阵。方向余弦阵是航天器本体系和参考坐标系间的变换矩阵，它是一个正交矩阵。假设参考坐标系为 S_f，航天器本体系为 S_b，令 S_f 到 S_b 的坐标变换矩阵为 $\boldsymbol{C}_f^b$，则 $\boldsymbol{C}_f^b$ 满足

$$(\boldsymbol{C}_f^b)^{-1} = (\boldsymbol{C}_f^b)^T = \boldsymbol{C}_b^f \tag{2.14}$$

由方向余弦阵表示的姿态运动学方程为

$$\dot{\boldsymbol{C}}_f^b = -\omega_{fb} \times \boldsymbol{C}_f^b \tag{2.15}$$

其中，$\boldsymbol{\omega}_{fb}$表示姿态角速度。

（2）姿态四元数。S_f 相对于 S_b 的姿态可由单位四元数描述。四元数可视为一个矢量和一个标量的集合。令 S_f 到 S_b 的姿态四元数为 $\boldsymbol{q}_e$，则其可以表示为 $\boldsymbol{q}_e = [\bar{\boldsymbol{q}}_e \quad q_{4e}]^T = [q_{1e} \quad q_{2e} \quad q_{3e} \quad q_{4e}]^T$，其满足

$$\boldsymbol{q}_e^T \boldsymbol{q}_e = 1 \tag{2.16}$$

采用四元数描述的航天器姿态运动学方程为

$$\begin{cases} \dot{\bar{\boldsymbol{q}}}_e = \dfrac{1}{2}(q_{4e}\boldsymbol{I}_{3\times3} + \bar{\boldsymbol{q}}_e \times)\boldsymbol{\omega}_e \\ \dot{q}_{4e} = -\dfrac{1}{2}\bar{\boldsymbol{q}}_e^T \boldsymbol{\omega}_e \end{cases} \tag{2.17}$$

2. 姿态动力学方程

航天器在控制力矩或扰动的作用下会产生角运动，这时绕 x_b 轴的转角称为滚转角，绕 y_b 轴的转角称为俯仰角，绕 z_b 轴的转角称为偏航角。滚转角、俯仰角和偏航角统称为姿态角，则上述的三轴角速度矢量即为航天器本体系相对于惯性系的角速度，此角速度在航天器本体系下的坐标矢量定义为 $\boldsymbol{\omega}_{ib}^b$。由此，航天器姿态动力学方程为

$$\boldsymbol{J}\dot{\boldsymbol{\omega}}_{ib}^b + \boldsymbol{\omega}_{ib}^b \times \boldsymbol{J}\boldsymbol{\omega}_{ib}^b = \boldsymbol{\tau}_c + \boldsymbol{\tau}_d \tag{2.18}$$

其中，$\boldsymbol{J}$ 是航天器的转动惯量矩阵；$\boldsymbol{\tau}_c$ 和 $\boldsymbol{\tau}_d$ 分别是航天器本体系下三轴方向的姿态控制力矩和干扰力矩。

2.4 数学预备知识

2.4.1 向量的定义与基本运算

向量又称矢量（Vector)，它有两个要素，即“大小”与“方向”。简单地说，向量就是中“有方向的度量”，而方向便是其与标量的区分点：

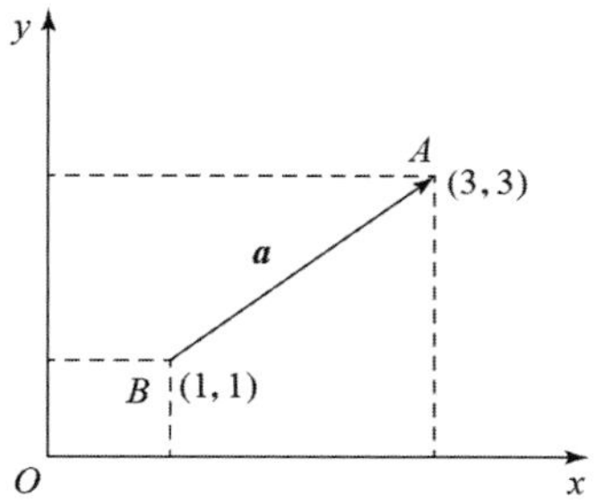

图 2-10 向量

如图 2-10 所示，其中 $\boldsymbol{a} = A - B = [2,2]^T$ 为二维矢量，其模为 $|\boldsymbol{a}| = \sqrt{2^2+2^2} = 2\sqrt{2}$，方向为沿 x 轴 45°。值得注意的是，单从向量 $\boldsymbol{a}$ 并不能看出它的起点与终点。

若将 B 点取在原点（0，0）处，则 $\boldsymbol{a} = A - B = [3,3]^T$ 便表示 A 点在 $x-y$ 坐标系下的位置。

向量与坐标系有关系吗？没有。向量是独立于坐标系的，但是向量可以向任意坐标系投影和坐标化，如图 2-11 所示。同时，在讨论向量的导数（变化率）时必须在某一个

参考坐标系内进行。例如，假设教室里的三尺讲台相对于地心的位置为 $\boldsymbol{r}$，那么 $\boldsymbol{r}$ 在地球固联坐标系和地心惯性坐标系下的变化率分别为

$$\left.\frac{\mathrm{d}\boldsymbol{r}}{\mathrm{d}t}\right|_{\text{earthfixed}}=0 \tag{2.19}$$

$$\left.\frac{\mathrm{d}\boldsymbol{r}}{\mathrm{d}t}\right|_{\text{inertial}}=\boldsymbol{\omega}_{\text{earth}}\times\boldsymbol{r} \tag{2.20}$$

其中，$\boldsymbol{\omega}_{\text{earth}}$是地球在惯性系下的自转角速度；×是叉乘运算符。

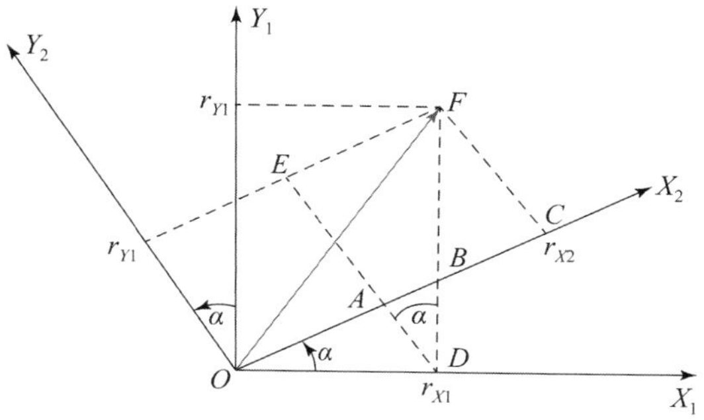

图 2-11　向量的投影和坐标化

本书中涉及的位置、速度、加速度、角速度等用于运动描述的向量除非特别说明，都将默认为三维向量。由于本书中主要讲述航天器相对导航与控制方法，会涉及大量的向量计算，下面简要回顾一下常用的向量计算公式。

- 单位向量　$\boldsymbol{i}_b=\dfrac{\boldsymbol{b}}{|\boldsymbol{b}|}$，　$\boldsymbol{i}_a=\dfrac{\boldsymbol{a}}{|\boldsymbol{a}|}$，　$\boldsymbol{i}_n=\dfrac{\boldsymbol{a}\times\boldsymbol{b}}{|\boldsymbol{a}\times\boldsymbol{b}|}$
- 点乘（点积，Dot Product）　$\boldsymbol{a}\cdot\boldsymbol{b}=|\boldsymbol{a}||\boldsymbol{b}|\cos\theta=a_1b_1+a_2b_2+a_3b_3$
- 向量在直线 $\vec{i}_b$ 的投影　$\boldsymbol{a}\cdot\boldsymbol{i}_b=|\boldsymbol{a}|\cos\theta$
- 坐标系 xyz 下向量的分量形式　$\boldsymbol{a}=(\boldsymbol{a}\cdot\boldsymbol{i}_x)\boldsymbol{i}_x+(\boldsymbol{a}\cdot\boldsymbol{i}_y)\boldsymbol{i}_y+(\boldsymbol{a}\cdot\boldsymbol{i}_z)\boldsymbol{i}_z$
- 向量的平面外（法向）分量　$\boldsymbol{r}_n=(\boldsymbol{r}\cdot\boldsymbol{i}_n)\boldsymbol{i}_n$
- 平面内分量　$\boldsymbol{r}_{\text{inplane}}=\boldsymbol{r}-\boldsymbol{r}_n=\boldsymbol{r}-(\boldsymbol{r}\cdot\boldsymbol{i}_n)\boldsymbol{i}_n$
- 向量的范数（长度）　$|\boldsymbol{a}|=\sqrt{\boldsymbol{a}\cdot\boldsymbol{a}}=\sqrt{\boldsymbol{a}^{\mathrm{T}}\boldsymbol{a}}=\sqrt{a_1^2+a_2^2+a_3^2}$
- 叉乘（叉积，Cross Product）　$\boldsymbol{c}=\boldsymbol{a}\times\boldsymbol{b}=\begin{bmatrix}0 & -a_3 & a_2\\ a_3 & 0 & -a_1\\ -a_2 & a_1 & 0\end{bmatrix}\begin{bmatrix}b_1\\ b_2\\ b_3\end{bmatrix}=\boldsymbol{A}_{\times}\boldsymbol{b}=-\boldsymbol{b}\times\boldsymbol{a}$

其中，$\boldsymbol{A}_{\times}$为叉乘矩阵，也叫反对称矩阵。此时，向量 $\boldsymbol{c}$ 同时与 $\boldsymbol{a}$ 和 $\boldsymbol{b}$ 正交。

- 叉乘的方向由右手定则确定，叉乘的长度——$|\boldsymbol{c}|=|\boldsymbol{a}||\boldsymbol{b}|\sin\theta$
- 向量对向量的偏导数（雅可比矩阵）　$\dfrac{\partial\boldsymbol{a}}{\partial\boldsymbol{b}}=\begin{bmatrix}\dfrac{\partial a_1}{\partial b_1} & \cdots & \dfrac{\partial a_1}{\partial b_m}\\ \vdots & \ddots & \vdots\\ \dfrac{\partial a_n}{\partial b_1} & \cdots & \dfrac{\partial a_n}{\partial b_m}\end{bmatrix}$，$\dfrac{\partial\boldsymbol{a}}{\partial\boldsymbol{a}}=\boldsymbol{I}$

其中，$\boldsymbol{I}$ 为单位矩阵。

- 标量对向量的偏导数 $\dfrac{\partial|\boldsymbol{a}|}{\partial \boldsymbol{a}}=\boldsymbol{i}_a^{\mathrm{T}}$
- 单位向量对向量的偏导数 $\dfrac{\partial \boldsymbol{i}_a}{\partial \boldsymbol{a}}=\dfrac{1}{|\boldsymbol{a}|}[I-\boldsymbol{i}_a\boldsymbol{i}_a^{\mathrm{T}}]$
- 令向量 $\boldsymbol{y}=\boldsymbol{A}\boldsymbol{x}$，$\boldsymbol{y}$ 是 m 维列向量，$\boldsymbol{x}$ 是 n 维列向量，$\boldsymbol{A}$ 是 $m\times n$ 矩阵，$\boldsymbol{A}$ 独立于 x，则

$$\frac{\partial \boldsymbol{y}}{\partial \boldsymbol{x}}=\boldsymbol{A} \tag{2.21}$$

- 设标量 α 定义为 $\alpha=\boldsymbol{y}^{\mathrm{T}}\boldsymbol{A}\boldsymbol{x}$，其中 $\boldsymbol{y}$ 是 m 维列向量，$\boldsymbol{x}$ 是 n 维列向量，$\boldsymbol{A}$ 是 $m\times n$ 矩阵，$\boldsymbol{A}$ 独立于 $\boldsymbol{x}$ 与 $\boldsymbol{y}$，则

$$\frac{\partial \alpha}{\partial \boldsymbol{x}}=\boldsymbol{y}^{\mathrm{T}}\boldsymbol{A} \tag{2.22}$$

$$\frac{\partial \alpha}{\partial \boldsymbol{y}}=\boldsymbol{x}^{\mathrm{T}}\boldsymbol{A}^{\mathrm{T}} \tag{2.23}$$

- 对于标量 α 由二次型给出的特殊情况 $\alpha=\boldsymbol{x}^{\mathrm{T}}\boldsymbol{A}\boldsymbol{x}$，$\boldsymbol{x}$ 是 $n\times 1$ 阶矩阵，$\boldsymbol{A}$ 是 n 阶方阵，$\boldsymbol{A}$ 独立于 x，则

$$\frac{\partial \alpha}{\partial \boldsymbol{x}}=\boldsymbol{x}^{\mathrm{T}}(\boldsymbol{A}+\boldsymbol{A}^{\mathrm{T}}) \tag{2.24}$$

- 设标量 α 定义为 $\alpha=\boldsymbol{y}^{\mathrm{T}}\boldsymbol{x}$，其中 $\boldsymbol{y}$ 是 $m\times 1$ 的矩阵，$\boldsymbol{x}$ 是 $n\times 1$ 的矩阵，$\boldsymbol{y}$ 和 $\boldsymbol{x}$ 是矩阵 $\boldsymbol{z}$ 的函数，则

$$\frac{\partial \alpha}{\partial z}=\boldsymbol{x}^{\mathrm{T}}\frac{\partial \boldsymbol{y}}{\partial z}+\boldsymbol{y}^{\mathrm{T}}\frac{\partial \boldsymbol{x}}{\partial z} \tag{2.25}$$

- 设标量 α 定义为 $\boldsymbol{\alpha}=\boldsymbol{y}^{\mathrm{T}}\boldsymbol{A}\boldsymbol{x}$，其中 $\boldsymbol{y}$ 是 $m\times 1$ 的矩阵，$\boldsymbol{x}$ 是 $n\times 1$ 的矩阵，$\boldsymbol{A}$ 是 $m\times n$ 的矩阵。$\boldsymbol{y}$ 和 $\boldsymbol{x}$ 是向量 $\boldsymbol{z}$ 的函数，并且 $\boldsymbol{A}$ 独立与 $\boldsymbol{z}$，则

$$\frac{\partial \alpha}{\partial z}=\boldsymbol{x}^{\mathrm{T}}\boldsymbol{A}^{\mathrm{T}}\frac{\partial \boldsymbol{y}}{\partial z}+\boldsymbol{y}^{\mathrm{T}}\boldsymbol{A}\frac{\partial \boldsymbol{x}}{\partial z} \tag{2.26}$$

2.4.2 坐标变换

1. 坐标变换矩阵的定义

设空间中有某个坐标系 $O-X_1Y_1Z_1$，其坐标基（即三轴单位向量）为（$\boldsymbol{i}_{x1}$，$\boldsymbol{i}_{y1}$，$\boldsymbol{i}_{z1}$）。$O-X_1Y_1Z_1$ 绕 Z_1 轴旋转角后得到坐标系 $O-X_2Y_2Z_2$，其坐标基（即三轴单位向量）分别为（$\boldsymbol{i}_{x2}$，$\boldsymbol{i}_{y2}$，$\boldsymbol{i}_{z2}$），如图 2-12 所示，其中 Z 轴垂直于纸面向外。向量 $\overrightarrow{OA}$ 在坐标系 $O-X_1Y_1Z_1$ 和 $O-X_2Y_2Z_2$ 中分别表示为 $r|_1=(x_1,y_1,z_1)^{\mathrm{T}}$ 和 $r|_2=(x_2,y_2,z_2)^{\mathrm{T}}$。

根据向量分解与合成法则，$\overrightarrow{OA}$ 在 X_2 轴的投影等于其在 $X_1Y_1Z_1$ 三轴分量向 X_2 轴的投影之和，即

$$\begin{aligned}
&x_2=\cos\alpha x_1+\sin\alpha y_1+0z_1\\
&y_2=-\sin\alpha x_1+\cos\alpha y_1+0z_1\\
&z_2=z_1
\end{aligned} \tag{2.27}$$

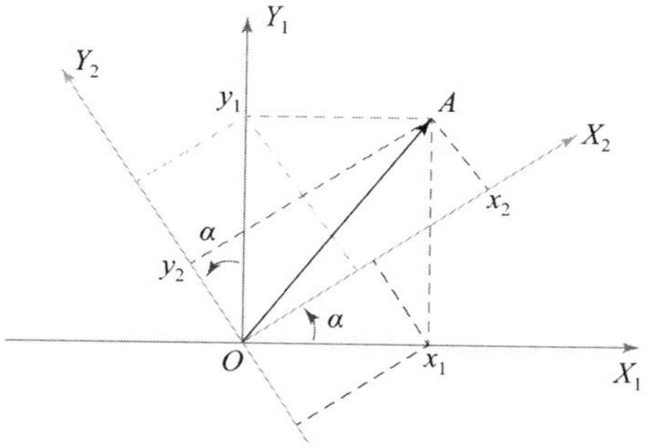

图 2-12　坐标系之间的变换关系

将式（2.27）写成矩阵形式

$$\boldsymbol{r}|_2=\begin{bmatrix}x_2\\y_2\\z_2\end{bmatrix}=\begin{bmatrix}\cos\alpha & \sin\alpha & 0\\-\sin\alpha & \cos\alpha & 0\\0 & 0 & 1\end{bmatrix}\begin{bmatrix}x_1\\y_1\\z_1\end{bmatrix}=\boldsymbol{C}_1^2\boldsymbol{r}|_1 \tag{2.28}$$

其中，

$$\boldsymbol{C}_1^2=\begin{bmatrix}\cos\alpha & \sin\alpha & 0\\-\sin\alpha & \cos\alpha & 0\\0 & 0 & 1\end{bmatrix} \tag{2.29}$$

$\boldsymbol{C}_1^2$ 描述了同一个向量在不同坐标系内的投影变换关系，通常称为从坐标系 1 至坐标系 2 的变换矩阵。

通过观察式（2.29）可知 $\boldsymbol{C}_1^2$ 的各个元素是坐标系 1 的单位坐标基（$\boldsymbol{i}_{x1}$，$\boldsymbol{i}_{y1}$，$\boldsymbol{i}_{z1}$）在坐标系 2 下的投影：$\boldsymbol{C}_1^2$ 的第一列是 $\boldsymbol{i}_{x1}$ 在坐标系 2 的 X_2 轴的投影，第二列是 $\boldsymbol{i}_{y1}$ 在 Y_2 轴的投影，第三列是 $\boldsymbol{i}_{z1}$ 在 Z_2 轴的投影，如图 2-13 所示。

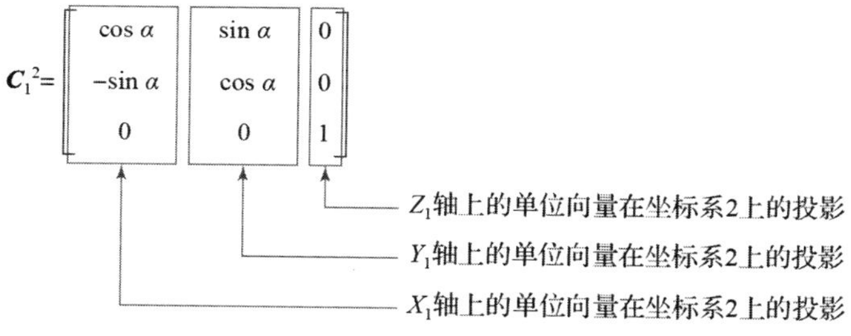

图 2-13　坐标系 1 和 2 之间的投影关系

当需要把 $\boldsymbol{r}|_2$ 变换到坐标系 1 中时，只需要对式（2.28）左右两边同时乘以 $\boldsymbol{C}_1^2$ 的逆矩阵

$$\boldsymbol{r}|_1=(\boldsymbol{C}_1^2)^{-1}\boldsymbol{r}|_2=\boldsymbol{C}_2^1\,\boldsymbol{r}|_2 \tag{2.30}$$

由于坐标变换矩阵是单位正交矩阵，则有

$$\boldsymbol{C}_2^1=(\boldsymbol{C}_1^2)^{-1}=(\boldsymbol{C}_1^2)^{\mathrm{T}} \tag{2.31}$$

读者可以自行推导证明式（2.31）。

在上述的坐标变换关系分析中，坐标系 2 是由坐标系 1 仅绕 Z_1 轴旋转得到的。当坐标

系 2 与坐标系 1 之间的角位置关系更为复杂时，两个坐标系之间的角位置关系可以看作有限次基本旋转的复合，坐标变换矩阵等于每次基本旋转变换矩阵的连乘，连乘顺序依照旋转的先后次序由右向左排列。例如，$O-X_1Y_1Z_1$ 连续旋转三次，旋转轴和次序定义如下：

$$O-X_1Y_1Z_1 \xrightarrow[\text{旋转 } \Psi]{\text{绕 } Z_1 \text{ 轴}} O-X_2Y_2Z_2 \xrightarrow[\text{旋转 } \theta]{\text{绕 } X_2 \text{ 轴}} O-X_3Y_3Z_3 \xrightarrow[\text{旋转 } \gamma]{\text{绕 } Y_3 \text{ 轴}} O-X_4Y_4Z_4$$

各次基本旋转对应的变换矩阵为

$$\boldsymbol{C}_1^2=\begin{bmatrix}\cos\psi & \sin\psi & 0\\ -\sin\psi & \cos\psi & 0\\ 0 & 0 & 1\end{bmatrix} \tag{2.32}$$

$$\boldsymbol{C}_2^3=\begin{bmatrix}1 & 0 & 0\\ 0 & \cos\theta & \sin\theta\\ 0 & -\sin\theta & \cos\theta\end{bmatrix} \tag{2.33}$$

$$\boldsymbol{C}_3^4=\begin{bmatrix}\cos\gamma & 0 & -\sin\gamma\\ 0 & 1 & 0\\ \sin\gamma & 0 & \cos\gamma\end{bmatrix} \tag{2.34}$$

所以 $O-X_1Y_1Z_1$ 到 $O-X_4Y_4Z_4$ 的坐标变换矩阵为

$$\begin{aligned}\boldsymbol{C}_1^4 &= \boldsymbol{C}_3^4\boldsymbol{C}_2^3\boldsymbol{C}_1^2=\begin{bmatrix}\cos\gamma & 0 & -\sin\gamma\\ 0 & 1 & 0\\ \sin\gamma & 0 & \cos\gamma\end{bmatrix}\begin{bmatrix}1 & 0 & 0\\ 0 & \cos\theta & \sin\theta\\ 0 & -\sin\theta & \cos\theta\end{bmatrix}\begin{bmatrix}\cos\psi & \sin\psi & 0\\ -\sin\psi & \cos\psi & 0\\ 0 & 0 & 1\end{bmatrix}\\ &=\begin{bmatrix}\cos\gamma\cos\psi-\sin\gamma\sin\psi\sin\theta & \cos\gamma\sin\psi+\sin\gamma\cos\psi\sin\theta & -\sin\gamma\cos\theta\\ -\sin\psi\cos\theta & \cos\psi\cos\theta & \sin\theta\\ \sin\gamma\cos\psi+\cos\gamma\sin\psi\sin\theta & \sin\gamma\sin\psi-\cos\gamma\cos\psi\sin\theta & \cos\gamma\cos\theta\end{bmatrix}\end{aligned} \tag{2.35}$$

非常容易验证，如果旋转次序改变时，计算得到的坐标变换矩阵 $\boldsymbol{C}_1^4$ 是不同的，也就是说 $\boldsymbol{C}_1^4$ 与旋转次序有关，即有限转动具有不可交换性。但是，当 ψ、θ 和 γ 都是小角度时，忽略小角度的高阶量时，式（2.35）可以简化成如下形式

$$\boldsymbol{C}_1^4=\begin{bmatrix}1 & \psi & -\gamma\\ -\psi & 1 & \theta\\ \gamma & -\theta & 1\end{bmatrix} \tag{2.36}$$

此时，旋转后坐标系最终的角位置与旋转顺序无关。

2. 轨道系到惯性系的坐标变换

航天器相对导航与控制中经常需要用到轨道坐标系（LVLH）和惯性坐标系 i 之间的坐标变换矩阵 $\boldsymbol{C}_{\text{lvlh}}^i$，而 $\boldsymbol{C}_{\text{lvlh}}^i$ 就可以通过图 2－13 所示的方式直接构造出来。

假设航天器在惯性系下的位置矢量为 $\boldsymbol{R}$，速度矢量为 $\boldsymbol{V}$，则 LVLH 系的三轴单位坐标基矢量在惯性系下的投影可由 $\boldsymbol{R}$ 和 $\boldsymbol{V}$ 表示。首先，根据 2.2.2 节中 LVLH 坐标系的定义可知，LVLH 系 z 轴的坐标基矢量与 $\boldsymbol{R}$ 方向相反，即

$$\boldsymbol{i}_{lz}=-\frac{\boldsymbol{R}}{\|\boldsymbol{R}\|} \tag{2.37}$$

y 轴的坐标基矢量与角动量方向相反，即

$$\boldsymbol{i}_{ly}=-\frac{\boldsymbol{R}\times\boldsymbol{V}}{\|\boldsymbol{R}\times\boldsymbol{V}\|} \tag{2.38}$$

x 轴的坐标基矢量与 y、z 轴的坐标基矢量构成右手定则，即

$$\boldsymbol{i}_{lx} = \boldsymbol{i}_{ly} \times \boldsymbol{i}_{lz} \tag{2.39}$$

因此，LVLH 坐标系到惯性坐标系的坐标变换矩阵可以由式（2.37）~式（2.39）构造得到

$$\boldsymbol{C}_{\text{lvlh}}^{\text{i}} = [\boldsymbol{i}_{lx} \quad \boldsymbol{i}_{ly} \quad \boldsymbol{i}_{lz}] \tag{2.40}$$

3. 哥氏定理

根据式（2.30）可知，对位置矢量左乘坐标变换矩阵就可以对位置矢量进行坐标变换，那么对速度矢量进行坐标变换是否也可以通过同样的数学操作得到呢？答案是否定的。式（2.30）所示的位置矢量坐标变换关系式左右两端对时间求导可得

$$\left.\frac{\mathrm{d}\boldsymbol{r}}{\mathrm{d}t}\right|_1 = \boldsymbol{C}_2^1 \left.\frac{\mathrm{d}\boldsymbol{r}}{\mathrm{d}t}\right|_2 + \frac{\mathrm{d}\boldsymbol{C}_2^1}{\mathrm{d}t}\boldsymbol{r}\,|_2 \tag{2.41}$$

其中，$\left.\frac{\mathrm{d}\boldsymbol{r}}{\mathrm{d}t}\right|_1$ 和 $\left.\frac{\mathrm{d}\boldsymbol{r}}{\mathrm{d}t}\right|_2$ 分别是同一个矢量 $\boldsymbol{r}$ 在两个坐标系中的变化率，即速度。

由式（2.41）可知，速度的坐标变换公式中包含了坐标变换矩阵对时间的导数项，这一项是由两个坐标系之间的动态旋转导致的，称为牵连速度。这里不展开 $\boldsymbol{C}_2^1$ 对时间求导的过程，直接给出结果如下：

$$\left.\frac{\mathrm{d}\boldsymbol{r}}{\mathrm{d}t}\right|_1 = \boldsymbol{C}_2^1 \left.\frac{\mathrm{d}\boldsymbol{r}}{\mathrm{d}t}\right|_2 + \boldsymbol{\omega}_{12}\,|_1 \times \boldsymbol{C}_2^1\boldsymbol{r}\,|_2 \tag{2.42}$$

其中，$\boldsymbol{\omega}_{12}$是坐标系 2 相对于坐标系 1 的旋转角速度。

将式（2.42）写成速度符号变量的形式如下：

$$v\,|_1 = \boldsymbol{C}_2^1\,\boldsymbol{v}\,|_2 + \boldsymbol{\omega}_{12}\,|_1 \times \boldsymbol{C}_2^1\boldsymbol{r}\,|_2 \tag{2.43}$$

当两个坐标系之间的旋转关系固定不变时，即 $\boldsymbol{C}_2^1$ 对时间的导数为零时，式（2.43）退化成和式（2.30）一样的形式，此时速度的坐标变换与位置的坐标变换的数学形式一致，都只需要左乘坐标变换矩阵。这就是著名的“哥氏定理”，又被称为科里奥利定理。

下面举个类比的例子来理解哥氏定理。假设有一名乘客在高铁车厢内向前走动，在高铁车厢坐标系下有一个向前的速度，那么该乘客在地面导航坐标系下的速度是多少呢？显然，直接把乘客在车厢坐标系下的速度投影到地面导航系下是不够的，还需要加上高铁在地面导航系下的运行速度，这就是两个坐标系之间的相对运动速度。当然，这个例子是坐标系原点线运动引入的牵连速度，式（2.43）中是坐标系旋动引入了牵连速度，二者的本质是一样的。

类似地，可以推导得到两个坐标系下的加速度变换关系：

$$\boldsymbol{a}\,|_1 = \boldsymbol{C}_2^1\,\boldsymbol{a}\,|_2 + 2\boldsymbol{\omega}_{12}\,|_1 \times \boldsymbol{C}_2^1\boldsymbol{v}\,|_2 + \left.\frac{\mathrm{d}\boldsymbol{\omega}_{12}}{\mathrm{d}t}\right|_1 \times \boldsymbol{C}_2^1\boldsymbol{v}\,|_2 + \boldsymbol{\omega}_{12}\,|_1 \times (\boldsymbol{\omega}_{12}\,|_1 \times \boldsymbol{C}_2^1\boldsymbol{r}\,|_2) \tag{2.44}$$

其中，$2\boldsymbol{\omega}_{12}\,|_1 \times \boldsymbol{C}_2^1\boldsymbol{v}\,|_2$ 是科里奥利加速度。具体推导留给读者自行完成。

2.4.3　线性时不变常微分方程求解

齐次线性微分方程组

$$\dot{\boldsymbol{x}} = \boldsymbol{F}\boldsymbol{x} \tag{2.45}$$

其中，$\boldsymbol{x}$ 是 $n \times 1$ 维的状态向量，$\boldsymbol{F}$ 是 $n \times n$ 维的常值矩阵。

在给定初值 $\boldsymbol{x}(t_0) = \boldsymbol{x}_0$ 的情况下，方程组的解为

$$\boldsymbol{x}(t) = \boldsymbol{\phi}(t, t_0)\boldsymbol{x}_0 \tag{2.46}$$

其中，$\boldsymbol{\phi}(t,t_0)$是状态转移矩阵

$$\boldsymbol{\phi}(t,t_0)=\boldsymbol{e}^{\boldsymbol{F}(t-t_0)}=\boldsymbol{I}_{n\times n}+\boldsymbol{F}(t-t_0)+\frac{\boldsymbol{F}^2(t-t_0)^2}{2!}+\cdots \tag{2.47}$$

线性微分方程组的状态转移矩阵具有如下性质：

$$\boldsymbol{\phi}^{-1}(t,t_0)=\boldsymbol{\phi}(t_0,t)=\boldsymbol{e}^{\boldsymbol{F}(t_0-t)}=\boldsymbol{e}^{-\boldsymbol{F}(t-t_0)} \tag{2.48}$$

$$\boldsymbol{\phi}^{-1}(t,t_0)\boldsymbol{\phi}(t,t_0)=\boldsymbol{e}^{-\boldsymbol{F}(t-t_0)}\boldsymbol{e}^{\boldsymbol{F}(t-t_0)}=\boldsymbol{I}_{n\times n} \tag{2.49}$$

$$\begin{aligned}\boldsymbol{\phi}(t_n,t_0)&=\boldsymbol{\phi}(t_n,t_{n-1})\boldsymbol{\phi}(t_{n-1},t_{n-2})\cdots\boldsymbol{\phi}(t_2,t_1)\boldsymbol{\phi}(t_1,t_0)\\&=\boldsymbol{e}^{\boldsymbol{F}(t_n-t_{n-1})}\boldsymbol{e}^{\boldsymbol{F}(t_{n-1}-t_{n-2})}\cdots\boldsymbol{e}^{\boldsymbol{F}(t_2-t_1)}\boldsymbol{e}^{\boldsymbol{F}(t_1-t_0)}=\boldsymbol{e}^{\boldsymbol{F}(t_n-t_0)}=\boldsymbol{e}^{n\boldsymbol{F}\Delta t}\end{aligned} \tag{2.50}$$

非齐次线性微分方程组

$$\dot{\boldsymbol{x}}=\boldsymbol{F}\boldsymbol{x}+\boldsymbol{G}\boldsymbol{u} \tag{2.51}$$

其中，$\boldsymbol{x}$ 是 $n\times 1$ 维的状态向量，$\boldsymbol{F}$ 是 $n\times n$ 维的常值矩阵，$\boldsymbol{u}$ 是 $m\times 1$ 维的控制输入向量，$\boldsymbol{G}$ 是 $n\times m$ 控制驱动矩阵。

在给定初值 $\boldsymbol{x}(t_0)=\boldsymbol{x}_0$ 的情况下，方程组的解为

$$\boldsymbol{x}(t)=\boldsymbol{\phi}(t,t_0)\boldsymbol{x}_0+\int_{t_0}^{t}\boldsymbol{\phi}(t,\tau)\boldsymbol{G}\boldsymbol{u}(\tau)\mathrm{d}\tau \tag{2.52}$$

其中，$\boldsymbol{\phi}(t,t_0)$是状态转移矩阵，表达式同式（2.47）。

2.4.4 线性化技术

考虑由式（2.53）给出的非线性常向量微分方程

$$\dot{\boldsymbol{x}}=\boldsymbol{f}(\boldsymbol{x},t) \tag{2.53}$$

其中，$\boldsymbol{x}$ 是 $n\times 1$ 维的状态向量，$\boldsymbol{f}$ 是关于 $\boldsymbol{x}$ 的 $n\times 1$ 函数向量。

假设 $\boldsymbol{x}_n(t)$是满足上述非线性微分方程的标称或参考解，即

$$\dot{\boldsymbol{x}}_n=\boldsymbol{f}(\boldsymbol{x}_n,t) \tag{2.54}$$

那么对于接近参考解 $\boldsymbol{x}_n(t)$的其他解可定义如下：

$$\boldsymbol{x}(t)=\boldsymbol{x}_n(t)+\boldsymbol{\delta x}(t) \tag{2.55}$$

其中，$\boldsymbol{\delta x}(t)$是一个 $n\times 1$ 扰动或误差向量。

式（2.55）对时间求导并将式（2.53）代入可得

$$\dot{\boldsymbol{x}}=\dot{\boldsymbol{x}}_n+\delta\dot{\boldsymbol{x}}=\boldsymbol{f}(\boldsymbol{x}_n+\delta\boldsymbol{x},t) \tag{2.56}$$

将等号右边进行泰勒级数展开得

$$\boldsymbol{f}(\boldsymbol{x}_n+\boldsymbol{\delta x},t)=\boldsymbol{f}(\boldsymbol{x}_n,t)+\left.\frac{\partial\boldsymbol{f}(\boldsymbol{x},t)}{\partial\boldsymbol{x}}\right|_{\boldsymbol{x}_n}\boldsymbol{\delta x}+\text{高阶项} \tag{2.57}$$

忽略式（2.57）的高阶项后代入式（2.56）有

$$\boldsymbol{\delta}\dot{\boldsymbol{x}}=\left.\frac{\partial\boldsymbol{f}(\boldsymbol{x},t)}{\partial\boldsymbol{x}}\right|_{\boldsymbol{x}_n}\boldsymbol{\delta x} \tag{2.58}$$

接下来，令 $\boldsymbol{F}(t)=\left.\dfrac{\partial\boldsymbol{f}(x,t)}{\partial\boldsymbol{x}}\right|_{x_n}$，则

$$\boldsymbol{\delta}\dot{\boldsymbol{x}}=\boldsymbol{F}(t)\boldsymbol{\delta x} \tag{2.59}$$

这是一组 n 维的线性时变常微分方程。

但是请注意，对于足够小的时间步长，我们可以使用简单的欧拉积分来编写：

$$\begin{aligned}\boldsymbol{\delta x}(t_{i+1}) &\approx \boldsymbol{\delta x}(t_i) + \boldsymbol{\delta \dot{x}}(t_i)\Delta t \\ &= \boldsymbol{\delta x}(t_i) + \boldsymbol{F}(t_i)\boldsymbol{\delta x}(t_i)\Delta t = [\boldsymbol{I}_{n\times n} + \boldsymbol{F}(t_i)\Delta t]\boldsymbol{\delta x}(t_i)\end{aligned} \tag{2.60}$$

其中，$\Delta t = (t_{i+1} - t_i)$，并且在这种情况下，状态转移矩阵为

$$\boldsymbol{\phi}(t_{i+1}, t_i) = \boldsymbol{I}_{n\times n} + \boldsymbol{F}(t_i)\Delta t \tag{2.61}$$

如果时间步长足够小，使得在 Δt 时间内 $\boldsymbol{F}(t) \approx \boldsymbol{F}(t_i)$ = 常值，则 $\boldsymbol{\delta \dot{x}} = \boldsymbol{F}(t_i)\boldsymbol{\delta x}$ 的解为

$$\boldsymbol{\delta x}(t_{i+1}) = \boldsymbol{\phi}(t_{i+1}, t_i)\boldsymbol{\delta x}(t_i) \tag{2.62}$$

其中，

$$\boldsymbol{\phi}(t_{i+1}, t_i) = e^{\boldsymbol{F}(t_i)\Delta t} = \boldsymbol{I}_{n\times n} + \boldsymbol{F}(t_i)\Delta t + \frac{\boldsymbol{F}(t_i)^2 \Delta t^2}{2!} + \cdots \tag{2.63}$$

$$\boldsymbol{F}(t_i) = \left.\frac{\partial \boldsymbol{f}(x, t)}{\partial \boldsymbol{x}}\right|_{x_n, t_i} \tag{2.64}$$

现在，考虑由下式给出的非线性常向量微分方程

$$\dot{\boldsymbol{x}} = \boldsymbol{f}(\boldsymbol{x}, \boldsymbol{u}, t) \tag{2.65}$$

其中，$\boldsymbol{x}$ 是一个 $n\times 1$ 状态向量，$\boldsymbol{u}$ 是一个 $m\times 1$ 输入向量，$\boldsymbol{f}$ 是一个关于 x 的函数的 $n\times 1$ 向量。

- 假设我们有一个满足上述非线性微分方程的标称或参考输入 $\boldsymbol{u}_n$ 以及相关解 $\boldsymbol{x}_n(t)$

$$\dot{\boldsymbol{x}}_n = \boldsymbol{f}(\boldsymbol{x}_n, \boldsymbol{u}_n, t) \tag{2.66}$$

- 研究靠近方程（2.53）标称或参考轨迹的其他解

$$\boldsymbol{x}(t) = \boldsymbol{x}_n(t) + \boldsymbol{\delta x}(t) \qquad \boldsymbol{u}(t) = \boldsymbol{u}_n(t) + \boldsymbol{\delta u}(t) \tag{2.67}$$

其中，$\boldsymbol{\delta x}(t)$是一个 $n\times 1$ 扰动或状态误差，$\boldsymbol{\delta u}(t)$是一个 $m\times 1$ 输入扰动。

- 将式（2.67）代入式（2.66）得出

$$\dot{\boldsymbol{x}} = \dot{\boldsymbol{x}}_n + \boldsymbol{\delta \dot{x}} = \boldsymbol{f}(\boldsymbol{x}_n + \boldsymbol{\delta x}, \boldsymbol{u}_n + \boldsymbol{\delta u}, t) \tag{2.68}$$

- 将式（2.68）等号右边展开为泰勒级数

$$\boldsymbol{f}(\boldsymbol{x}_n + \boldsymbol{\delta x}, \boldsymbol{u}_n + \boldsymbol{\delta u}, t) = \boldsymbol{f}(\boldsymbol{x}_n, \boldsymbol{u}_n, t) + \left.\frac{\partial \boldsymbol{f}(\boldsymbol{x}, \boldsymbol{u}, t)}{\partial \boldsymbol{x}}\right|_{\boldsymbol{x}_n, \boldsymbol{u}_n}\boldsymbol{\delta x} + \left.\frac{\partial \boldsymbol{f}(\boldsymbol{x}, \boldsymbol{u}, t)}{\partial \boldsymbol{u}}\right|_{\boldsymbol{x}_n, \boldsymbol{u}_n}\boldsymbol{\delta u} + \cdots \tag{2.69}$$

- 忽略高阶项并将这个结果代入前面的方程。

由于 $\dot{\boldsymbol{x}}_n = \boldsymbol{f}(\boldsymbol{x}_n, \boldsymbol{u}_n, t)$，我们得到

$$\boldsymbol{\delta \dot{x}} = \left.\frac{\partial \boldsymbol{f}(\boldsymbol{x}, \boldsymbol{u}, t)}{\partial \boldsymbol{x}}\right|_{\boldsymbol{x}_n, \boldsymbol{u}_n}\boldsymbol{\delta x} + \left.\frac{\partial \boldsymbol{f}(\boldsymbol{x}, \boldsymbol{u}, t)}{\partial \boldsymbol{u}}\right|_{\boldsymbol{x}_n, \boldsymbol{u}_n}\boldsymbol{\delta u} \tag{2.70}$$

或者

$$\boldsymbol{\delta \dot{x}} = \boldsymbol{F}(t)\boldsymbol{\delta x} + \boldsymbol{G}(t)\boldsymbol{\delta u} \tag{2.71}$$

其中，

$$\boldsymbol{F}(t) = \left.\frac{\partial \boldsymbol{f}(\boldsymbol{x}, \boldsymbol{u}, t)}{\partial \boldsymbol{x}}\right|_{\boldsymbol{x}_n, \boldsymbol{u}_n} \qquad \boldsymbol{G}(t) = \left.\frac{\partial \boldsymbol{f}(\boldsymbol{x}, \boldsymbol{u}, t)}{\partial \boldsymbol{u}}\right|_{\boldsymbol{x}_n, \boldsymbol{u}_n}$$

- 如果时间步长足够小，使 $\boldsymbol{F}(t) \approx \boldsymbol{F}(t_i)$ = 常数，$\boldsymbol{G}(t) \approx \boldsymbol{G}(t_i)$ = 常数，上述线性微分方程的解为

$$\boldsymbol{\delta x}(t_{i+1}) = \boldsymbol{\phi}(t_{i+1}, t_i)\boldsymbol{\delta x}(t_i) + \int_{t_i}^{t_{i+1}} \boldsymbol{\phi}(t_{i+1}, \tau)\boldsymbol{G}\boldsymbol{\delta u}(\tau)\,\mathrm{d}\tau \tag{2.72}$$

其中，

$$\boldsymbol{\phi}(t_{i+1},t_i)=\boldsymbol{e}^{\boldsymbol{F}(t_i)\Delta t}=\boldsymbol{I}_{n\times n}+\boldsymbol{F}(t_i)\Delta t+\frac{\boldsymbol{F}(t_i)^2\Delta t^2}{2!}+\cdots$$

并且 $\Delta t=t_{i+1}-t_i$。

思 考 题

1. 春分点和秋分点的位置在惯性空间上是固定的吗?
2. 简述常用的几种时间参考体系之间的联系与区别?
3. 高轨卫星和低轨卫星相比较，谁的飞行速度更快？为什么?
4. 推导公式（2.44）所示的两个坐标系下加速度的变换关系是什么?

第 3 章　相对轨道运动动力学建模

英国伟大诗人蒲柏说：“自然和自然的法则在黑夜中隐藏。上帝说，让牛顿去吧！于是一切都被照亮。”

无论在近地轨道还是深空轨道，航天器的运动均是在引力作用下，按一定运动规律进行的。同样地，在交会对接、跟踪定轨等多种任务中出现的航天器相对运动也是在引力和推力作用下按照一定规律进行的，了解和掌握这些客观规律是有效实施相关任务的重要前提。因此，本章专门针对航天器相对轨道运动 GNC 系统分析与设计中常用的动力学模型，以及用于交会接近、侦察观测等任务的几种典型相对轨道进行介绍。

3.1　基于相对位置和速度的动力学模型

式（2.11）依据万有引力定律描述了二体假设下的航天器轨道动力学模型，在此基础上比较容易推导出用相对位置和速度矢量作为参量的相对轨道动力学模型。常用的基于相对位置和速度的相对轨道动力学模型包括 Clohessy - Wiltshire 方程（简称 CW 方程）和椭圆轨道的 Tschauner - Hempel 方程（简称 TH 方程）。其中，CW 方程适用于近圆轨道的相对运动，而 TH 方程适用于椭圆轨道的相对运动。下面分别讲述 CW 方程和 TH 方程的建立过程。

3.1.1　CW 方程

在研究近距离交会对接航天器质心相对运动时，通常假设航天器为刚体，只受地球引力和推力器的推力作用，不考虑地球自转和公转以及其他扰动因素的影响，特别是针对合作目标的交会对接过程，目标器通常在椭圆或近圆轨道上运行，不做机动飞行，由追踪器在推力控制下做机动飞行，实现交会对接。基于上述假设，两航天器惯性系下的相对运动方程可表示为

$$\frac{\mathrm{d}^2\boldsymbol{\rho}}{\mathrm{d}t^2} = -\frac{\mu}{r_{\mathrm{T}}^3}\left[\frac{r_{\mathrm{T}}^3}{r_{\mathrm{C}}^3}\boldsymbol{r}_{\mathrm{C}} - \boldsymbol{r}_{\mathrm{T}}\right] + \boldsymbol{f}_{\mathrm{C}} - \boldsymbol{f}_{\mathrm{T}} \tag{3.1}$$

式中，$\boldsymbol{r}_{\mathrm{C}}$ 和 $\boldsymbol{r}_{\mathrm{T}}$ 分别为惯性系中的追踪器和目标器的位置矢量，r_{C} 和 r_{T} 分别为对应的标量；$\boldsymbol{\rho}$ 为相对位置矢量，$\boldsymbol{\rho} = \boldsymbol{r}_{\mathrm{C}} - \boldsymbol{r}_{\mathrm{T}}$；$\boldsymbol{f}_{\mathrm{C}}$ 和 $\boldsymbol{f}_{\mathrm{T}}$ 分别为两航天器受到的外力加速度。

根据惯性坐标系与动坐标系的导数关系，可有目标器轨道坐标系下的相对运动方程

$$\frac{\delta^2\boldsymbol{\rho}}{\delta t^2} + 2\boldsymbol{\omega}\times\frac{\delta\boldsymbol{\rho}}{\delta t} + \boldsymbol{\omega}\times(\boldsymbol{\omega}\times\boldsymbol{\rho}) + \frac{\delta\boldsymbol{\omega}}{\delta t}\times\boldsymbol{\rho} = \boldsymbol{C}_i^{lvlh}\left(-\frac{\mu}{r_{\mathrm{T}}^3}\left[\frac{r_{\mathrm{T}}^3}{r_{\mathrm{C}}^3}\boldsymbol{r}_{\mathrm{C}} - \boldsymbol{r}_{\mathrm{T}}\right] + \boldsymbol{f}_{\mathrm{C}} - \boldsymbol{f}_{\mathrm{T}}\right) \tag{3.2}$$

式中，

$$\boldsymbol{\rho}=[x \quad y \quad z]^{\mathrm{T}} \quad \boldsymbol{\omega}=[0 \quad -n \quad 0]^{\mathrm{T}} \quad \boldsymbol{r}_{\mathrm{C}}=[x \quad y \quad z-r_{\mathrm{T}}]^{\mathrm{T}}$$
$$\boldsymbol{r}_{\mathrm{T}}=[0 \quad 0 \quad -r_{\mathrm{T}}]^{\mathrm{T}} \quad \dot{\boldsymbol{\omega}}=[0 \quad -\dot{n} \quad 0]^{\mathrm{T}} \tag{3.3}$$

其中，n 和 $\dot{n}$ 分别为目标航天器轨道角速度和角加速度。对运行在椭圆轨道上的目标航天器，有

$$n=\sqrt{\frac{\mu}{a^3}}\frac{(1+e\cos\theta)^2}{(1-e^2)^{3/2}} \qquad \dot{n}=-\frac{\mu}{a^3}\frac{2e\sin\theta\,(1+e\cos\theta)^3}{(1-e^2)^3}$$

将式（3.3）代入式（3.2）中有

$$\begin{bmatrix}\ddot{x}\\ \ddot{y}\\ \ddot{z}\end{bmatrix}+2\begin{bmatrix}-n\dot{z}\\ 0\\ n\dot{x}\end{bmatrix}+\begin{bmatrix}-n^2x\\ 0\\ -n^2z\end{bmatrix}+\begin{bmatrix}-\dot{n}z\\ 0\\ \dot{n}x\end{bmatrix}=-\frac{\mu}{r_{\mathrm{T}}^3}f(x,y,z)\begin{bmatrix}x\\ y\\ z-r_{\mathrm{T}}\end{bmatrix}-\frac{\mu}{r_{\mathrm{T}}^3}\begin{bmatrix}0\\ 0\\ r_{\mathrm{T}}\end{bmatrix}+\begin{bmatrix}f_x\\ f_y\\ f_z\end{bmatrix} \tag{3.4}$$

其中，

$$f(x,y,z)=\left[\frac{x^2}{r_{\mathrm{T}}^2}+\frac{y^2}{r_{\mathrm{T}}^2}+\left(\frac{z}{r_{\mathrm{T}}}-1\right)^2\right]^{-\frac{3}{2}} \tag{3.5}$$

$[f_x \quad f_y \quad f_z]^{\mathrm{T}}$ 为两航天器外力加速度差在目标航天器轨道坐标系上的分量。式（3.4）没有经过任何简化，是在目标航天器轨道坐标系中描述相对运动关系的比较精确的相对运动方程。

式（3.4）所示的模型虽然精确但较为复杂，根据具体应用可对其进行简化。对 $f(x,y,z)$ 进行泰勒展开，保留二阶项，可以得到

$$f(x,y,z)=1+\frac{3z}{r_{\mathrm{T}}}-\frac{3}{2}\frac{x^2}{r_{\mathrm{T}}^2}-\frac{3}{2}\frac{y^2}{r_{\mathrm{T}}^2}+6\frac{z^2}{r_{\mathrm{T}}^2} \tag{3.6}$$

将式（3.6）代入式（3.4），并略去三阶及三阶以上项有

$$\begin{aligned}
&\ddot{x}-2n\dot{z}-n^2x-\dot{n}z+\frac{\mu}{r_{\mathrm{T}}^3}x\left(1+\frac{3z}{r_{\mathrm{T}}}\right)=f_x\\
&\ddot{y}+\frac{\mu}{r_{\mathrm{T}}^3}y\left(1+\frac{3z}{r_{\mathrm{T}}}\right)=f_y\\
&\ddot{z}+2n\dot{x}-n^2z+\dot{n}x-\frac{\mu}{r_{\mathrm{T}}^3}\left(2z-\frac{3}{2}\frac{x^2}{r_{\mathrm{T}}}-\frac{3}{2}\frac{y^2}{r_{\mathrm{T}}}+3\frac{z^2}{r_{\mathrm{T}}}\right)=f_z
\end{aligned} \tag{3.7}$$

式（3.7）是以时间为自变量的二阶相对运动方程。

对圆轨道目标航天器，对式（3.5）进行一阶泰勒展开，代入式（3.4）并略去二阶项，可以得到

$$\begin{aligned}
&\ddot{x}-2n\dot{z}=f_x\\
&\ddot{y}+n^2y=f_y\\
&\ddot{z}+2n\dot{x}-3n^2z=f_z
\end{aligned} \tag{3.8}$$

式（3.8）就是 CW 方程。

定义相对位置 $\boldsymbol{r}(t)=[x(t),y(t),z(t)]^{\mathrm{T}}$ 和相对速度矢量 $\boldsymbol{v}(t)=[\dot{x}(t),\dot{y}(t),\dot{z}(t)]^{\mathrm{T}}$，令相对轨道状态为 $\boldsymbol{x}(t)=[\boldsymbol{r}^{\mathrm{T}},\boldsymbol{v}^{\mathrm{T}}]^{\mathrm{T}}$，则式（3.8）所示的一阶微分方程的解为

$$\boldsymbol{x}(t)=\boldsymbol{\phi}(t,t_0)\boldsymbol{x}_0+\int_{t_0}^{t}\boldsymbol{\phi}(t,\tau)\boldsymbol{B}\boldsymbol{u}(\tau)\mathrm{d}\tau \tag{3.9}$$

其中，$\boldsymbol{u}=[f_x,f_y,f_z]^{\mathrm{T}}$，状态转移矩阵和控制驱动矩阵为

$$\boldsymbol{\phi}(t,t_0)=\begin{bmatrix}\boldsymbol{\phi}_{rr}(t,t_0) & \boldsymbol{\phi}_{rv}(t,t_0)\\ \boldsymbol{\phi}_{vr}(t,t_0) & \boldsymbol{\phi}_{vv}(t,t_0)\end{bmatrix} \tag{3.10}$$

$$\boldsymbol{B}=[\boldsymbol{0}_{3\times3}\quad \boldsymbol{I}_{3\times3}]^{\mathrm{T}} \tag{3.11}$$

其中，

$$\boldsymbol{\phi}_{rr}(t,t_0)=\begin{bmatrix}1 & 0 & 6(\Delta\theta-\sin\Delta\theta)\\ 0 & \cos\Delta\theta & 0\\ 0 & 0 & 4-3\cos\Delta\theta\end{bmatrix}$$

$$\boldsymbol{\phi}_{rv}(t,t_0)=\begin{bmatrix}4\sin\Delta\theta/n-3t & 0 & 2(1-\cos\Delta\theta)/n\\ 0 & \sin\Delta\theta/n & 0\\ -2(1-\cos\Delta\theta)/n & 0 & \sin\Delta\theta/n\end{bmatrix}$$

$$\boldsymbol{\phi}_{vr}(t,t_0)=\begin{bmatrix}0 & 0 & 6n(1-\cos\Delta\theta)\\ 0 & -n\sin\Delta\theta & 0\\ 0 & 0 & 3n\sin\Delta\theta\end{bmatrix}$$

$$\boldsymbol{\phi}_{vv}(t,t_0)=\begin{bmatrix}-3+4\cos\Delta\theta & 0 & 2\sin\Delta\theta\\ 0 & \cos\Delta\theta & 0\\ -2\sin\Delta\theta & 0 & \cos\Delta\theta\end{bmatrix}$$

其中，$\Delta\theta=n(t-t_0)$。

当两个航天器的相对加速度 $\boldsymbol{u}$ 为零时，CW 方程的解 $\boldsymbol{x}$ 是时间 t（令 $t_0=0$）和初值 x_0 的函数，可以写成如下分量形式：

$$\begin{aligned}
x(t)&=\left(\frac{4\dot{x}_0}{n}-6z_0\right)\sin(nt)-\frac{2\dot{z}_0}{n}\cos(nt)+(6nz_0-3\dot{x}_0)t+\left(x_0+\frac{2\dot{z}_0}{n}\right)\\
y(t)&=y_0\cos(nt)+\frac{\dot{y}_0}{n}\sin(nt)\\
z(t)&=\frac{\dot{z}_0}{n}\sin(nt)+\left(\frac{2\dot{x}_0}{n}-3z_0\right)\cos(nt)+\left(4z_0-\frac{2\dot{x}_0}{n}\right)\\
\dot{x}(t)&=(4\dot{x}_0-6nz_0)\cos(nt)+2\dot{z}_0\sin(nt)+(6nz_0-3\dot{x}_0)\\
\dot{y}(t)&=-ny_0\sin(nt)+\dot{y}_0\cos(nt)\\
\dot{z}(t)&=\dot{z}_0\cos(nt)+(3nz_0-2\dot{x}_0)\sin(nt)
\end{aligned} \tag{3.12}$$

3.1.2　TH 方程

在椭圆轨道航天器精确交会、伴飞等相对运动的制导、导航与控制中，通常需要一种形式简单、精度更高的相对运动状态转移矩阵。

日本学者 Yamanaka 不考虑摄动因素，推导了以目标航天器真近点角 θ 为自变量，适用于 $e\in[0,1)$，且对于所有的 θ 都不存在奇异性的相对运动状态转移矩阵，其形式简单且具有较高的精度。

在式（3.7）中忽略二阶项及外力加速度可以得到如下方程：

$$\ddot{x}-2n\dot{z}-n^2x-\dot{n}z+\frac{\mu}{r_{\mathrm{T}}^3}x=0$$

$$\ddot{y}+\frac{\mu}{r_{\mathrm{T}}^{3}}y=0$$
$$\ddot{z}+2n\dot{x}-n^{2}z+\dot{n}x-\frac{2\mu z}{r_{\mathrm{T}}^{3}}=0 \tag{3.13}$$

对上式进行如下变换

$$\begin{bmatrix}\tilde{x}\\ \tilde{y}\\ \tilde{z}\end{bmatrix}=(1+e\cos\theta)\begin{bmatrix}x\\ y\\ z\end{bmatrix} \tag{3.14}$$

并将对时间的导数转化为对目标航天器真近点角 θ 的导数，可以得到形式简洁的相对运动方程

$$\begin{aligned}&\tilde{x}''=2\tilde{z}'\\&\tilde{y}''=-\tilde{y}\\&\tilde{z}''=3\tilde{z}/\lambda-2\tilde{x}'\end{aligned} \tag{3.15}$$

其中，$\lambda=1+e\cos\theta$，$(\ )'=\mathrm{d}(\ )/\mathrm{d}\theta$，$(\ )''=\mathrm{d}^2(\ )/\mathrm{d}\theta^2$。

对式（3.15）求解，可以得到相对运动状态转移矩阵。在轨道平面内有

$$(\boldsymbol{\Phi}_{\theta_0}^{\theta})_{x,z}=\boldsymbol{\Phi}_{\theta}\boldsymbol{\Phi}_{\theta_0}^{-1} \tag{3.16}$$

$$\boldsymbol{\Phi}_{\theta}=\begin{bmatrix}1 & -c(1+1/\eta) & s(1+1/\eta) & 3\eta^2 J\\ 0 & s & c & 2-3esJ\\ 0 & 2s & 2c-e & 3(1-2esJ)\\ 0 & s' & c' & -3e(s/\eta^2+s'J)\end{bmatrix}_{\theta}$$

$$\boldsymbol{\Phi}_{\theta_0}^{-1}=\frac{1}{1-e^2}\begin{bmatrix}1-e^2 & 3es(1+1/\eta)/\eta & -es(1+1/\eta) & -ec+2\\ 0 & -3s(1+e^2/\eta)/\eta & s(1+1/\eta) & c-2e\\ 0 & -3(c/\eta+e) & c(1+1/\eta)+e & -s\\ 0 & 3\eta+e^2-1 & -\eta^2 & es\end{bmatrix}_{\theta_0}$$

在垂直于轨道平面方向，有

$$(\boldsymbol{\Phi}_{\theta_0}^{\theta})_{y}=\frac{1}{\eta}\begin{bmatrix}c & s\\ -s & c\end{bmatrix}_{\theta-\theta_0} \tag{3.17}$$

其中，$\eta=1+e\cos\beta$，$s=\eta\sin\beta$，$c=\eta\cos\beta$，$s'=\cos\beta+e\cos 2\beta$，$c'=-\sin\beta-e\sin 2\beta$，$J=r_{\mathrm{T}}^2 n(t-t_0)/p^2$，$p=a(1-e^2)$。矩阵中的下标代表角度 β 的取值。

为了表述方便，将式（3.16）和式（3.17）综合，可写成如下形式：

$$\boldsymbol{\Phi}=\begin{bmatrix}\boldsymbol{\Phi}_{rr} & \boldsymbol{\Phi}_{r\dot{r}}\\ \boldsymbol{\Phi}_{\dot{r}r} & \boldsymbol{\Phi}_{\dot{r}\dot{r}}\end{bmatrix} \tag{3.18}$$

矩阵中的元素是式（3.16）和式（3.17）中元素的组合。式（3.18）所表示的状态转移矩阵适用于目标航天器运行在圆轨道或椭圆轨道的情况，且不存在奇异性。

在使用上述相对状态转移矩阵时，需要对相对位置 $\boldsymbol{r}$ 和相对速度 $\boldsymbol{v}$ 进行如下变换：

$$\begin{aligned}&\tilde{\boldsymbol{r}}=\lambda\boldsymbol{r}\\&\tilde{\boldsymbol{v}}=-e\sin\theta\boldsymbol{r}+p^2\boldsymbol{v}/(r_{\mathrm{T}}^2 n\lambda)\end{aligned} \tag{3.19}$$

和反变换：

$$\begin{aligned} \boldsymbol{r} &= \tilde{\boldsymbol{r}} / \lambda \\ \boldsymbol{v} &= r_{\mathrm{T}}^{2} n (e\sin\theta\, \tilde{\boldsymbol{r}} + \lambda \tilde{\boldsymbol{v}}) / p^{2} \end{aligned} \tag{3.20}$$

3.2　基于相对轨道要素的动力学模型

在地心惯性系（ECI）中，航天器绝对轨道可以用经典的轨道六要素（半长轴 a，偏心率 e、升交点赤经 Ω、轨道倾角 i、近地点幅角 ω 以及真近点角 θ）来表示。为了避免近圆轨道时的奇异问题，通常会引入偏心率矢量 $\boldsymbol{e} = [e_x, e_y]^{\mathrm{T}}$ 和平均纬度幅角 $u = \omega + \theta$ 对经典轨道六要素进行改造。改造后，航天器绝对轨道可以用如下的参数化向量来描述：

$$\boldsymbol{\alpha} = \begin{pmatrix} a \\ e_x \\ e_y \\ i \\ \Omega \\ u \end{pmatrix} = \begin{pmatrix} a \\ e\cos\omega \\ e\sin\omega \\ i \\ \Omega \\ \omega + \theta \end{pmatrix} \tag{3.21}$$

在以追踪器作为参考基准的情况下，追踪器与目标器之间的相对运动可以用一组适当的相对轨道要素来参数化表示。那么，最直接的相对轨道要素定义方式就是对目标器和追踪器的轨道要素进行求差：

$$\delta\boldsymbol{\alpha} = \boldsymbol{\alpha}_{\mathrm{t}} - \boldsymbol{\alpha}_{\mathrm{c}} = \begin{pmatrix} \Delta a \\ \Delta e_x \\ \Delta e_y \\ \Delta i \\ \Delta \Omega \\ \Delta u \end{pmatrix} = \begin{pmatrix} a_{\mathrm{t}} - a_{\mathrm{c}} \\ e_{\mathrm{t}}\cos\omega_{\mathrm{t}} - e_{\mathrm{c}}\cos\omega_{\mathrm{c}} \\ e_{\mathrm{t}}\sin\omega_{\mathrm{t}} - e_{\mathrm{c}}\sin\omega_{\mathrm{c}} \\ i_{\mathrm{t}} - i_{\mathrm{c}} \\ \Omega_{\mathrm{t}} - \Omega_{\mathrm{c}} \\ (\omega_{\mathrm{t}} + \theta_{\mathrm{t}}) - (\omega_{\mathrm{c}} + \theta_{\mathrm{c}}) \end{pmatrix} \tag{3.22}$$

其中，下标 c 表示追踪器；下标 t 表示目标器，为了简便可将 t 省略。

由式（3.22）可知，当两个航天器共面、在近圆轨道上或轨道能量相同时，直接求差获得的相对轨道要素可能会有多个 0 元素，也可能存在元素之间数量级差别过大的问题，不利于相对轨道的估计与控制问题应用。因此，需要对相对轨道要素进行参数化改造。一种可选的改造方式如下：

$$\delta\boldsymbol{\alpha} = \begin{pmatrix} \delta a \\ \delta e_x \\ \delta e_y \\ \delta i_x \\ \delta i_y \\ \delta u \end{pmatrix} = \begin{pmatrix} \delta a \\ \delta e\cos\varphi \\ \delta e\sin\varphi \\ \delta i\cos\vartheta \\ \delta i\sin\vartheta \\ \delta u \end{pmatrix} = \begin{pmatrix} (a - a_{\mathrm{c}})/a_{\mathrm{c}} \\ e\cos\omega - e\cos\omega_{\mathrm{c}} \\ e\sin\omega - e\sin\omega_{\mathrm{c}} \\ i - i_{\mathrm{c}} \\ (\Omega - \Omega_{\mathrm{c}})\sin i_{\mathrm{c}} \\ u - u_{\mathrm{c}} \end{pmatrix} \tag{3.23}$$

其中，δe 和 δi 分别表示相对偏心率和相对轨道倾角矢量的幅值；φ 和 ϑ 分别表示相对偏心率和相对轨道倾角矢量的相位角。φ 和 ϑ 也被称为相对近地点角和相对升交点角，因为它们表征了追踪器视角下的相对轨道几何形状。关于相对轨道要素的定义，学界并没有统一的定义，例如也有定义相对平均经度 $\delta\lambda=(u_{\mathrm{d}}-u)+(\Omega_{\mathrm{d}}-\Omega)\cos i$ 替代式（3.22）中的 δu。关于其他定义，本书不一一列举，读者可以自行查阅相关文献。

对于二体问题，方程（3.21）定义的绝对轨道要素中除了平均纬度幅角 u 之外都是常量。u 是以固定速率增长的，即

$$\dot{u}=\frac{\mathrm{d}u}{\mathrm{d}t}=\sqrt{\frac{\mu}{a^3}} \tag{3.24}$$

其中，μ 是地球的引力常数。同样地，方程（3.23）中也只有相对平均纬度幅角 δu 是变量。当目标器和追踪器轨道的半长轴不相等时，在 Δu 和 Δa 与绝对轨道半径相比是小量的假设前提下，相对平均纬度幅角 δu 的变化率可由式（3.24）的一阶差分得到：

$$\delta\dot{u}=\frac{\mathrm{d}(\Delta u)}{\mathrm{d}t}=-\frac{3}{2}\sqrt{\frac{\mu}{a^5}}\Delta a=-\frac{3}{2}n\frac{\Delta a}{a}=-\frac{3}{2}n\delta a \tag{3.25}$$

其中，n 表示平均轨道角速率。

因此，在二体问题下，追踪器相对于目标器的一般线性相对运动可用如下的相对轨道要素形式给出

$$\delta\alpha_j(t)=\delta\alpha_{j0}-\frac{3}{2}[u(t)-u_0]\delta\alpha_{10}\delta_j^6 \tag{3.26}$$

其中，j 为向量索引（$j=1,\ \cdots,\ 6$），下标 0 表示初始时间 t_0 的数值，δ_j^i 是克罗内克函数。

相对轨道要素和 LVLH 坐标系下的相对轨道状态之间是可以相互转化的，具体的映射转化关系本书中不做展开介绍，感兴趣的读者请参阅 Pieter DeVries 和 Kyle Alfriend 等人的文章，Simone D'Amico 的博士论文中也有简要阐述。

3.3 相对轨道机动

顾名思义，相对轨道机动就是为了改变航天器之间的相对轨道构型或运动状态而施加的轨道控制。非常有趣的是，航天器轨道机动的动力学形式和我们对地面物体改变运动状态的认识在直觉上可能是相反的。例如，航天器要加速必须减速或要减速必须加速。理解轨道机动对航天器之间相对运动的影响是分析和设计常用交会轨道的基础，因此为了更好地理解这种“反直觉的”轨道运动，下面就从“直觉的”角度进行解释。

假设有两个飞行周期相同的航天器在轨道上运行，其中一个称为目标航天器（简称目标器），另一个称为追踪航天器（简称追踪器）。每个周期之后，目标器和追踪器都将回到相同的轨道位置，因此二者具有相同的相对位置关系。在不施加轨道机动控制的情况下，追踪器相对于目标器的运动会自然重复并保持不变。对于站位保持和其他临近操作任务来说，这是一种理想的场景。

根据开普勒定律可知，轨道周期 P 是轨道半长轴 a 和引力常数 μ 的函数：

$$P=2\pi\sqrt{\frac{a^3}{\mu}} \tag{3.27}$$

同时，轨道半长轴还定义了轨道能量 ϵ：

$$\epsilon = -\frac{\mu}{2a} \tag{3.28}$$

结合式（3.27）和式（3.28）可知，如果两个航天器的轨道能量相同，那么二者之间的相对运动将是周期性的。进一步地，航天器的轨道能量也是航天器速度大小和地心距的函数，即

$$\epsilon = \frac{v^2}{2} - \frac{\mu}{r} \tag{3.29}$$

如果追踪器和目标器具有相同的速度大小和地心距，那么二者的相对运动也是自然重复的，从这一点可以得到重要的结论。假设两个航天器运行在同一个圆轨道上，追踪器在目标器后方一定距离的轨位上，如图3－1所示。当只改变追踪器的速度方向而不改变其大小时，追踪器的轨道能量保持不变，继而轨道半长轴 a 也是不变的，但速度方向的改变会导致轨道形状或倾角发生改变，如图3－2所示。轨道面内改变速度方向的机动通过改变近地点辐角 ω 和偏心率 e 来改变轨道形状，如图3－2（a）所示；轨道面外改变速度方向的机动通过改变升交点赤经 Ω 和轨道倾角 i 来改变轨道平面，如图3－2（b）所示。

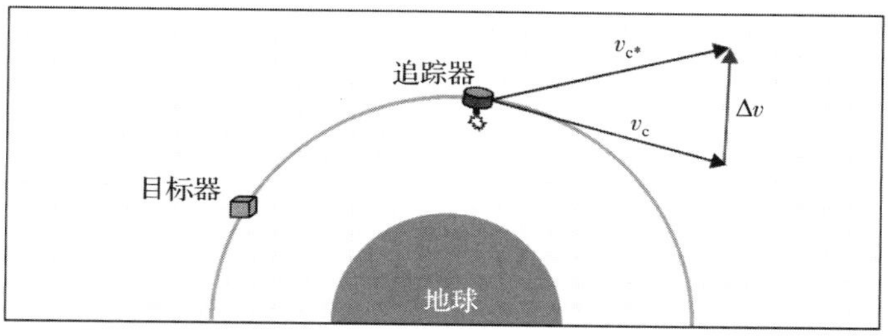

图3－1　改变轨道速度方向而不改变其大小的脉冲机动

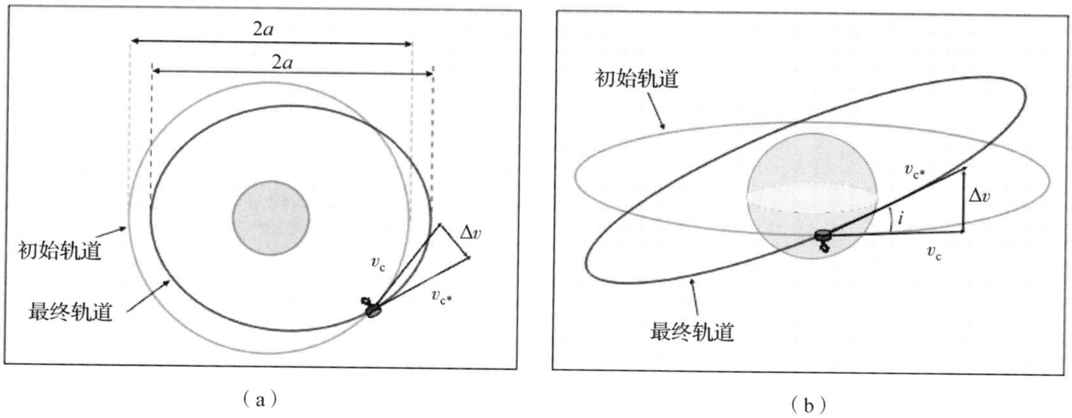

图3－2　脉冲 Δv 机动引起的轨道变化示意图

（a）面内 Δv 改变轨道形状；（b）面外 Δv 改变轨道平面

图3－1和图3－2是在惯性系下展示了轨道机动问题，接下来我们在LVLH坐标系下解释该问题。同样假设两个航天器在相同的圆轨道上运行，在LVLH系中追踪器的速度沿着V－bar，低轨道时约为7.88 km·s^{-1}。在最终交会阶段（约<1 km·s^{-1}），推进器产生的速度脉冲通常都小于1 m·s^{-1}。当施加垂直于当前速度矢量方向的 Δv 时，本质上只改了速度方向而不改变其大小。如图3－3所示，当仅在径向（高度或称为R－bar方向）或轨道

面外方向（或称为 H – bar 方向）施加 Δv 时，产生的相对运动将是循环往复的（即周期性的）；当 Δv 有沿 V – bar 方向的分量时，轨道速度大小就被改变了，继而轨道能量的变化导致追踪器最终漂移离开。这种现象和在地面常见的运动是不同的，地面上想接近目标只要施加沿着目标方向的力或速度就可以做到，而轨道上却不是这样，这就是所谓的“反直觉”。

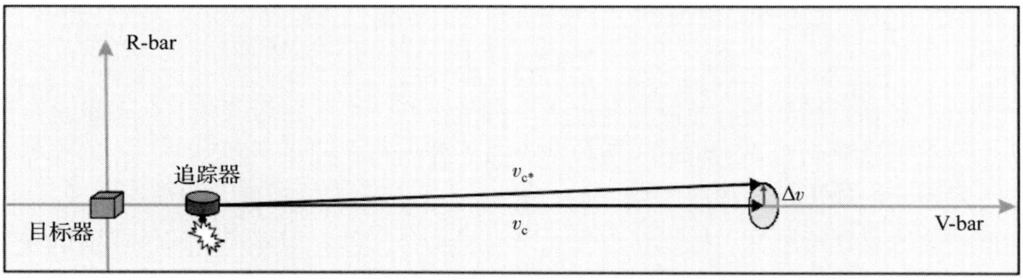

图 3 – 3　小脉冲机动引起的轨道速度变化示意图

3.4　几种典型的相对轨道运动形式

通常，在经过发射、上升、远程导引阶段之后，追踪器进入到目标轨道邻域。一旦星载相对导航敏感器能够捕获目标并稳定输出相对导航信息，追踪器就可以对目标实施跟飞、绕飞观测、接近等多种操作。追踪器如何执行机动就能实现这些操作所需的相对轨道呢？

常理告诉我们，地面的人或动物往上跳跃需要施加一个克服地心引力、垂直向上的力获得向上的速度，往前运动需要施加一个向前的力或速度。然而，对于轨道上的相对运动来说也是这样吗？想必读者从上一节的内容中已经有了初步答案。这一节将以近圆轨道假设下的几种典型相对轨道运动为例，从动力学的角度对相对轨道的实现进行介绍和分析。

3.4.1　V – bar 静止轨道

V – bar 静止轨道（V – bar Stationary Orbit），也叫 V – bar 站位保持，追踪器和目标器处于同一个圆轨道且相位差很小时，二者之间的相对位置关系保持恒定，即“静止”，如图 3 – 4 所示。V – bar 静止轨道是航天器临近操作中最简单的一种自然运动轨迹，但它为站位保持提供了一种实用的解决方案，也是其他轨道交会策略的重要组成部分。

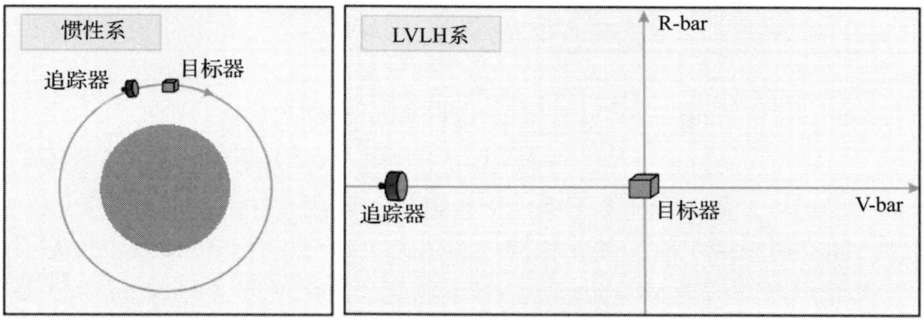

图 3 – 4　V – bar 站保持轨迹

3.4.2　跳跃型轨道

跳跃型轨道（Hopping Orbit）是一种跳跃接近或撤离目标的轨道，也是交会段基本的接近/撤离轨道之一。

假设初始时刻追踪器处于目标器 V - bar 方向一定距离的位置上，二者相对静止，如图 3 - 5 中①所示，其中左半图从惯性系的视角、右半图从 LVLH 系的视角分别进行刻画。当追踪器施加一个 V - bar 方向的速度脉冲时，追踪器的速度大小发生改变（方向未变）。速度的增长使轨道能量增加，从而改变了追踪器的轨道周期，进而使追踪器“跳跃”并越过目标。跳跃的高度和距离可以通过沿 V - bar 速度增量计算得到，具体如下。

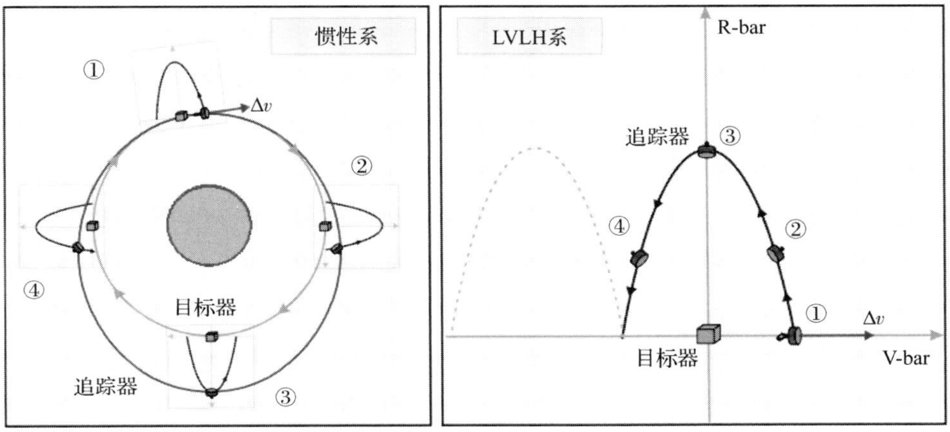

图 3 - 5　跳跃型轨道相对运动示意图

首先，由 CW 方程的显式解（3.12）可得 LVLH 系下相对高度 $z(t)$ 的表达式：

$$z(t)=\frac{\dot{z}_0}{n}\sin(nt)+\left(\frac{2\dot{x}_0}{n}-3z_0\right)\cos(nt)+\left(4z_0-\frac{2\dot{x}_0}{n}\right) \tag{3.30}$$

对于给定的场景，初始高度为零（$z_0=0$）并且假设高度方向上没有速度变化，即 $\dot{z}_0=0$。此时，解析解可以简化为

$$z(t)=\frac{2\dot{x}_0}{n}[\cos(nt)-1] \tag{3.31}$$

当 $\cos(nt)=-1$ 时，$z(t)$ 达到最大幅值，即追踪器处于远地点的半个周期 $\left(t=\frac{P}{2}\right)$ 时，跳跃高度达到峰值，此时 z 方向坐标为

$$z\left(\frac{P}{2}\right)=-\frac{4\dot{x}_0}{n} \tag{3.32}$$

根据式（3.32）可知，最大相对高度差 Δh 是速度增量除以轨道角速率的四倍：

$$\Delta h=-4\left(\frac{\Delta v_x}{\omega}\right) \tag{3.33}$$

其中，$\Delta v_x=\dot{x}_0$。

那么在一个轨道周期后，追踪器沿 V - bar 方向能“跳”多远呢？同样地，通过分析 CW 方程可以得到答案。CW 方程的显式解（3.12），$x(t)$ 的解析解如下：

$$x(t)=\left(\frac{4\dot{x}_0}{n}-6z_0\right)\sin(nt)-\frac{2\dot{z}_0}{n}\cos(nt)+(6nz_0-3\dot{x}_0)t+\left(x_0+\frac{2\dot{z}_0}{n}\right) \tag{3.34}$$

将初值假设 $\dot{z}_0=0$ 和 $z_0=0$ 代入上式中可得：

$$x(t)=\frac{4\dot{x}_0}{n}\sin(nt)-3\dot{x}_0t+x_0 \tag{3.35}$$

令 $t=P$，可以得到飞行一个周期后的 V－bar 方向坐标：

$$x(P)=x_0-3\dot{x}_0P \tag{3.36}$$

将轨道周期的定义 $P=\frac{2\pi}{n}$代入到式（3.36）中，可以得到追踪器一个轨道周期时间沿 V－bar 方向飞行的距离：

$$x_P=-6\pi\left(\frac{\Delta v_x}{n}\right) \tag{3.37}$$

由式（3.37）可知，飞行距离 x_P 是 Δv 与轨道速率之比的 -6π 倍。

通过将式（3.33）代入式（3.37），可得到飞行距离和跳跃顶点高度 Δh 的函数：

$$x_P=\frac{3\pi}{2}\Delta h\approx 5\Delta h \tag{3.38}$$

图 3－6 形象地描述了沿 V－bar 方向施加的速度脉冲 Δv_x 与跳跃的高度、距离之间的关系。

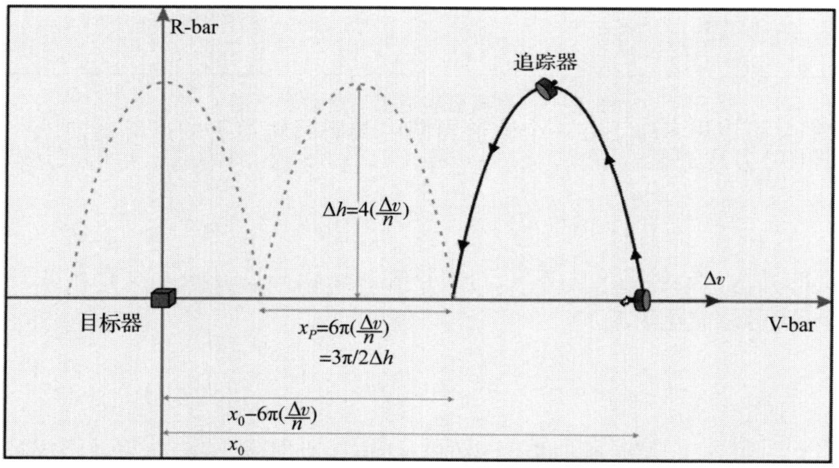

图 3－6　跳跃轨迹尺寸（书后附彩插）

3.4.3　共椭圆轨道

共椭圆轨道（Co－elliptic Orbit）是一种利用轨道自然漂移接近或远离目标器的常用轨迹，如图 3－7 所示。追踪器与目标器处于共椭圆（或同心圆）轨道上，二者有轨道高度差，这里以追踪器更高的共椭圆轨道为例。因为追踪器处于更高的轨道上，所以追踪器的轨道角速度比目标器的轨道角速度小，也就是说追踪器绕地心转得更慢，那么两个航天器在 V－bar方向上必然会存在自然漂移。也就是说，追踪器会在相对高度不变的情况下接近或远离目标器。

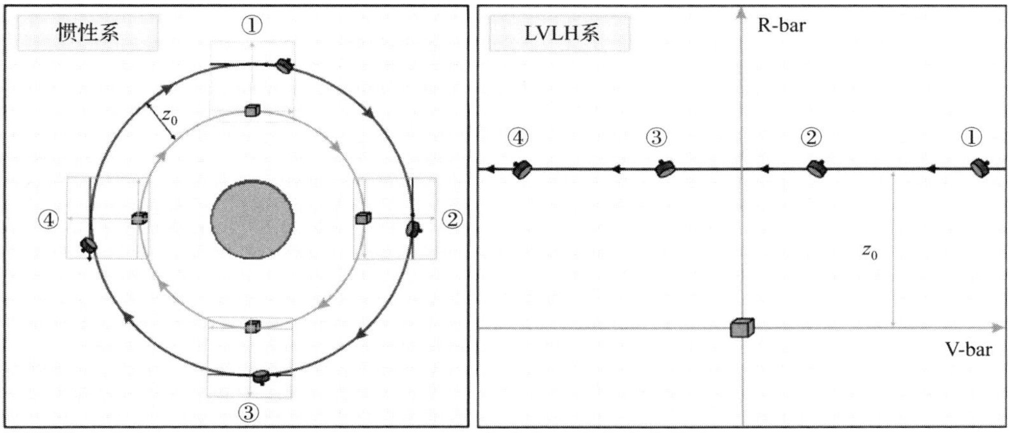

图 3-7　共椭圆轨道

在给定初始相对高度 z_0 的情况下，共椭圆轨道接近或远离的速度可以通过分析 CW 方程的高度变化率来确定。根据 CW 方程的解析解，有

$$\dot{z}(t)=\dot{z}_0\cos(nt)+(3nz_0-2\dot{x}_0)\sin(nt) \tag{3.39}$$

为了使追踪器和目标器之间的高度差保持恒定，需要使高度变化率 $\dot{z}(t)$ 为零。分析式（3.39）可知，如果同时满足 $\dot{z}_0=0$ 且 $3nz_0-2\dot{x}_0=0$，那么 $\dot{z}(t)=0$，进而高度差 z 将保持不变。也就是说，当初值条件满足下式，追踪器就可以以固定高度差接近或远离目标：

$$\dot{z}_0=0 \tag{3.40}$$

$$\dot{x}_0=\frac{3}{2}nz_0 \tag{3.41}$$

接着，我们又可以思考一下在一个轨道周期内共椭圆轨道下的追踪器能沿 V-bar 方向飞多远呢？半个周期呢？这里先回顾一下 CW 方程的解析解：

$$x(t)=\left(\frac{4\dot{x}_0}{n}-6z_0\right)\sin(nt)-\frac{2\dot{z}_0}{n}\cos(nt)+(6nz_0-3\dot{x}_0)t+\left(x_0+\frac{2\dot{z}_0}{n}\right) \tag{3.42}$$

将 $n=\frac{2\pi}{P}$ 和 $t=P$ 代入式（3.42）可以得到一个轨道周期后的 $x(t)$，即

$$x(P)=12\pi z_0-3\dot{x}_0P+x_0 \tag{3.43}$$

再将式（3.40）和式（3.41）所定义的共椭圆轨道条件代入到式（3.43）可以得到一个轨道周期时间追踪器 V-bar 方向的位置函数：

$$x(P)=3\pi z_0+x_0 \tag{3.44}$$

抛开 V-bar 方向坐标初值 x_0，共椭圆轨道一个周期时间沿 V-bar 方向的飞行距离如下：

$$x_P=3\pi z_0\approx 10z_0 \tag{3.45}$$

这里要说明的是，式（3.45）所示的结果与轨道周期无关，也即是说无论两个航天器是在地球高轨还是低轨，或者其他星球的轨道上，一个轨道周期时间共椭圆上沿 V-bar 方向的飞行距离表达式都是相同的，距离只与给定的相对高度 z_0 有关。

3.4.4　椭圆绕飞轨道

椭圆绕飞轨道（Football Orbit）是一种独特的自然相对运动轨迹，常用于使追踪器对目

标进行环绕监视或检查，如图 3 - 8 所示。椭圆绕飞轨道并不是追踪器真的成为目标器的“卫星”，而是绝对轨道位置的连续变化在 LVLH 系下的投影是椭圆，是一种相对位置关系。

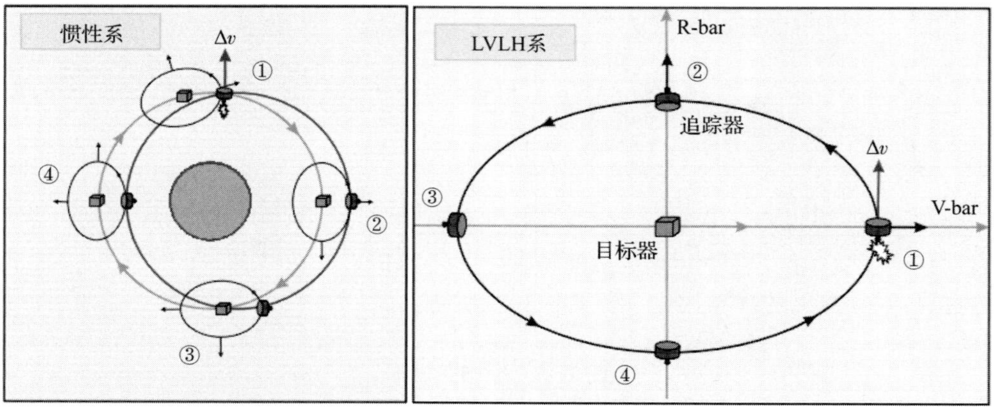

图 3 - 8　椭圆绕飞轨道示意图

为了说明如何产生椭圆绕飞轨道，这里再次假设两个航天器在同一个圆轨道上，沿着 V - bar 方向有一定的距离。当追踪器沿径向施加推力时，追踪器的高度开始增加。因为这种速度机动不改变追踪器速度矢量的大小而只改变其方向，所以追踪器的半长轴和轨道周期保持不变，但轨道的形状发生了变化。事实上，追踪器轨道的偏心率增加导致远地点抬高、近地点降低。正是远地点和近地点的变化导致了椭圆绕飞相对轨道。根据轨道能量公式（3.28）和式（3.29）可得速度与地心距的关系：

$$v^2 = \mu\left(\frac{2}{r} - \frac{1}{a}\right) \tag{3.46}$$

可见，在半长轴不变的情况下，径向距离的增加会导致速度的减小。相对的效果就会让追踪器向上拱起，然后慢慢漂移回来。当追踪器接近近地点时，因为它的地心距离小于目标器，所以它在目标器下方以更快的速度飞行。

接下来，我们在 CW 动力学下探究产生椭圆绕飞的条件以及椭圆大小与速度增量之间的关系。假设追踪器在目标器 V - bar 轴上某一距离 x_0 处，相对高度 $z_0 = 0$。为了使追踪器从 V - bar 轴上进入椭圆绕飞轨道模式，机动脉冲 Δv 不能有沿 V - bar 轴的分量，即 $\dot{x}_0 = 0$。同样地，这里先回顾一下 CW 方程的解析解：

$$x(t) = \left(\frac{4\dot{x}_0}{n} - 6z_0\right)\sin(nt) - \frac{2\dot{z}_0}{n}\cos(nt) + (6nz_0 - 3\dot{x}_0)t + \left(x_0 + \frac{2\dot{z}_0}{n}\right) \tag{3.47}$$

把 $z_0 = 0$ 和 $\dot{x}_0 = 0$ 这两个约束代入到 $x(t)$ 中可得：

$$x(t) = \frac{2\dot{z}_0}{n}[1 - \cos(nt)] + x_0 \tag{3.48}$$

式（3.48）表明追踪器在 V - bar 方向以点 $x_0 + \dfrac{2\dot{z}_0}{n}$ 为中心周期振荡。

当飞行四分之一周期（$t = P/4$）时，到达椭圆的最高点，此时追踪器在 V - bar 的位置为

$$x\left(\frac{P}{4}\right) = \frac{2\dot{z}_0}{n} + x_0 \tag{3.49}$$

进而可以求得绕飞椭圆的半长轴：

$$a_{\text{Football}}=x\left(\frac{P}{4}\right)-x(0)=\frac{2\dot{z}_0}{n}=2\left(\frac{\Delta v}{n}\right) \tag{3.50}$$

其中，$\Delta v=\dot{z}_0$ 是变轨机动脉冲。

类似地，绕飞椭圆的半短轴（或称高度）b_{Football}也可以通过 CW 方程的解析解 $z(t)$来计算得到，$z(t)$的解析解为

$$z(t)=\frac{\dot{z}_0}{n}\sin(nt)+\left(\frac{2\dot{x}_0}{n}-3z_0\right)\cos(nt)+\left(4z_0-\frac{2\dot{x}_0}{n}\right) \tag{3.51}$$

将初始条件 $\dot{x}_0=0$ 和 $z_0=0$ 代入式（3.51）可得

$$z(t)=\frac{\dot{z}_0}{n}\sin(nt) \tag{3.52}$$

式（3.52）表明追踪器在高度方向的运动也是周期的。

绕飞椭圆的半短轴等于追踪器飞行在四分之一周期到达椭圆最高点时的相对高度，即

$$b_{\text{Football}}=z\left(\frac{P}{4}\right)=\frac{\dot{z}_0}{n}=\frac{\Delta v}{n} \tag{3.53}$$

比较式（3.50）和式（3.53）可知，绕飞椭圆的长半轴是其短半轴的 2 倍，椭圆的大小与径向速度脉冲 Δv 的大小成正比，如图 3－9 所示。

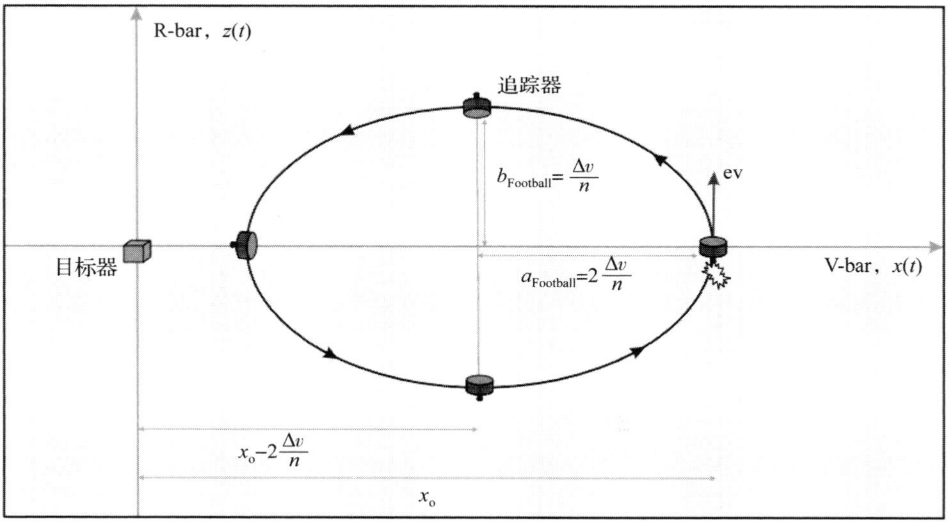

图 3－9　椭圆绕飞轨道几何示意图

3.4.5　振荡型轨道

振荡轨道（Oscillating Orbit）又称为轨道面外振荡轨道，是航天器相对运动领域常用的基本轨道之一，如图 3－10 所示。假设初始时刻追踪器和目标器共轨道面，二者之间的相对轨道变化保持在轨道面内。通过给追踪器施加一个轨道面外（角动量方向）速度脉冲就能改变其轨道倾角使其轨道平面发生倾转，从而引入了轨道面外的相对运动。倾角变化越大，轨道面外的相对运动幅度也越大。同样地，该脉冲只改变了追踪器的速度方向，并未改变其

大小，因而轨道周期没有发生改变，进而追踪器与目标器轨道面外的相对运动也是循环往复的，即周期振荡。

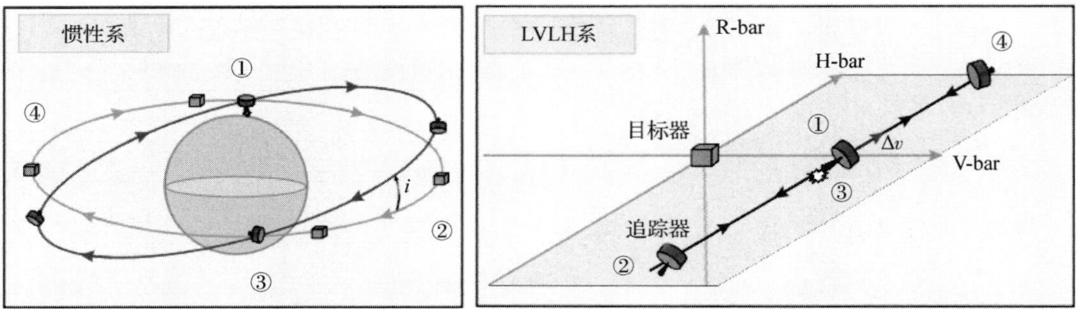

图 3－10　轨道面外振荡相对运动轨迹

为了方便说明振荡轨道的产生，这里假设初始时刻追踪器与目标器共面，在目标器 V－bar 方向一定距离处停泊，此时轨道面外相对位置分量为零，即 $y_0=0$。同样地，这里先回顾一下 CW 方程的解析解：

$$y(t)=y_0\cos(nt)+\frac{\dot{y}_0}{n}\sin(nt) \tag{3.54}$$

把初始条件 $y_0=0$ 代入到式（3.54）可得：

$$y(t)=\frac{\dot{y}_0}{n}\sin(nt) \tag{3.55}$$

明显地，轨道面外方向的运动是与面内的运动解耦，且只要给定一个不为零的初始面外速度 $\dot{y}_0$ 就会形成面外振荡，振荡幅度为

$$\Delta y=\frac{\dot{y}_0}{n}=\frac{\Delta v_y}{n} \tag{3.56}$$

如果根据任务需要获得幅值为 Δy 的面外振荡，只需要给追踪器施加如下大小的面外速度脉冲

$$\Delta v_y=n\Delta y \tag{3.57}$$

3.4.6　R－bar 站位保持轨道

通常希望有一个相对轨迹，允许追踪器以恒定的相对高度悬停在目标器上方或下方，如图 3－11 所示。与之前介绍的 V－bar 站位保持剖面不同，为了在目标航天器的正上方保持固定位置，追踪器必须使用机载执行器连续推动。尽管在燃料消耗方面，这种 R－bar 站位保持轨迹本质上比 V－bar 站位保持轨迹更昂贵，但任务要求可证明额外的燃料成本是合理的。在 LVLH 坐标中所需的加速度 $\boldsymbol{a}(t)=[a_x\ a_y\ a_z]^{\mathrm{T}}$，需要产生这种恒定的相对运动，可以从 CW 方程推导得到

$$\begin{aligned}
&\text{V－bar}：a_x=\ddot{x}-2n\dot{z}\\
&\text{H－bar}：a_y=\ddot{y}+n^2y\\
&\text{R－bar}：a_z=\ddot{z}+2n\dot{x}-3n^2z
\end{aligned} \tag{3.58}$$

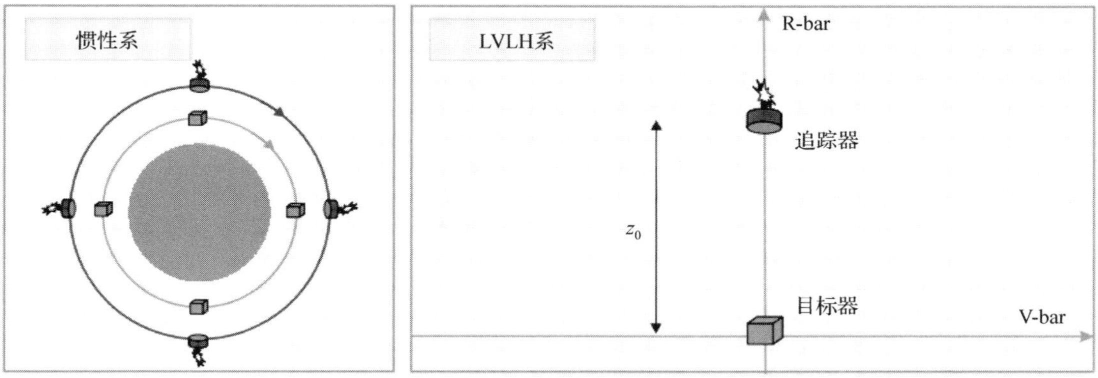

图 3-11　R-bar 站位保持轨道

对于 R-bar 站位保持轨道，追踪器在 V-bar、H-bar 和 R-bar 方向的相对加速度和速度必须为零，使 $\ddot{x}=\ddot{y}=\ddot{z}=\dot{x}=\dot{y}=\dot{z}=0$。此外，追踪器在 V-bar 和 H-bar 方向的相对位置也为零（$x=y=0$），高度为 $z=z_0$。将这些相对加速度、速度和位置的值代入式（3.58）表明，保持目标航天器上方或下方的恒定高度所需的恒定加速度很简单，如下所示。

$$\boldsymbol{a}(t)=[0\quad 0\quad -3n^2z_0]^{\mathrm{T}} \tag{3.59}$$

3.4.7　V-bar 接近轨道

交会对接最终逼近常用 V-bar 接近轨道，如图 3-12 所示。通常情况下，追踪航天器在缓慢接近目标的时刻到来时会保持在 V-bar 上。根据轨道力学，如果追踪器不执行一些机载加速，它将保持在 V-bar 上，在目标器前面或后面保持恒定的相对距离。为了沿着 V-bar 向目标器进行这种过渡，追踪器必须在向下范围方向上进行脉冲燃烧，以开始向目标器的相对运动，然后以与接近速度成正比的速率持续向下或向上推进。为方便起见，这里重新列写 CW 方程

$$\begin{aligned}&\text{V-bar：}a_x=\ddot{x}-2n\dot{z}\\&\text{H-bar：}a_y=\ddot{y}+n^2y\\&\text{R-bar：}a_z=\ddot{z}+2n\dot{x}-3n^2z\end{aligned} \tag{3.60}$$

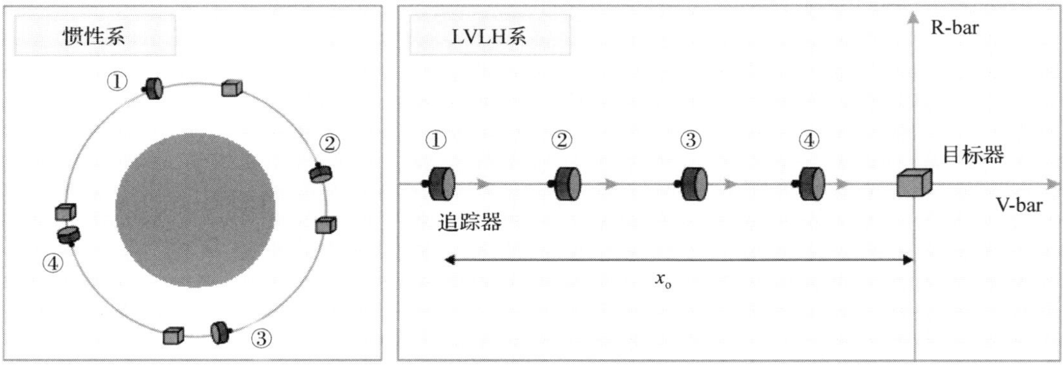

图 3-12　V-bar 接近轨道

对于具有所需相对速度 v_c 且没有交叉轨迹或高度运动的恒定 V－bar 进近轨迹，追踪器的实际相对加速度、速度和位置必须遵循以下约束：

$$\ddot{x}=0 \quad \ddot{y}=0 \quad \ddot{z}=0$$
$$\dot{x}=v_c \quad \dot{y}=0 \quad \dot{z}=0$$
$$x=x_0v_c \quad y=0 \quad z=0 \tag{3.61}$$

将式（3.61）中的这些约束代入式（3.60）中的相对运动动力学，产生所需的连续推力加速度，使追踪器以恒定的相对速率 v_c 沿 V－bar 接近目标航天器，有

$$\boldsymbol{a}(t)=[0 \quad 0 \quad 2nv_c]^{\mathrm{T}} \tag{3.62}$$

式（3.62）所示的加速度以追踪器初始时刻具有 v_c 的下行速度为前提。而在假设的场景下初始时刻追踪器是在 V－bar 方向站位保持的，从而让追踪器获得这个接近速度。一种可用于将下行速度从 0 更改为 v_c 的方式，是迫使追踪器的相对速度突变，一旦追踪器达到了这个期望的速度，追踪器将沿着 V－bar 接近目标。因此，V－bar 接近轨道所需的控制力加速度可以表达如下：

$$\boldsymbol{a}(t)=[v_c\delta(t-t_0) \quad 0 \quad 2nv_c]^{\mathrm{T}} \tag{3.63}$$

其中，$\delta(t-t_0)$ 是狄拉克－δ 函数。

思 考 题

1. CW 方程和 TH 方程分别适合用来描述哪种类型轨道的相对运动？

2. 假设轨道服务卫星停泊于目标正后方的一段距离内，如果服务卫星想接近目标，应该施加什么样的加速度或速度脉冲？

3. 假设初始时刻服务卫星停泊于目标的正下方，保持静止状态，之后不施加任何控制，服务卫星和目标之间的相对运动状态会如何变化？

4. 椭圆绕飞轨道可以用于什么任务场景？

5. 推导跳跃型、共椭圆、椭圆绕飞、振荡型等几种自然形式的相对运动形成的初始化条件。

第 4 章　相对测量敏感器及其原理

相对测量系统的精度、准确度和信息获取与处理的实时性直接影响空间态势感知、交会对接等任务执行的成败和效果。长期以来，航天器相对测量技术一直得到不断的研究与发展，特别是随着计算机技术、信息处理技术、光学成像技术以及激光技术的发展应用，促使相对测量技术沿着星载自主、自动、高精度和高可靠等方向发展。目前，最常用的相对测量敏感器包括微波雷达、激光雷达、相对卫星导航、光学成像敏感器、测距通信链路等。不同敏感器的测量原理和机理不同，输出的参数类型和精度不相同，适用的任务场景也不相同。本章将简要讲述这几种类型的相对测量敏感器及其原理。

4.1　微波雷达

微波雷达是实现空间态势感知、交会对接的重要相对测量敏感器之一，既可作为远距离探测手段，也可作为近距离交会敏感器。自 20 世纪 60 年代至今，经过 60 多年的发展，微波雷达已经技术成熟，具有搜索捕获、跟踪定向、测距、测速、测角、测角速率以及通信等功能，是一种可靠的测量手段。

4.1.1　微波雷达的基本构成

雷达利用电磁波来探测目标飞行器相对于雷达的距离和方位。对于空间交会对接，根据有无应答机可将微波雷达分为两类：一次雷达系统和二次雷达系统。

1. 一次雷达系统

一次雷达系统是基本的雷达系统，由发射机、接收机、天线和信号处理机等组成，如图 4－1 所示。一次雷达系统由发射机发射微波的扫描束，并由接收机接收从被测目标反射

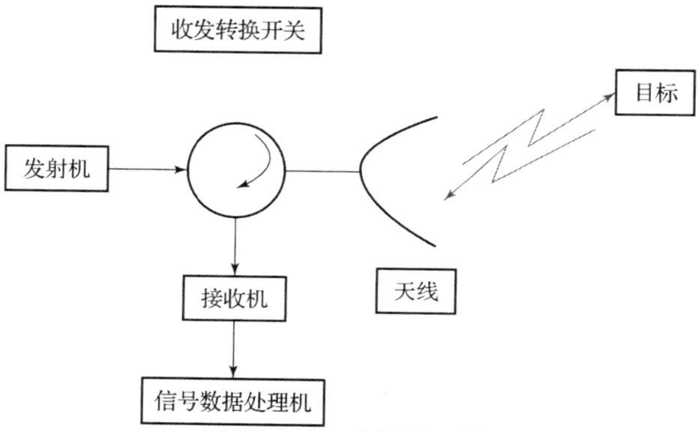

图 4－1　一次雷达系统

的回波，然后经过信息处理得到目标相对雷达的距离、方位以及相应的速度信息，是探测空中物体的反射式主动雷达系统。

图 4 –2 所示为相干雷达系统，它在基本的雷达系统上增加了频率综合器，采用比较高的晶体振荡器作为雷达系统发射机、接收机、信号数据处理机统一使用的时间及频率标准。

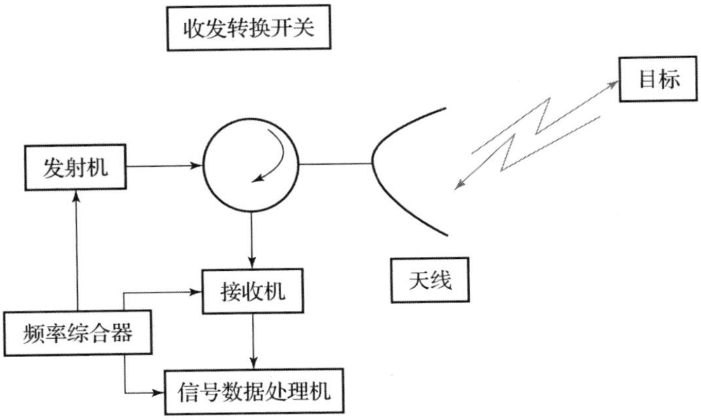

图 4 –2　相干雷达系统

2. 二次雷达系统

二次雷达系统是相对于一次雷达系统而言的，它由雷达和目标上安装的应答机共同组成，先由雷达发出询问脉冲信号，应答机接收到雷达发出的询问信号后，形成并发射同频率或者不同频率的回答信号给雷达。这种雷达系统信号要经过两次发射（一次询问和一次应答），因此被称为二次雷达系统，如图 4 –3 所示。

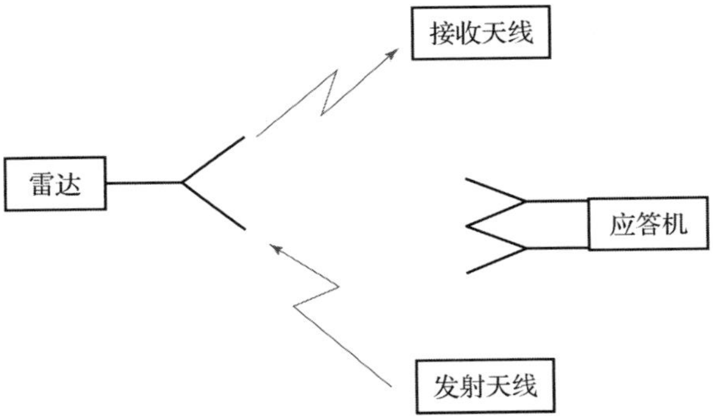

图 4 –3　二次雷达系统

4.1.2　微波雷达的测量原理

微波雷达要求具有测距、测速、测角和测量角速度等功能，其工作体制包括一次或二次雷达。从国外的经验来看，交会微波雷达通常选择二次雷达，因为即使采用低发射功率，二次雷达也能有比较大的作用距离。

1. 距离测量原理

微波雷达测距通常采用脉冲和连续波两种体制。脉冲体制测距较为简单，对于连续波体制，可采用调频连续波测距、副载波调制相位法测距等。这两种方法在技术上均已成熟。

（1）调频法测量。调频法测量的基本原理是发射信号频率和接收信号频率的差频与目标距离的延时有关，当距离为零时，差频为零。这里以三角波形调制为例简单说明其原理，三角波形调制原理如图 4－4 所示。

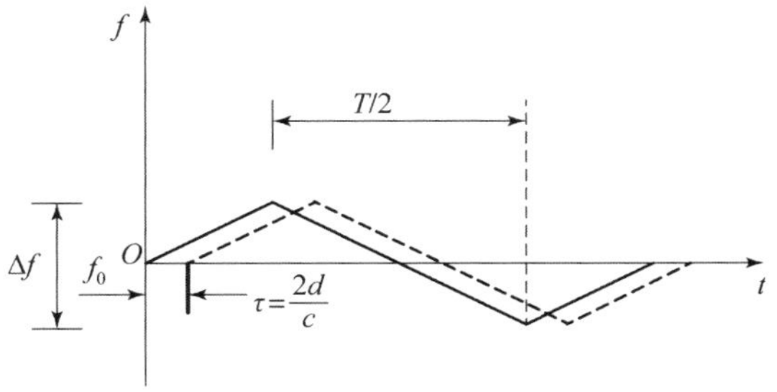

图 4－4　三角波形调制原理

回波信号延时了

$$\tau = \frac{2d}{c} \tag{4.1}$$

如果三角波周期为 T，则用下面的表达式分别表示发射频率和回波频率

$$f_t = f_0 + \frac{\Delta f}{T/2}t \tag{4.2}$$

$$f_r = f_0 + \frac{\Delta f}{T/2}(t - \tau) \tag{4.3}$$

它们的差频表示为

$$f_b = \frac{\Delta f}{T/2}\tau = \frac{4\Delta f d}{cT} \tag{4.4}$$

从而可求得距离为

$$d = \frac{f_b c T}{4\Delta f} \tag{4.5}$$

由式（4.5）可知，光速和调频带宽是已知的，只要知道发射信号和接收信号的频差，从雷达天线到目标的距离就唯一确定了。频率的测量分析由傅里叶处理（FFT）进行。

（2）脉冲法测量。脉冲法测量包括非相干脉冲法、相干脉冲法、侧音调制的相干脉冲法三种。脉冲法测距是脉冲雷达最基本的任务，电磁波在空间以光速传播，遇上目标后有部分能量返回到雷达，由雷达接收机放大并检波，测量发射脉冲和接收回波之间的延时就能换算成距离，即

$$d = \frac{c}{2}\tau \tag{4.6}$$

最简单的脉冲雷达是非相干脉冲雷达，即发射脉冲之间无一定的相位关系，每个发射脉冲与其回波也无相位关系，在雷达接收机中采用包络检波器。该方法测量简单，但是精度不会很高。

与非相干脉冲相比，相干脉冲的发射信号和接收回波的相位都是已知的，因为雷达系统使用了唯一的标准振荡源，雷达各种信号无论如何变换，相位都是确定的。该方法能够测量目标的距离和速度。

侧音调制是对相干脉冲的振幅进行低频调制，利用调制波形的相位延时来测距，测速方法与相干脉冲法相同。

（3）脉冲压缩法。脉冲压缩技术是指发射宽脉冲，回波信号经接收机处理后可获得窄脉冲的技术。宽脉冲的发射允许雷达更有效地利用所具有的平均功率的能力，避免产生高峰值功率信号，既能增加雷达系统的检测性能，又能使系统具有窄脉冲的距离分辨率。脉冲压缩法分为线性调频技术和相位编码技术。在距离测量上，利用线性调频技术的脉冲雷达和没有利用这一技术的脉冲雷达是一样的，其区别仅仅是加大了雷达盲区。

2. 速度测量原理

微波雷达测速同样是采用脉冲和连续波两种体制。利用脉冲多普勒和连续波多普勒测速均能获得较高的测量精度。采用距离微分的方法进行速度测量的精度比多普勒测速的精度低，但方法简单，不受运动速度的影响，其测量精度与平滑时间有关，适宜用于粗测速。

3. 角度测量原理

微波雷达测量角度是利用电磁波在均匀介质中传播的直线性和雷达天线的方向性来实现的。雷达天线将电磁波能量汇集在窄波束内，当天线波束轴对准目标时，回波信号最强；当目标偏离天线波束轴时，回波信号减弱。根据接收回波信号最强时的天线波束轴指向，就可以确定目标的方向，这就是角度测量的基本原理。雷达测角的方法有相位法、振幅法和比幅单脉冲法。

（1）相位法。相位法测角有时也叫干涉仪测角，是利用两个或多个天线所接收到的回波相位差进行测角的方法，其原理如图 4－5 所示。

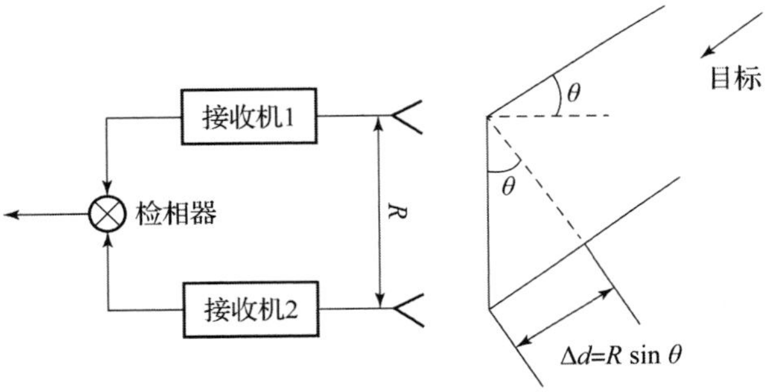

图 4－5　相位法测角原理

设天线间距为 R，微波波长为 λ，在 θ 方向远处有一个目标，由于波程差 Δd 而存在一个相位差 $\Delta\phi$，即

$$\begin{cases} \Delta d = R\sin\theta \\ \Delta\phi = \dfrac{2\pi}{\lambda}\Delta d = \dfrac{2\pi R}{\lambda}\sin\theta \end{cases} \tag{4.7}$$

通过检相器求出相位差 $\Delta\phi$ 后，θ 值就确定了。但是，两天线单基线干涉测角的范围和测角精度是一对不可调和的矛盾，要测角精度高就必须延长基线长度，而延长基线长度又会引起测角范围的缩小，通常采用 3 个接收天线来解决这个问题。

（2）振幅法。由于天线波束有一定的方向，如图 4－6 所示。对于理想点目标，天线扫过目标一定角度后，形成如图 4－7 所示的回波信号、最大值或回波串中心，中心出现时的角度即为目标的指向角度。

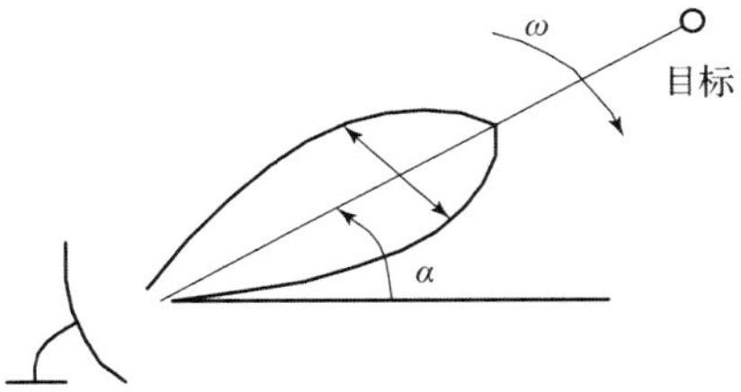

图 4-6　波束扫描示意图图

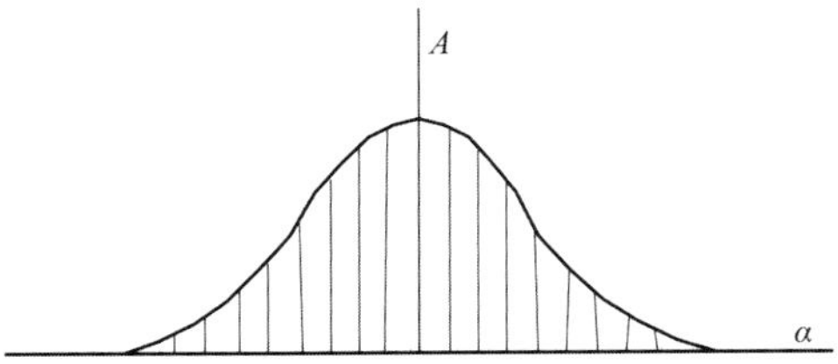

图 4-7　回波幅度示意图

（3）比幅单脉冲法。比幅单脉冲测角是同时波瓣测角法。利用网络可以同时形成和、差波束。在这种单脉冲雷达中，在原理上只发射一个脉冲而不是一串脉冲，就能对空间目标定位（距离、方位角和俯仰角）。对于一个接收平面的情况，目标回波信号从天线的输出端加到和—差变换器进行信号的相加和相减。由变换器输出的高频和信号及差信号又分别加到和支路接收机和差支路接收机，差信号的振幅确定了角误差的大小，而和信号与差信号之间的相位差则确定了角误差的符号，即目标对于等强信号方向的偏移方向。

在自动跟踪目标的过程中，差信号被直接用于控制天线系统的位置指向，通过连接天线转动座的码盘，可以直接读出天线对目标的空间指向（方位角和俯仰角）。

4.2　激光雷达

激光雷达是以激光器作为辐射源的雷达，它是雷达技术和激光技术相结合的产物。激光雷达使雷达的工作波段扩展到光波波段。激光雷达的发展从功能上看主要经历了四个阶段：最早激光雷达只能进行测距；随后具有了跟踪测距测角能力；紧接着在测距测角的基础上，又增加了径向和横向测速功能；最新研制的激光雷达还具有激光成像功能，且分辨率很高。

激光雷达由于工作波长短、单色性好、相干性好，所以具有较高的分辨率和测量精度，以及较强的抗干扰能力，在侦查、探测等领域中具有显著的优势。在空间交会对接中，特别是自动交会对接的近距离交会段，激光雷达得到了广泛的应用，主要用于测距、测速、测角、目标捕获和跟踪。

4.2.1　激光雷达的基本构成

激光雷达的组成包括激光发射机、激光接收机、光学系统、光束偏转器、信号处理器、合作目标和激光信标等。激光雷达的系统原理如图 4-8 所示。

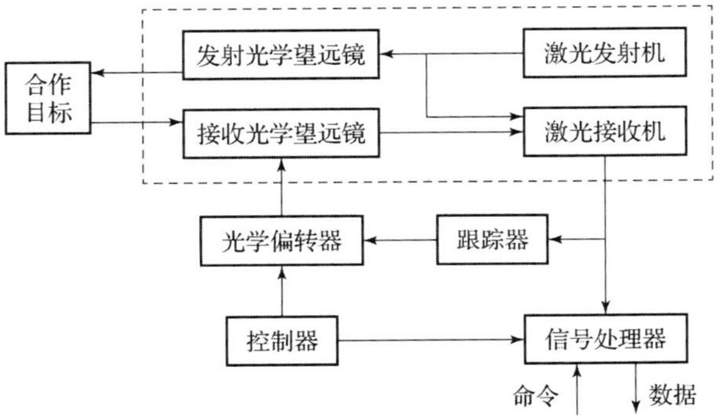

图 4-8　激光雷达的系统原理

4.2.2 激光雷达的测量原理

1. 距离测量原理

距离测量可采用脉冲直接探测、相位测量、相干测量等方法实现。

（1）脉冲直接探测。脉冲直接探测是基于能量探测的非相干检测。激光发射窄的脉冲信号，照射到目标后返回，测量激光反射到返回的时间差，再根据光速可得到激光往返的路程，即目标距离的2倍，如图4-9所示。

$$d=\frac{1}{2}cT \tag{4.8}$$

式中，d 表示目标到激光雷达的距离；c 表示真空中的光速；T 表示激光发射脉冲到回波脉冲的时间。

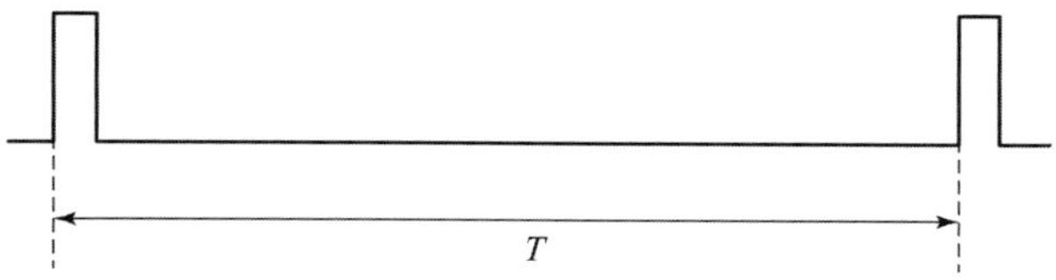

图4-9　脉冲测距原理

时间的测量一般采用脉冲计数的方法，测量精度一般不高。采用30 MHz的时钟计数测量分辨率可达到5 m；采用ECL电路，计数时钟可达到300~500 MHz，测距分辨率可达到0.5 m以下。但测量精度受到回波幅度变化的影响较大。

（2）相位测量原理。相位测量原理是发射连续调制的激光束，测量回波信号与本振信号的相位差，由相位差确定激光的传播时间，从而计算出目标的距离，如图4-10所示。

$$d=\frac{1}{2}c\cdot\frac{\varphi}{2\pi}\cdot\frac{1}{f} \tag{4.9}$$

式中，φ 表示回波信号与本振信号的相位差；f 表示激光调制频率。

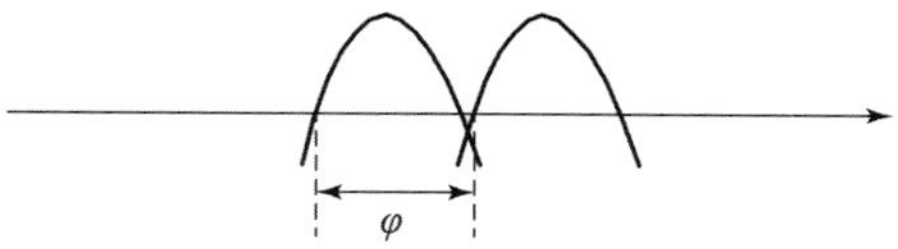

图4-10　相位测量原理

相位测量只能测出 $\varphi=0\sim2\pi$ 的相位差，超出 2π 相位范围将引起距离测量模糊，必须通过降低调制频率来解决，因此不同频率的测量范围不同，测量精度也不同。相位测量法有两类：一类是平衡测相法；另一类是自动数字测量法。其中，自动数字测量法自动化程度高，测量速度快，尤其适合交会对接中的测量，具体可参见相关文献。

（3）相干测量。激光相干测量系统原理与微波雷达相同，但频段提高了许多，可以使测量精度大幅提高。相干测量对光源的频率纯度和稳定性要求较高，主要以 CO_2 激光器为主。激光相干测量的优点是检测灵敏度高，较小的发射功率就可以实现较远的作用距离。同时，可以利用运动目标的多普勒频移高精度测量出运动速度。

2. 速度测量原理

速度的直接测量采用多普勒测速法，间接测量采用距离微分法。

（1）多普勒测速。当目标运动时，由于多普勒效应，信号光的振荡频率随着速度的不同而变化，差频信号也随之变化，差频信号即反映了目标运动的多普勒频移。根据差频信号的变化即可得到目标瞬时运动速度。由于光频很高，其多普勒频移量较大，对速度的测量可以达到较高的灵敏度，最高可达 1 mm/s，完全可以满足航天器无冲击软对接要求。多普勒测速的速度计算公式如下：

$$V_d = \frac{1}{2}\lambda f_d \tag{4.10}$$

式中，V_d 表示目标运动径向速度；λ 表示激光波长；f_d 表示多普勒频移量。

（2）距离微分测速。距离微分测速是一种间接测量方法，也是最简单的方法，即测出单位时间增量的距离变化量得到速度值。距离测量可由脉冲或者相位测量得到。速度的测量精度取决于距离的测量精度和时间的测量精度。速度的测量精度一般低于距离的测量精度，通过数据平滑滤波可进一步提高测速精度。距离微分测速的速度计算公式如下：

$$V_d = \frac{\Delta R}{\Delta t} \tag{4.11}$$

3. 角度测量方法

目标仰角和偏航角的测量与目标的跟踪密切相关。目标跟踪的方法包括四象限跟踪和成像跟踪。成像跟踪有多种方式，如机械扫描成像、电子扫描成像。

（1）四象限跟踪测角。四象限跟踪原理如图 4－11 所示。四象限探测器由四个相同的光电二极管组成，激光光斑落在每象限中的输出为 A，B，C，D。光斑中心相对于四象限探测器中心的偏移量近似由下式给出，即

$$\Delta X = \frac{(A+D)-(B+C)}{A+B+C+D} \tag{4.12}$$

$$\Delta Y = \frac{(A+B)-(C+D)}{A+B+C+D} \tag{4.13}$$

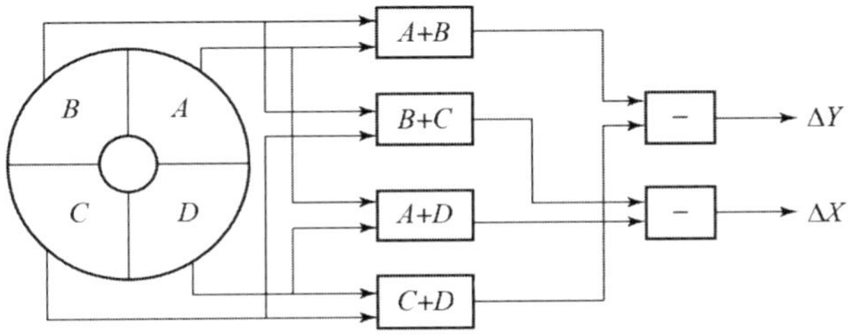

图 4－11　四象限跟踪原理

在四象限线性工作区内，探测器输出脱靶量 ΔX，ΔY 与相应的角度偏移成正比。将脱靶量输出到二轴伺服控制系统，控制伺服平台做相应的运动，使光斑回到探测器中心，从而实现对目标的跟踪。在实现跟踪的同时，二轴电机所带动的角编码器测量出角度量，从而测得仰角和偏航数据。在伺服电机实现跟踪的同时，电机轴所带动的测速电机同时测量角度的变化率，即角速度。

四象限探测器跟踪属于单点跟踪，即只需一次激光回波即可得到目标位置信息。这种跟踪方式具有较高的跟踪精度，因此可获得较高的测角、测角速度精度。但其探测视场较小，对目标的捕获困难，需要其他测量方式引导。

（2）成像跟踪测角。激光成像即对探测空域一定范围内进行扫描探测，建立成像视场内每一点的强度、距离等信息。经过图像处理，找出目标及其位置，从而实现对目标的距离、角度等参数的测量，并可利用电视图像跟踪原理对运动目标进行跟踪。

成像跟踪可以直接得到目标的位置信息，换算成角度信息。角速度的测量只能从角度微分间接得到。成像跟踪测角精度主要取决于图像分辨率，一般比四象限跟踪测角精度低。但是由于其成像视场大，很容易实现对目标空域的快速搜索和捕获。

4.3 相对卫星导航

卫星导航系统能为近地空间的各类用户提供全天候、全天时、高精度的导航和时间信息服务。根据卫星导航本身的一些特性，通常把相对卫星导航用在交会对接中的150 km～100 m距离段，完成对两个航天器之间相对位置、相对速度以及变化率的测量。卫星导航测量系统在现代交会对接系统中的应用，使交会对接控制精度提高到了一个新的水平。

4.3.1 相对卫星导航系统的组成

相对卫星导航测量框架示意图如图 4－12 所示。

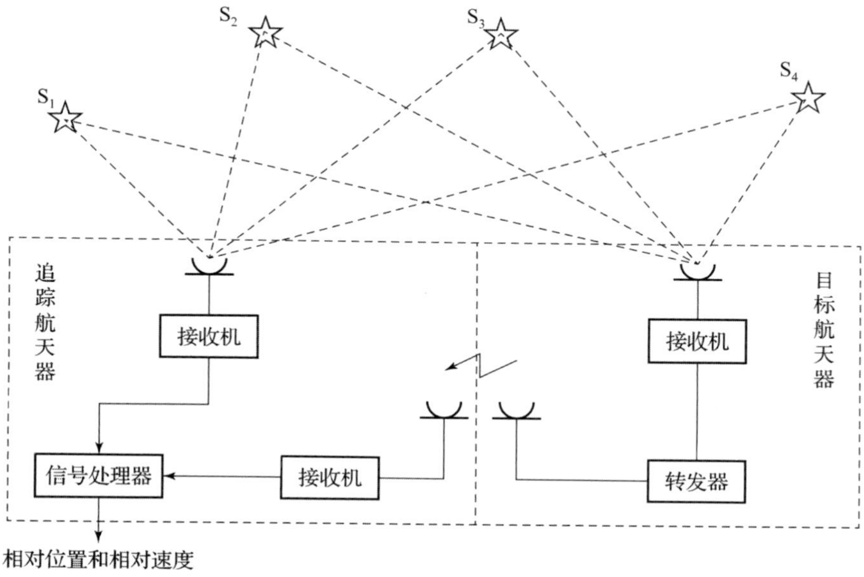

图 4－12　相对卫星导航测量框架示意图

由图 4－12 可知，相对卫星导航系统由 GNSS 导航卫星星座、用户接收机、通信数据链以及信号处理器等部分组成。

（1）GNSS 导航卫星星座。GNSS 导航卫星星座包括若干工作卫星和备用星，以一定的空间几何构型分布在各自的轨道上。导航卫星上装备了高精度原子钟、导航电文存储器、伪码发生器、微型计算机、无线电收发机等。其主要任务包括接收和存储由地面发来的导航信息、接收并执行地面的控制指令、利用微型计算机进行必要的数据处理工作、利用高精度原子钟提供高精度的时间标准、利用信号发送设备向用户提供定位信息等。

（2）用户接收机。用户接收机主要由信号接收机硬件、数据处理软件、微处理机及其终端设备组成，而信号接收机硬件一般包括主机、接收天线和电源。用户接收机的主要任务是接收卫星发射的无线电信号，利用本机产生的伪随机码取得距离观测值和卫星电文，利用导航电文提供的卫星位置和钟差修正信息来获得必要的定位信息，并经数据处理实现空间定位。在交会对接中，用户接收机包括分别安装在目标航天器与追踪航天器上的接收机设备。

（3）通信数据链。通信数据链主要完成目标器与追踪器之间的通信任务，即将目标器接收机获取的 GNSS 信息或者绝对运动信息传送给追踪器。

（4）信号处理器。信号处理器主要用于滤波求解两航天之间的相对运动状态信息。

4.3.2　相对卫星导航系统的相对测量原理

在交会对接中，目标航天器一般为一高速轨道航天器，追踪器为一受控的高速航天器，一般把追踪航天器作为基准站，在基准站计算出两航天器之间的相对运动参数，追踪航天器和目标航天器之间必须有通信联系，即必须是合作目标。

利用卫星导航系统测量航天器的相对位置、相对速度，根据采用卫星定位方法不同可以分为以下两大类。

（1）基于卫星绝对定位方法的相对测量。图 4－13 所示是基于卫星绝对定位的相对测量测量模式。这种方法利用两航天器的单独 GNSS 定位的绝对导航信息求解两航天器的相对运动状态，其主要步骤如下。

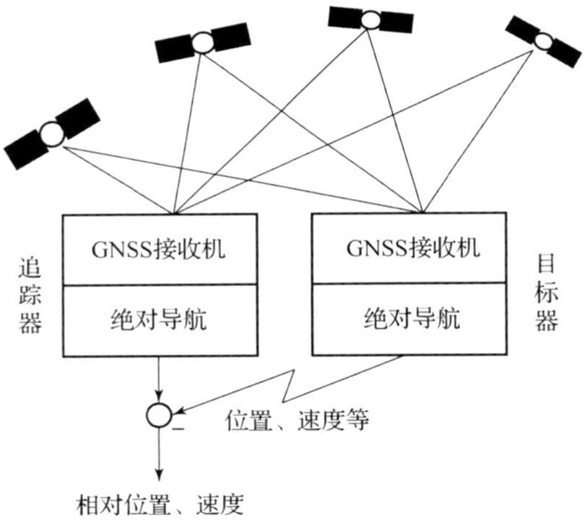

图 4－13　基于卫星绝对定位的相对测量模式

①每个接收机同步观测码伪距和伪距变化率，并分别利用 GNSS 定轨算法求解出两个航天器在地心坐标系中的绝对位置和绝对速度、时钟计时。

②通过通信数据链路将目标航天器的运动状态数据传送到追踪航天器。

③将两航天器的运动状态信息进行差分获得相对位置和相对速度，并通过位置微分和速度微分来修正数据传输时间差造成的误差。

由上可以看出，这种测量模式下两个航天器的接收机都必须同步观测至少 4 颗导航卫星，同时每个接收机都有一个独立的绝对导航滤波器（如 Kalman 滤波），GNSS 卫星或传播路径的误差在各自的绝对导航器中滤波不能完全地消除，但因为绝对位置和速度是独立求解的，所以两个接收机观测的导航卫星可以不同，增加了这种导航方法的可靠性。

这种模式下，根据两航天器是否选用同一组 GNSS 卫星进行定位，可获得不同的定位精度。当两个航天器使用同一组 GNSS 卫星时，其相对运动状态的计算精度与相对差分 GNSS 定位模式的精度相同；当两飞行器没有选用同一组 GNSS 卫星时，相对运动状态的计算误差约为单独 C/A 码定位精度的$\sqrt{2}$倍。

（2）基于卫星相对定位方法的相对测量。图 4－14 所示是基于卫星相对定位的相对测量模式。在这种模式下，在追踪器的相对导航系统中使用一个集成的相对差分导航滤波器，将来自目标器的具有时间标记的原始 GNSS 测量数据连同追踪器本身的原始 GNSS 测量数据都加入同一滤波器，进行相对导航的差分滤波处理，解算出相对位置和速度信息。该测量模式主要可以采用伪距相对差分、载波相位相对差分和相位平滑伪距相对差分等方式。

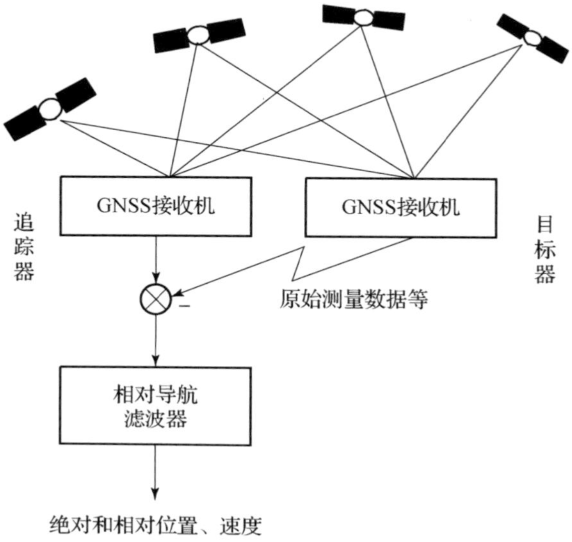

图 4－14　基于卫星相对定位的相对测量模式

在这种模式下，同样根据两航天器是否选用同一组 GNSS 卫星进行定位，可获得不同的定位精度。如果两航天器使用同一组 GNSS 卫星，那么通过该方式可以消除由 GNSS 星历误差、钟校正误差、信号电离层传播延迟误差等公用误差造成的相对运动状态误差，能够获得精确的相对导航解；若没有使用同一组 GNSS 卫星，则测量精度与基于卫星绝对定位的相对测量模式相同。

4.3.3　典型相对卫星导航系统的测量参数

GNSS 系统的设计目标是主要为地球表面及其附近的用户提供定位和导航服务，其为用户提供服务的性能与用户的环境密切相关。因此下面首先分析航天器用户使用的 GNSS 的几何环境，然后给出相对导航精度估计，最后介绍相对卫星导航在相关交会对接项目中的应用情况。

GNSS 信号是以一定的散布角覆盖地球的，空间轨道用户对 GNSS 卫星的可见性与地面用户有很大不同。空间飞行器的活动范围从距离地面 200 km 的近地空间到 36 000 km 高的地球静止轨道，空间用户的可见性与用户的轨道高度直接相关。不同的轨道高度能够接收到 GNSS 信号的强度也大不相同。空间用户对 GNSS 信号的可见性或者说 GNSS 卫星对空间用户的信号覆盖度主要受 GNSS 卫星天线的信号辐射角和空间用户轨道高度的影响。下面就以美国的 GPS 为例分析空间飞行器用户使用的 GNSS 几何环境。

GPS 卫星天线有 32°~46°的信号辐射角限制，因此，距地面高度大于 900 km 左右的飞行器会有一段无 GPS 信号覆盖的轨道弧段，如图 4－15 所示。

由于空间用户距离地面有一定的高度，空间飞行器对 GPS 卫星有两个可见区：区域Ⅰ和区域Ⅱ，如图 4－16 所示。在区域Ⅰ内对 GPS 卫星的观测仰角为正，在区域Ⅱ内对 GPS 卫星的观测仰角为负，因而空间用户可能比地面用户观测到更多的 GPS 卫星。

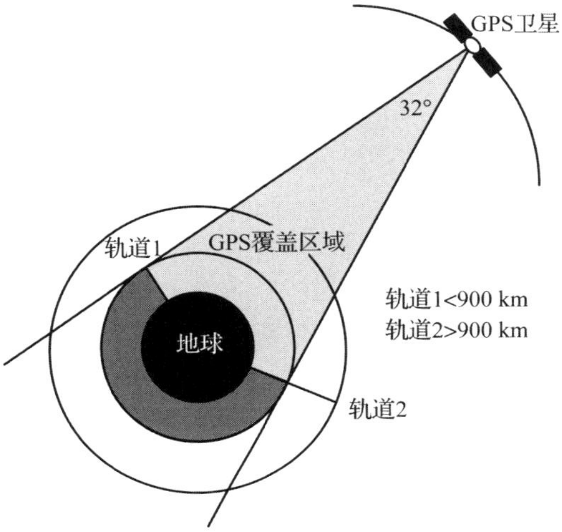

图 4－15　GPS 对空间用户的覆盖

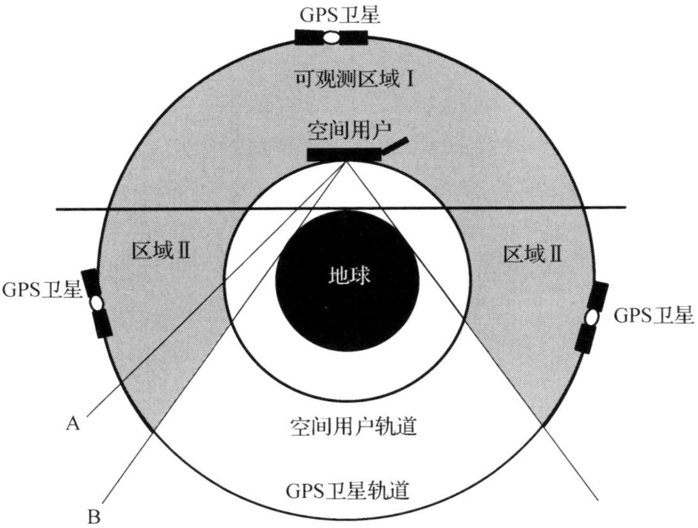

图 4－16　空间用户对 GPS 卫星的可见性

综合考虑这两个因素的影响，中、低轨空间用户可观测到的 GPS 卫星平均数和可同时观测到 4、5、6 颗 GPS 卫星概率的情况如图 4－17 所示。可以看出，从概率意义上讲，GPS 能够基本保证提供 1 200 km 高度以下的空间用户在任意时刻、任意位置可以观测到 6 颗 GPS

卫星；而对于这个高度以上的用户，GPS 则存在不可观测的时空概率。图 4 – 18 给出了运行于距地面 500 km 的航天器在一个轨道运行周期所观测的 GPS 卫星数（观测仰角为 0°）。

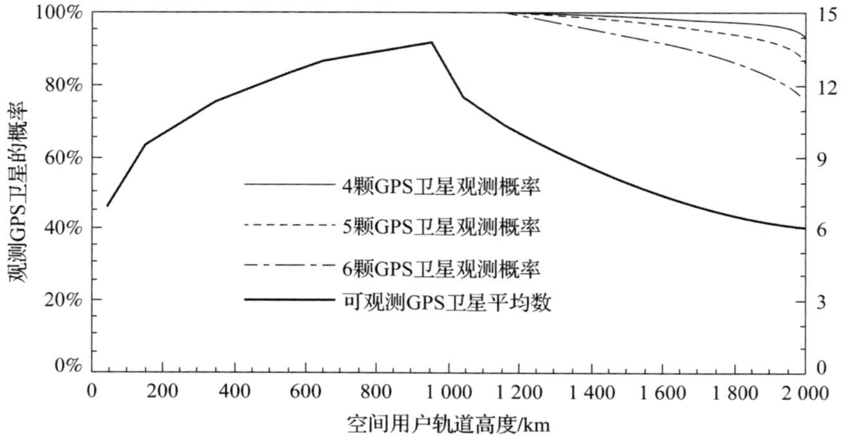

图 4 – 17　中、低轨空间用户可见星平均数、观测概率与高度的关系

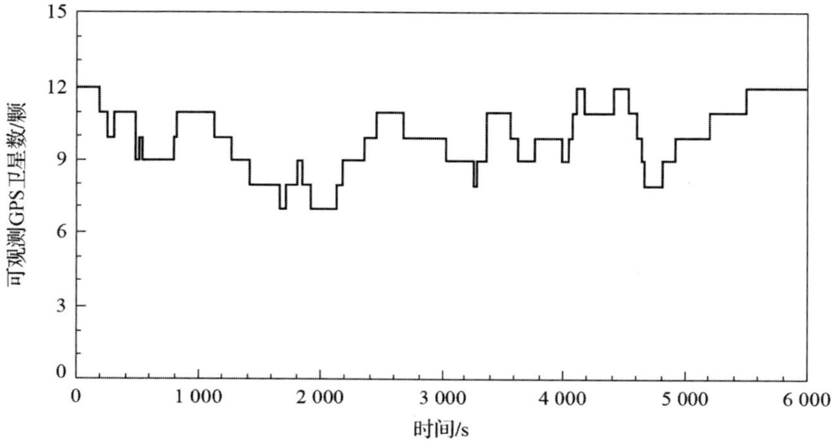

图 4 – 18　轨道高度为 500 km 的航天器在轨道运行周期所观测的 GPS 卫星数

当然，这里必须说明的是，随着我国的北斗全球卫星导航系统、欧洲的伽利略卫星导航系统等 GNSS 系统的建设，市场上已经有了多模的卫星导航接收机，可以同时接收多种 GNSS 系统的导航信号，因而航天器在同一时间内可以观测到的 GNSS 导航卫星数目比 GPS 时代要多，大幅扩展了相对卫星导航技术的应用范围。但是，多模体制对信号处理、信息融合也提出了新的要求，感兴趣的读者可以自行查阅相关文献。

4.4　光学成像敏感器

光学成像敏感器是一种高智能化的测量设备，其体积小、质量小、功耗低，能精确测量出两航天器之间的相对视线角度（近距离时包含相对距离），作用距离从数米到数百千米，是一种非常好的空间交会对接测量敏感器，在空间交会对接中被广泛应用。随着信息处理技术的发展，其应用范围会更加广泛。图 4 – 19 所示是光学成像测量系统简图。

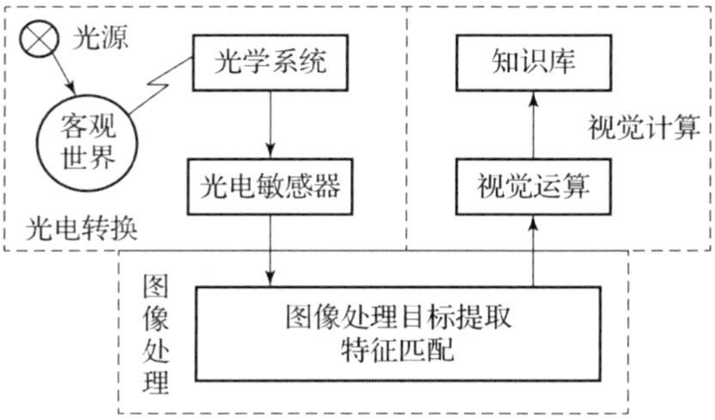

图 4－19　光学成像测量系统简图

4.4.1　光学成像敏感器的组成

光学成像敏感器由安装在追踪航天器上的成像装置（如 CCD 相机、APS 相机等）、安装在目标航天器上的目标标志器（如发光装置或无源光点反射器）和信息处理器三个部分组成。

（1）成像装置。成像装置一般为相机，相机是光学成像敏感器的主要设备，也是光学成像敏感器的核心部分。相机的性能不仅影响成像质量，也关系到光学成像敏感器的一些主要性能指标，如视场、作用范围以及测量精度等。

（2）目标标志器。目标标志器由 3 个以上的特征光点组成，为相机提供合作测量标志。光学成像敏感器中目标标志器上的光点个数选取和光点布局设计与具体测量方案有关，设计时主要考虑测量算法、测量精度、光点识别、冗余能力和可靠性、质量、功耗以及安装条件等。

（3）信息处理器。信息处理器由高速信号处理芯片组成，是光学成像测量系统的信息处理中枢，负责完成图像分割、特征提取、特征匹配、数据融合以及运动参数计算等功能，同时通过管理调度模块实现系统内外的沟通。

4.4.2　光学成像敏感器的测量原理

CCD 光电成像测量技术是 20 世纪 70 年代中期，在模式识别、图像处理、微电子技术、计算机技术、光电技术等多种学科的基础上发展起来的一种新的多学科交叉的综合技术。从 CCD 光学器件敏感的二维图像，用计算机去完成对三维景物的理解，整个测量过程中的信号流程如图 4－20 所示。

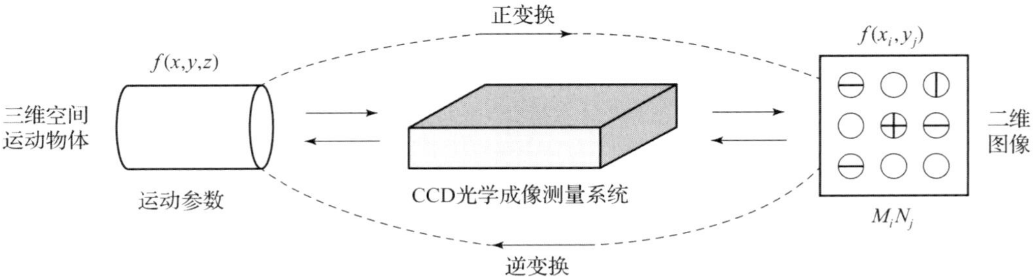

图 4－20　整个测量过程中的信号流程

空间运动着的三维目标体经 CCD 敏感器转换为二维图像，图像中包含丰富的信息，每一像点的亮度反映了目标相应物点的反射强度（或发射光强度）。而像点在二维图像中的位置又反映了目标物点在三维空间中的位置。整个测量过程中的信号流程即是从正变换（由物到像）到逆变换（由像到物）的过程。正变换，从三维景物到二维图像的转换要用到成像几何模型，理想的成像几何模型是光学中的针孔成像模型，如图 4－21 所示。

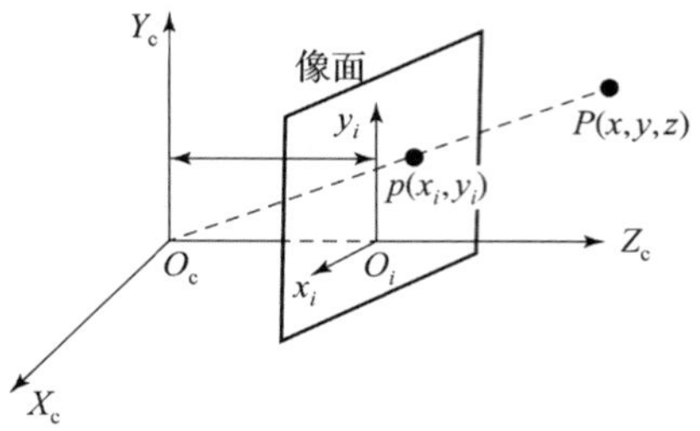

图 4－21　针孔成像模型

假定 Z_c 是摄像机光轴，像平面(y_i,x_i)垂直于光轴，空间物点 $P(x,y,z)$ 在像平面上的成像位置为光心 O_c 与 P 的连线 O_cP 与像面的交点 $p(x_i,y_i)$，实际中物距远远大于像距，可假定像平面和焦平面重合，则理想的针孔成像变换为

$$x_i = f\frac{x_c}{z_c} \qquad y_i = f\frac{y_c}{z_c} \tag{4.14}$$

写成矩阵形式表示为

$$\begin{bmatrix} x_i \\ y_i \\ 1 \end{bmatrix} = \frac{1}{z_c}\begin{bmatrix} f & 0 & 0 & 0 \\ 0 & f & 0 & 0 \\ 0 & 0 & 1 & 0 \end{bmatrix}\begin{bmatrix} x_c \\ y_c \\ z_c \\ 1 \end{bmatrix} \tag{4.15}$$

由上式可知，对于逆变换，即由像点坐标求解出空间物理坐标，需要在一定约束条件下才能完成，因为这是一个求逆问题。所以，通常在合作目标上会有按一定规则排列的标志点，通过对标志点的识别能够拟合还原得到物点坐标。

4.4.3　光学成像敏感的测量输出类型

在空间态势感知、交会对接的不同阶段，光学成像敏感器与被测目标之间的距离不同，进而目标在敏感器成像平面上的“像”的大小也不同。因此，根据“像”能够获取的测量信息是不同的。

当成像敏感器与目标距离较远（>5 km）时，目标在敏感器成像平面上的“像”小于一个像素，此时根据“像”点坐标和焦距等信息可以提取出目标相对于敏感器的单位方向矢量（或两个视线角，即方位角和俯仰角），如图 4－22 所示。在轨道环境下，如何通过视线角信息去估计目标的相对轨道状态信息，就是知名的仅测角导航问题（Angles－Only Navigation Problem）。

当成像敏感器与目标接近到一定范围内（250 m～5 km）时，目标在敏感器成像平面上的“像”大于一个像素，此时根据“像”的中心坐标及其视半径等信息就可能提取出目标的相对距离和相对姿态信息。例如，如图 4－23 所示，假设目标是圆球形且尺寸已知，那么相对距离就可以通过目标的直径 D 除以视半径 θ 得到，即

$$\rho = \frac{D}{\theta} \tag{4.16}$$

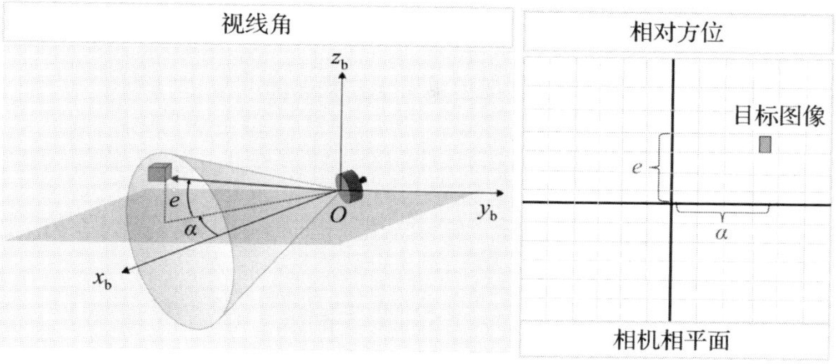

图 4－22　仅视线角测量示意图

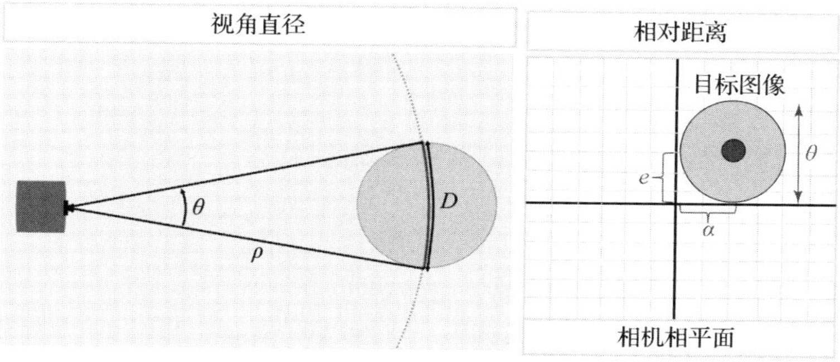

图 4－23　视径估距测量示意图

当成像敏感器与目标更加靠近（3～250 m）时，目标在敏感器成像平面上的“像”包含丰富信息，此时敏感器能够识别目标上的特征标识，如图 4－24 所示。通过对特征标识的成像信息进行处理，在特征标识数量满足要求的前提下就可以提取出目标的相对距离和相对姿态信息。

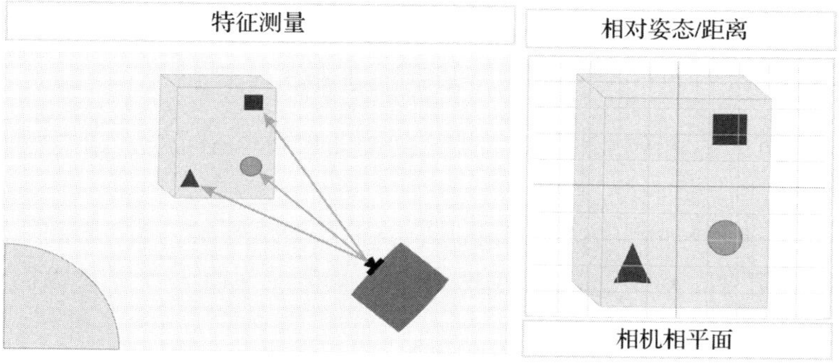

图 4－24　特征标识测量示意图

4.5　测距通信链路

通常，卫星的通信链路包含两种：一种是卫星－地球链路，另一种是卫星－卫星链路。对于卫星－地球链路来说，由于无线电波要穿过大气层，加之雨衰因素，大容量通信不易实现。通过采用比 Ka 更高的波段可实现通过无线电波的大容量通信。而卫星－卫星链路（即星间链路）的传输介质包括微波、毫米波和激光等，通过光通信可实现大容量数据传输。目前，国内外都在大力研发先进的星地、星间通信方式，感兴趣的读者可以自行查阅相关文献，这里仅简单介绍星间通信链路的基本组成和测距原理。

4.5.1 通信链路的组成

星间通信链路主要包括四个子系统：接收机、发射机、捕获跟踪子系统以及天线子系统。

（1）接收机：完成对接收信号的放大、变频、检测、解调和译码等，提供星间链路与卫星下行链路之间的接口。

（2）发射机：负责从卫星的上行链路中选择需要在星间链路上传输的信号，完成编码、调制、变频和放大。

（3）捕获跟踪子系统：负责使星间链路两端的天线互相对准（捕获），并使指向误差控制在一定的误差范围以内（跟踪）。

（4）天线子系统：负责在星间链路收发电磁波信号。

4.5.2 通信链路的测距原理

合作航天器利用通信数据链测相对距离时，可以采取如图 4－25 所示两种方法：单向通信和双向通信。图 4－25（a）是飞行时间差（Time Difference of Arrival，TDOA）测距模式，Δt 是航天器 2 信号接收时间与航天器 1 信号发送时间差，记光速 $c=3\times10^8$ m/s，由此计算航天器之间距离为

$$d=c\Delta t \tag{4.17}$$

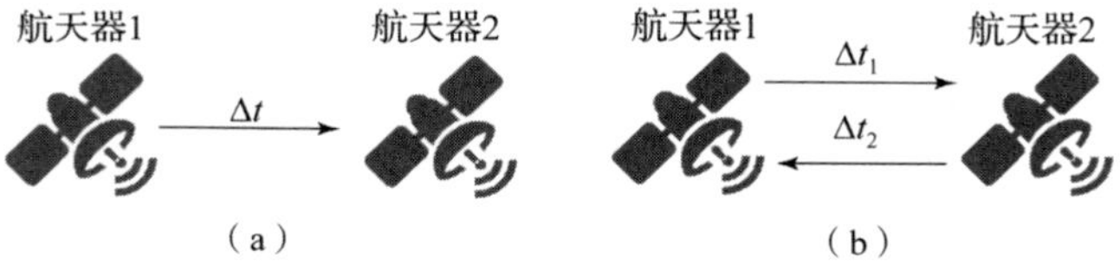

图 4－25 通信测距示意图

TDOA 测距是最简单的测距方法，航天器之间的通信可以是单向的，但是它要求航天器时钟必须是同步的。

图 4－25（b）是飞行时间（Time of Flight，TOF）测距模式，Δt_1 是航天器 2 接收信号时间与航天器 1 发送信号时间差，Δt_2 是航天器 1 接收信号与航天器 2 发送信号时间差，则航天器相对距离为

$$d=c\frac{\Delta t_1+\Delta t_2}{2} \tag{4.18}$$

利用 TOF 测距时，航天器之间通信是双向的，可以避免航天器钟差带来的测距误差，因此本书将基于 TOF 测距模式对仅测距相对导航系统进行理论分析与仿真验证。若时间测量误差满足高斯白噪声分布，由于 d 和 Δt 具有线性关系，则数据链测距可以建模为

$$h(\boldsymbol{X})=\tilde{d}=\sqrt{\boldsymbol{r}^{\mathrm{T}}\boldsymbol{r}}+\varepsilon_{\mathrm{d}} \tag{4.19}$$

其中，$\tilde{d}$ 是距离测量值；ε_{d} 是高斯白噪声测距误差。

思 考 题

1. 常见的几种相对测量敏感器，即微波雷达、激光雷达、相对卫星导航、光学成像敏感器、测距通信链路，分别适用于什么类型、多大距离范围的目标测量场景？

2. 光学成像敏感器的测量输出有哪几种类型？

3. 窄视场相机和宽视场相机分别适合什么样的测量场景，各具有什么特点？

4. 如何标定出测距通信链路的时钟偏差？

5. 假设星上通信链路有两个信息接收机，可以测量计算得到目标的方位信息吗？

第 5 章　最优估计方法基础

在随机系统控制和信息处理等科学技术领域，经常遇到这样一类问题，如何从存在随机干扰和测量误差的物理系统中确定所需要的有用信息，包括能够直接测量的信息和不能直接测量的信息。相关问题的提出和解决推动了最优估计方法的发展，例如，高斯在研究天体轨道确定问题时引入了最小二乘估计。目前，最优估计方法在航空航天、工业工程、生物医学、计量经济、天气预报等各行各业有着极为广泛的应用。最优估计方法也是航天器相对导航与控制的必备基础。

本章先简单介绍估计问题的基本概念，然后重点讲述最小二乘估计、卡尔曼滤波、扩展卡尔曼滤波、无味卡尔曼滤波等常用的线性与非线性估计方法基础理论。

5.1　估计问题的基本概念

所谓估计，就是根据传感器获取的与状态 $\boldsymbol{X}$ 有关的测量量 $\boldsymbol{Z}=h(\boldsymbol{X})+\boldsymbol{v}$ 解算出 $\boldsymbol{X}$ 的计算值 $\hat{\boldsymbol{X}}$，其中 $\boldsymbol{v}$ 为测量误差，$\hat{\boldsymbol{X}}$ 称为 $\boldsymbol{X}$ 的估计，$\boldsymbol{Z}$ 称为 $\boldsymbol{X}$ 的测量。估计问题的描述如图 5－1 所示。相应地，相对轨道估计就是采用某种统计最优的方法，根据一定的准则，从间接的、具有不确定性的星载传感器测量值（例如视线角、距离等信息）中解算出相对轨道信息，当某一性能指标函数达到最值时的估计称为最优估计。

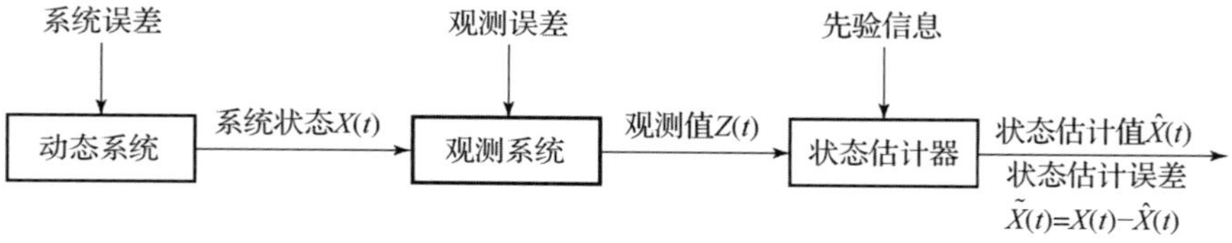

图 5－1　状态估计问题的描述

设计导航估计系统时，首先必须列写出描述系统动态特性的系统方程和反映测量与状态关系的测量方程。如果直接以导航输出参数作为状态，即直接以导航参数作为估计对象，则称为直接法估计。如果以导航参数的误差量作为估计对象，则称为间接法估计。直接法估计和间接法估计各有优缺点，主要体现在以下几个方面。

（1）采用直接法的估计系统的状态方程直接描述系统导航参数的动态过程，能够比较准确地反映真实状态的演变过程；而采用间接法的估计系统的状态方程是误差方程，通常是按照一阶近似推导出来的，有一定的近似性。

（2）采用间接法的系统估计模型是线性的，可以直接采用标准卡尔曼滤波；而采用直接法的估计模型是非线性的，必须采用非线性滤波方法进行状态估计（若采用一阶近似线性化的方法，则本质上与间接法类似）。

（3）间接法的系统状态量中各个分量都是误差量，相应的数量级是接近的；而直接法的系统状态中各个分量是导航参数本身（位置、速度、姿态四元数等），有的数值较小、有的数值较大，这给数值计算带来了一定困难，有可能因出现病态问题而影响估计结果。

（4）采用间接法估计时，“系统”就是导航系统的各种误差的“组合体”，它不参与原系统（导航系统）的计算流程，即估计过程是与原系统无关的独立过程。对原系统来说，除了接收误差估计值来进行校正外，系统也保持其工作的独立性。

通常，在航天器态势感知、交会对接等任务场景下，直接法和间接法都可以使用，从公开的参考文献来看，直接法用得更多。

建立好导航系统的模型之后，就需要针对系统的性能指标要求，选定合适的最优估计方法。航天器相对导航领域常用的最优估计方法包括最小二乘估计（Least Square，LS）、卡尔曼滤波（Kalman Filter，KF）、扩展卡尔曼滤波（Extended Kalman Filter，EKF）、无味卡尔曼滤波（Unscented Kalman Filter，UKF）等。这些最优估计方法有各自的优缺点和对应的应用场景，接下来几节将简要介绍这几种方法的基本原理。

5.2　最小二乘估计

最小二乘估计是高斯（Karl Gauss）在 1795 年为天文观测定轨而提出的参数估计算法，这种估计的特点是算法简单，不需要知道被估计量和量测量有关的任何统计信息，但是只能用于对某一确定性常量的估计，不用于变量的实时估计。

设 $\boldsymbol{X}$ 为 n 维的常值向量，$\boldsymbol{Z}$ 是 m 维的传感器量测量，通常 $\boldsymbol{Z}$ 是 $\boldsymbol{X}$ 各分量的线性组合。记第 i 次量测量为 $\boldsymbol{Z}_i$，则 $\boldsymbol{Z}_i$ 可表示如下：

$$\boldsymbol{Z}_i = \boldsymbol{H}_i\boldsymbol{X} + \boldsymbol{V}_i \tag{5.1}$$

其中，$\boldsymbol{H}_i$ 是第 i 次测量的量测矩阵；$\boldsymbol{V}_i$ 是随机噪声。

当有 l 次测量时，

$$\begin{cases} \boldsymbol{Z}_1 = \boldsymbol{H}_1\boldsymbol{X} + \boldsymbol{V}_1 \\ \boldsymbol{Z}_2 = \boldsymbol{H}_2\boldsymbol{X} + \boldsymbol{V}_2 \\ \quad\vdots \\ \boldsymbol{Z}_l = \boldsymbol{H}_l\boldsymbol{X} + \boldsymbol{V}_l \end{cases} \tag{5.2}$$

将上式写成矩阵形式如下

$$\boldsymbol{Z} = \boldsymbol{H}\boldsymbol{X} + \boldsymbol{V} \tag{5.3}$$

其中，$\boldsymbol{Z}$ 为 $\sum\limits_{i=1}^{l} m_i = j$ 维列向量；$\boldsymbol{H}$ 是 $j \times n$ 矩阵；$\boldsymbol{V}$ 是 j 维的零均值高斯白噪声；协方差矩阵定义为 $\boldsymbol{R}$。需要说明的是，此处 j 之所以不用 m_l 而是用 m_i 求和的形式给出，是因为尽管模型形式上一样，但实际中每次测量的数据维度不一定相同。

最小二乘估计的最优指标定义是使各次量测量 $\boldsymbol{Z}_i$ 与由状态估计量 $\hat{\boldsymbol{X}}$ 对应的量测量估计值 $\hat{\boldsymbol{Z}}_i = \boldsymbol{H}_i\hat{\boldsymbol{X}}$ 之差的平方和最小，即

$$\boldsymbol{J}(\hat{\boldsymbol{X}}) = (\boldsymbol{Z} - \boldsymbol{H}\hat{\boldsymbol{X}})^{\mathrm{T}}(\boldsymbol{Z} - \boldsymbol{H}\hat{\boldsymbol{X}}) = \min \tag{5.4}$$

显然，式（5.4）是二次型函数，为了使该指标达到最小值，$\hat{\boldsymbol{X}}$ 的取值需要使式（5.4）的偏导数取零值，即

$$\left.\frac{\partial \boldsymbol{J}}{\partial \boldsymbol{X}}\right|_{X=\hat{X}} = -2\boldsymbol{H}^{\mathrm{T}}(\boldsymbol{Z}-\hat{\boldsymbol{X}})=0 \tag{5.5}$$

若 $\boldsymbol{H}$ 是列满秩，即 $\mathrm{rank}(\boldsymbol{H})=n$，则 $\boldsymbol{H}^{\mathrm{T}}\boldsymbol{H}$ 正定，且 $j>n$（即方程数量大于未知数个数），那么状态 $\boldsymbol{X}$ 的最小二乘估计为

$$\hat{\boldsymbol{X}}=(\boldsymbol{H}^{\mathrm{T}}\boldsymbol{H})^{-1}\boldsymbol{H}^{\mathrm{T}}\boldsymbol{Z} \tag{5.6}$$

由上式可知，最小二乘估计是一种线性估计。尽管最小二乘估计 $\hat{\boldsymbol{X}}$ 不能单独满足式（5.2）中的每一个方程，使每个方程都有一定的偏差，但它使所有方程偏差的平方和达到最小，这也就兼顾了所有方程的近似程度。此外，最小二乘估计 $\hat{\boldsymbol{X}}$ 是无偏估计，即 $\boldsymbol{E}[\hat{\boldsymbol{X}}]=X$，估计误差协方差为 $\boldsymbol{E}[(\hat{\boldsymbol{X}}-\boldsymbol{X})^{\mathrm{T}}(\hat{\boldsymbol{X}}-\boldsymbol{X})]=(\boldsymbol{H}^{\mathrm{T}}\boldsymbol{H})^{-1}\boldsymbol{H}^{\mathrm{T}}\boldsymbol{R}\boldsymbol{H}(\boldsymbol{H}^{\mathrm{T}}\boldsymbol{H})^{-1}$，该结论留给读者自行证明。

应用实例1：假设航天器在轨服务过程中，机器人卫星与目标星处于相对静止状态，机器人卫星使用激光测距仪测量到目标星距离 $\boldsymbol{X}$，测量了 n 次，测量误差是零均值、方差为 $\boldsymbol{R}$ 的白噪声，求 $\boldsymbol{X}$ 的最小二乘估计 $\hat{\boldsymbol{X}}$ 及对应的估计误差方差。

解：根据 n 次测量可得如下测量方程

$$\boldsymbol{Z}=\boldsymbol{H}\boldsymbol{X}+\boldsymbol{V} \tag{5.7}$$

其中，$\boldsymbol{Z}=[Z_1 \quad Z_2 \quad \cdots \quad Z_n]^{\mathrm{T}}$，$\boldsymbol{H}=[1 \quad 1 \quad \cdots \quad 1]^{\mathrm{T}}$，$\boldsymbol{E}[\boldsymbol{V}\boldsymbol{V}^{\mathrm{T}}]=\boldsymbol{R}\boldsymbol{I}_{n\times n}$。

根据式（5.6）所示的最小二乘解可以求得

$$\hat{X}=\frac{1}{n}(Z_1+Z_2+\cdots+Z_n) \tag{5.8}$$

对应的估计误差方差为

$$\boldsymbol{E}[(\hat{\boldsymbol{X}}-\boldsymbol{X})^{\mathrm{T}}(\hat{\boldsymbol{X}}-\boldsymbol{X})]=\frac{\boldsymbol{R}}{n} \tag{5.9}$$

可见，利用最小二乘法可以在一定程度上平均掉单次的测量误差。

应用实例2：假设在航天器对接前的站位保持阶段，追踪星分别通过激光测距仪和视觉相机测量其到目标星的相对距离 $\boldsymbol{X}$ 各一次，测量量分别为 Z_1 和 Z_2。假设两个设备的测量误差是均值为零、方差分别为 r 和 $4r$ 的随机噪声，求 $\boldsymbol{X}$ 的最小二乘估计 $\hat{\boldsymbol{X}}$ 及对应的估计误差方差。

解：根据题设可建立如下测量方程

$$\boldsymbol{Z}=\boldsymbol{H}\boldsymbol{X}+\boldsymbol{V} \tag{5.10}$$

其中，$\boldsymbol{Z}=[Z_1 \quad Z_2]^{\mathrm{T}}$；$\boldsymbol{H}=[1 \quad 1]^{\mathrm{T}}$；$\boldsymbol{R}=\begin{bmatrix} r & 0 \\ 0 & 4r \end{bmatrix}$。

根据式（5.6）所示的最小二乘解可以求得

$$\hat{\boldsymbol{X}}=\frac{1}{2}(Z_1+Z_2) \tag{5.11}$$

对应的估计误差方差为

$$\boldsymbol{E}[(\hat{\boldsymbol{X}}-\boldsymbol{X})^{\mathrm{T}}(\hat{\boldsymbol{X}}-\boldsymbol{X})]=\frac{1}{2}[1 \quad 1]\begin{bmatrix} r & 0 \\ 0 & 4r \end{bmatrix}\begin{bmatrix} 1 \\ 1 \end{bmatrix}\frac{1}{2}=\frac{5r}{4}>r \tag{5.12}$$

可见，使用精度差一倍的两种设备测量同一个变量并采用最小二乘进行时融合估计时，估计效果还不如只单独使用精度高的设备。

由于不同测量值精度的不同以及计算量的考量，也演化出了加权最小二乘估计、递推最小二乘估计，这里不再赘述。

5.3　卡尔曼滤波

1960 年，鲁道夫·卡尔曼（Rudolf E. Kalman）首次提出了卡尔曼滤波（Kalman Filter）方法，对于系统噪声和测量噪声为不相关高斯白噪声的线性系统，卡尔曼滤波是一种基于状态空间的线性递推最小方差估计方法，可以用于动态系统状态的估计。它将当前的状态估计值积分得到下一时刻的先验预测值，并给出该预测值的误差协方差矩阵。该滤波器最优地将测量结果引入的新信息与先验状态估计的旧信息及卡尔曼增益矩阵相结合。增益矩阵综合平衡了测量信息的不确定性和动力学模型的不确定性。卡尔曼滤波器是线性系统在线性量测条件下的最优滤波器（在二范数平方的最小估计误差的意义下）。

卡尔曼滤波理论一经提出立即受到了航空航天工程应用的重视，美国的阿波罗登月和 C－5A 飞机导航系统设计就是其早期应用中的最成功者。经过 60 余年的发展，尽管演化出了多种新的滤波算法，但是卡尔曼滤波依然是应用于各个领域最为重要的一种最优估计理论。离散型卡尔曼滤波的基本形式和流程如图 5－2 所示，具体讲述如下。

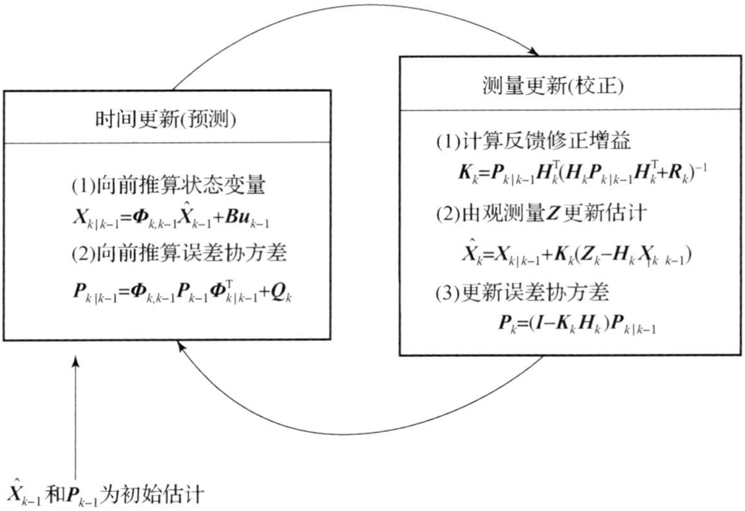

图 5－2　离散型卡尔曼滤波的基本形式和流程

设系统模型为

$$\boldsymbol{X}_k=\boldsymbol{\Phi}_{k,k-1}\boldsymbol{X}_{k-1}+\boldsymbol{B}\boldsymbol{u}_{k-1}+\boldsymbol{W}_{k-1} \tag{5.13}$$

$$\boldsymbol{Z}_k=\boldsymbol{H}_k\boldsymbol{X}_k+\boldsymbol{V}_k \tag{5.14}$$

式中，$\boldsymbol{\Phi}_{k,k-1}$表示 t_k 时刻的一部状态转移矩阵；$\boldsymbol{B}$ 表示控制驱动矩阵；$\boldsymbol{H}_k$ 表示 t_k 时刻的测量矩阵；$\boldsymbol{V}_k$ 表示测量噪声序列；$\boldsymbol{W}_{k-1}$表示系统噪声。

假设状态模型噪声的协方差矩阵 $\boldsymbol{E}[\boldsymbol{W}_k\boldsymbol{W}_k^{\mathrm{T}}]=\boldsymbol{Q}_k$，测量模型噪声的协方差矩阵为

$\boldsymbol{E}[\boldsymbol{V}_k\boldsymbol{V}_k^{\mathrm{T}}]=\boldsymbol{R}_k$，则可得到系统的卡尔曼滤波公式如下：

$$\begin{cases}\boldsymbol{X}_{k|k-1}=\boldsymbol{\Phi}_{k,k-1}\hat{\boldsymbol{X}}_{k-1}+\boldsymbol{B}\boldsymbol{u}_{k-1}\\ \hat{\boldsymbol{X}}_k=\boldsymbol{X}_{k|k-1}+\boldsymbol{K}_k(\boldsymbol{Z}_k-\boldsymbol{H}_k\boldsymbol{X}_{k|k-1})\\ \boldsymbol{P}_{k|k-1}=\boldsymbol{\Phi}_{k,k-1}\boldsymbol{P}_{k-1}\boldsymbol{\Phi}_{k|k-1}^{\mathrm{T}}+\boldsymbol{Q}_k\\ \boldsymbol{K}_k=\boldsymbol{P}_{k|k-1}\boldsymbol{H}_k^{\mathrm{T}}(\boldsymbol{H}_k\boldsymbol{P}_{k|k-1}\boldsymbol{H}_k^{\mathrm{T}}+\boldsymbol{R}_k)^{-1}\\ \boldsymbol{P}_k=(\boldsymbol{I}-\boldsymbol{K}_k\boldsymbol{H}_k)\boldsymbol{P}_{k|k-1}\end{cases}\tag{5.15}$$

式中，$\boldsymbol{K}_k$ 表示滤波增益矩阵；$\boldsymbol{P}_{k|k-1}$表示一步预测均方误差矩阵；$\boldsymbol{P}_k$ 表示估计均方误差矩阵。

应用实例 3：以航天器交会最终逼近段的 V－bar 站位保持为例，假设此时两航天器的真实相对距离 $x=50$ m，通过光学相机视觉检测的方法以 1 Hz 的频率获得了 60 个相对距离观测值，并假设测量误差是均值为 0 m、方差为 0.1 m^2 的高斯白噪声。建立基于卡尔曼滤波的最优估计模型并进行仿真验证和对比分析如下。

第一步，根据题设可知被估计量是站位保持时的相对距离，可以建立如下系统过程模型：

$$\boldsymbol{x}_k=\boldsymbol{x}_{k-1}+\boldsymbol{w}_{k-1}\tag{5.16}$$

其中，w_{k-1}表示系统建模的过程噪声，令其为高斯白噪声，对应的协方差矩阵为

$$\boldsymbol{E}[\boldsymbol{w}_k\boldsymbol{w}_k^{\mathrm{T}}]=\boldsymbol{Q}=10^{-5}\tag{5.17}$$

第二步，根据题设建立如下的模型：

$$\boldsymbol{z}_k=\boldsymbol{x}_k+\boldsymbol{v}_k\tag{5.18}$$

其中，$\boldsymbol{v}_k$ 表示测量白噪声，测量噪声协方差矩阵为

$$\boldsymbol{E}[\boldsymbol{v}_k\boldsymbol{v}_k^{\mathrm{T}}]=\boldsymbol{R}=0.1\tag{5.19}$$

第三步，给定系统被估计状态的初值猜测 $\hat{\boldsymbol{x}}_0$ 和对应的误差协方差矩阵 $\boldsymbol{P}_0$。这里假设 $\hat{\boldsymbol{x}}_0=55$ 和 $\boldsymbol{P}_0=10$。

第四步，以图 5－2 所示的流程对本实例构建的系统进行滤波估计仿真，可以得到如图 5－3

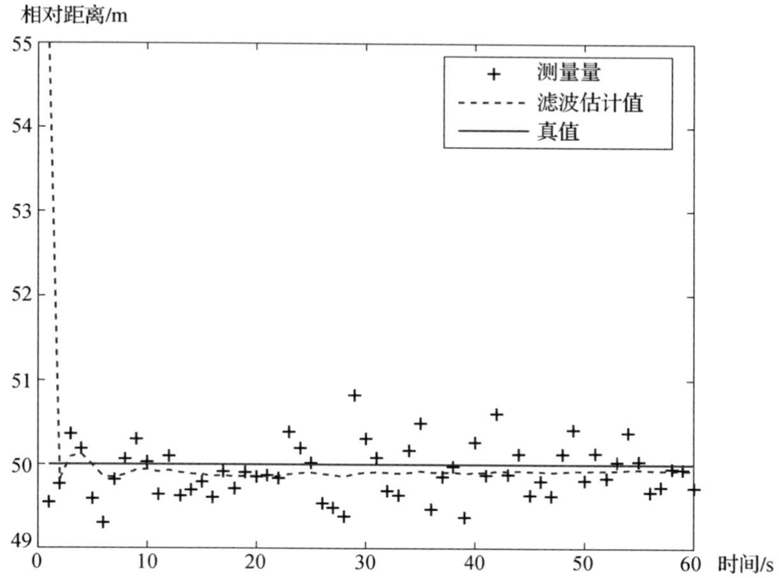

图 5－3　滤波估计仿真结果

所示的估计结果。由仿真结果可清晰地显示卡尔曼滤波器的工作性能，滤波估计值要比含噪声的观测值平滑很多，显著地表明了卡尔曼滤波器的“滤波”特性。在不考虑系统状态可观测性的条件下，卡尔曼滤波的“滤波”性能，如收敛速度、稳态精度，受到过程噪声、测量噪声、初值猜测的影响，读者可以自行编程仿真并调节相关参数，分析滤波性能的敏感性。

5.4　扩展卡尔曼滤波

离散扩展卡尔曼滤波器可以估计状态动力学模型和测量模型为非线性关系的系统的状态量，如式（3.7）和式（4.19）所示。通过动力学模型对$\hat{\boldsymbol{x}}_k$积分得到$k+1$时刻的先验状态估计值$\hat{\boldsymbol{x}}_{k+1}^-$之后，测量模型通过传感器获得的测量信息来更新该先验估计，从而得到后验估计$\hat{\boldsymbol{x}}_{k+1}^+$，过程如图 5－4 所示。

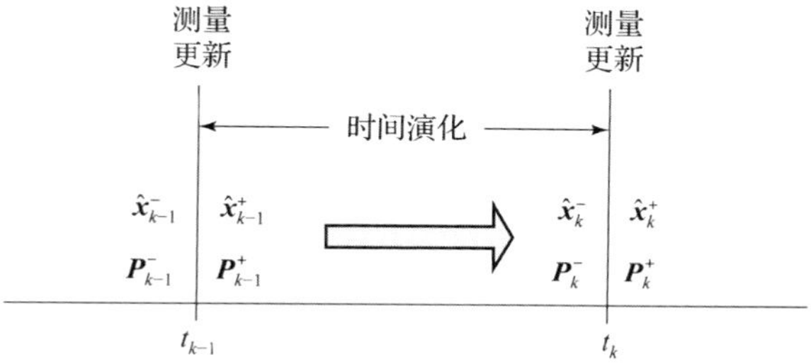

图 5－4　卡尔曼滤波器工作过程

状态量$\boldsymbol{x}$由如下动力学方程控制：

$$\dot{\boldsymbol{x}}(t_k)=\boldsymbol{f}(\boldsymbol{x},\boldsymbol{u},t_k)+\boldsymbol{w}(t_k) \tag{5.20}$$

其中，$\boldsymbol{u}$是控制输入量；$\boldsymbol{w}(t)$是零均值高斯白噪声，用于模拟动力学建模过程中的不确定性误差。$\boldsymbol{w}(t)$的协方差矩阵表示如下：

$$\boldsymbol{Q}=\boldsymbol{E}[\boldsymbol{w}(t)\boldsymbol{w}(t)^{\mathrm{T}}] \tag{5.21}$$

接着，对动力学模型及测量模型进行线性化。EKF 将动力学模型的非线性函数在当前状态估计值处进行一阶泰勒展开，进而得到下一时刻状态量的线性估计：

$$F_k=\left.\frac{\partial \boldsymbol{f}}{\partial \boldsymbol{x}}\right|_{\boldsymbol{x}=\hat{\boldsymbol{x}}_k} \tag{5.22}$$

将动力学模型以Δt为步长进行离散化，进而得到状态转移矩阵如下：

$$\boldsymbol{\Phi}_k=\mathrm{e}^{F_k\Delta t} \tag{5.23}$$

过程噪声$\boldsymbol{w}(t)$在Δt步长内的误差积累通过过程噪声协方差矩阵表示：

$$\boldsymbol{Q}_k=\int_0^{\Delta t}\mathrm{e}^{F_k\tau}\boldsymbol{Q}\left(\mathrm{e}^{F_k\tau}\right)^{\mathrm{T}}\mathrm{d}\tau \tag{5.24}$$

量测向量$\boldsymbol{y}$表示如下：

$$\boldsymbol{y}=\boldsymbol{h}(\boldsymbol{x},t)+\boldsymbol{v}_k \tag{5.25}$$

该量测向量是关于状态量及时间的非线性函数，其中$\boldsymbol{v}_k$为关于时间的零均值高斯白噪声，用于表示测量仪器的测量不确定性。测量噪声协方差矩阵定义如下：

$$\boldsymbol{R}_k=\boldsymbol{E}[\boldsymbol{v}_k\boldsymbol{v}_k^{\mathrm{T}}] \tag{5.26}$$

对非线性测量方程在当前状态量估计值处进行线性化处理：

$$H_k = \left.\frac{\partial h}{\partial x}\right|_{x=\hat{x}_k^-} \tag{5.27}$$

因为 EKF 对系统的动力学模型及测量模型进行了一阶线性近似，因此该滤波器的稳定性及滤波效果并不是最优的。幸运的是，航天器的轨道动力学方程相对简单，EKF 可以在空间导航应用中起到很好的滤波效果。离散形式的系统动力学模型如下：

$$x_k = \Phi_{k-1} x_{k-1} + B u_{k-1} + w_{k-1} \tag{5.28}$$

该估计值的可信度由状态误差协方差矩阵 P 表示：

$$P_k = E[\tilde{x}_k \tilde{x}_k^{\mathrm{T}}] = E[(\hat{x}_k - x_k)(\hat{x}_k - x_k)^{\mathrm{T}}] \tag{5.29}$$

其中，$\tilde{x}_k = \hat{x}_k - x_k$ 表示估计误差。EKF 计算的第一步就是对状态量及误差协方差矩阵的积分。在式（5.28）中，令过程噪声 w 为零，可以得到下一时刻的先验状态估计值，对应的先验误差协方差矩阵为

$$P_k^- = \Phi_{k-1} P_{k-1}^+ \Phi_{k-1}^{\mathrm{T}} + Q_{k-1} \tag{5.30}$$

或者可以利用四阶龙格库塔法对该非线性动力学方程积分求得先验状态估计：

$$\dot{\hat{x}}(t) = f[\hat{x}(t), u(t)] \text{ for } t = t_{k-1} \rightarrow t_k \tag{5.31}$$

状态协方差矩阵仍然通过式（5.30）求得，因此无论利用哪种形式的积分求取先验状态估计，状态转移矩阵 Φ_{k-1} 仍然需要计算。

滤波器的第二部分为量测更新。通过量测方程更新先验状态估计 $\hat{x}_k^-$，从而得到后验估计值 $\hat{x}_k^+$。当得到新的测量信息时，将其与先前通过动力学方程积分得到的先验状态估计值结合，从而得到更新后的状态估计值。其中，卡尔曼增益 K 为权重调节矩阵，用于调节先验状态估计及新的量测信息的权重。最优增益矩阵是通过求后验估计误差协方差矩阵的迹的最小值得到的，也就是说，此时求得的估计误差最小。增益矩阵 K 的求解包括先验状态估计误差协方差 P_k^-，线性化后的量测矩阵 H_k 及量测噪声矩阵 R_k。

$$K_k = P_k^- H_k^{\mathrm{T}} (H_k P_k^- H_k^{\mathrm{T}} + R_k)^{-1} \tag{5.32}$$

非线性量测方程用来更新先验状态估计值：

$$\hat{x}_k^+ = \hat{x}_k^- - K_k(y_k - h_k(\hat{x}_k^-)) \tag{5.33}$$

需要注意的是，计算增益矩阵 K_k 时需要线性化量测矩阵 H_k。之后，更新后验估计误差协方差矩阵：

$$P_k^+ = (I - K_k H_k) P_k^- (I - K_k H_k)^{\mathrm{T}} + K_k R_k K_k^{\mathrm{T}} \tag{5.34}$$

这是协方差更新矩阵的约当形式（Jordan Form），这种形式使协方差矩阵为对称阵，因而更加稳定。

5.5　无味卡尔曼滤波

卡尔曼滤波是一种基于模型的线性最小方差估计，其标准离散型算法的优点有：递推计算，使用计算机执行，适用于平稳或非平稳多维随机信号的估计。但是标准卡尔曼滤波只适用于系统方程和量测方程均为线性的情况。尽管广义卡尔曼滤波 EKF 可解决系统和量测为非线性时的估计，但必须对原系统和量测做泰勒级数展开且仅保留线性项，再用标准卡尔曼滤波算法对线性化后的系统方程和量测方程进行处理，所以 EKF 本质上仍然是标准卡尔曼

滤波。由于线性化过程中舍弃了二阶以上的高阶项，所以 EKF 只适用于弱非线性对象的估计，被估计对象非线性越强，引起的估计误差就越大，甚至会引起滤波发散。为了解决强非线性条件下的估计问题，Julier 和 Uhlmann 于 1995 年提出了 UKF 算法，用于解决强非线性对象的滤波估计问题。

UKF 和标准卡尔曼滤波都属于线性最小方差估计，算法都基于模型，二者的区别在于最佳增益阵的求取方法上。标准卡尔曼滤波确定最佳增益阵时，使用了量测量的先验信息和一步预测均方误差阵，并基于系统和量测均为线性的假设。UKF 则根据被估计量和量测量的协方差阵来确定最佳增益阵。协方差阵又根据复现的一倍 σ 样本点来计算，这些样本点则根据系统方程和量测方程来确定。所以在计算最佳增益阵的过程中，UKF 并未对系统方程和量测方程提出任何附加条件，算法既适用于线性对象，也适用于非线性对象。但是，UKF 是线性最小方差估计的一种近似形式，而标准卡尔曼滤波是精确的线性最小方差估计。所以只有在非线性条件下，UKF 才能充分显现出其优越性，非线性越强，优越性就越明显，而在线性条件下，标准卡尔曼滤波比 UKF 优越。

5.5.1 线性最小方差估计及其近似形式

设 $\boldsymbol{x}$ 为被估计随机向量，对 $\boldsymbol{x}$ 的量测为随机向量 $\boldsymbol{y}$，则 $\boldsymbol{x}$ 基于 $\boldsymbol{y}$ 的线性最小方差估计为

$$\hat{\boldsymbol{x}} = \boldsymbol{E}[\boldsymbol{x}] + \boldsymbol{C}_{xy}\boldsymbol{C}_{yy}^{-1}(\boldsymbol{y} - \boldsymbol{E}[\boldsymbol{y}]) \tag{5.35}$$

估计的均方误差阵为

$$\boldsymbol{P} = \boldsymbol{C}_{xx} - \boldsymbol{C}_{xy}\boldsymbol{C}_{yy}^{-1}\boldsymbol{C}_{yx} \tag{5.36}$$

其中，$\boldsymbol{C}_{xy}$表示向量 $\boldsymbol{x}$ 与向量 $\boldsymbol{y}$ 的误差协方差矩阵。

以上两式适用于 $\boldsymbol{x}$ 和 $\boldsymbol{y}$ 服从任意分布的情况。当 $\boldsymbol{x}$ 和 $\boldsymbol{y}$ 都服从正态分布时，所得的估计是所有估计中精度最高的。

设系统方程及量测方程具有离散形式：

$$\boldsymbol{x}_k = \boldsymbol{f}(\boldsymbol{x}_{k-1}, \boldsymbol{u}_{k-1}) + \boldsymbol{w}_{k-1} \tag{5.37}$$

$$\boldsymbol{y}_k = \boldsymbol{h}(\boldsymbol{x}_k) + \boldsymbol{v}_k \tag{5.38}$$

式中，$\boldsymbol{f}$ 和 $\boldsymbol{h}$ 均为非线性向量函数；$\boldsymbol{w}_{k-1}$和 $\boldsymbol{v}_k$ 均为不相关的零均值白噪声序列；方差阵分别为 $\boldsymbol{Q}_k$ 及 $\boldsymbol{R}_k$；$\boldsymbol{u}_{k-1}$为确定性控制向量；则 $\boldsymbol{x}_k$ 基于量测量 $\boldsymbol{y}_0^k = \{\boldsymbol{y}_0, \boldsymbol{y}_1, \boldsymbol{y}_2, \cdots, \boldsymbol{y}_k\}$ 的线性最小方差估计为

$$\hat{\boldsymbol{x}}_k = \boldsymbol{E}^*[\boldsymbol{x}_k/\boldsymbol{y}_0^k] = \boldsymbol{E}^*[\boldsymbol{x}_k/\boldsymbol{y}_0^{k-1}, \boldsymbol{y}_k] \tag{5.39}$$

自线性最小方差估计的线性性质如下。

若向量 $\boldsymbol{Y}$ 与 $\boldsymbol{Z}$ 互不相关，则有如下关系式成立：

$$\boldsymbol{E}^*[\boldsymbol{X}/\boldsymbol{Y}, \boldsymbol{Z}] = \boldsymbol{E}^*[\boldsymbol{X}/\boldsymbol{Y}] + \boldsymbol{E}^*[\boldsymbol{X}/\boldsymbol{Z}] - \boldsymbol{E}[\boldsymbol{X}] \tag{5.40}$$

因此：

$$\hat{\boldsymbol{x}}_k = \boldsymbol{E}^*[\boldsymbol{x}_k/\boldsymbol{y}_0^{k-1}] + \boldsymbol{E}^*[\boldsymbol{x}_k/\boldsymbol{y}_k] - \boldsymbol{E}[\boldsymbol{x}_k] = \hat{\boldsymbol{x}}_k^- + \boldsymbol{E}^*[\boldsymbol{x}_k/\boldsymbol{y}_k] - \boldsymbol{E}[\boldsymbol{x}_k] \tag{5.41}$$

记 $\boldsymbol{x} = \boldsymbol{x}_k$，$\boldsymbol{y} = \boldsymbol{y}_k$，则有：

$$\begin{aligned}
&\boldsymbol{E}^*[\boldsymbol{x}_k/\boldsymbol{y}_k] = \boldsymbol{E}^*[\boldsymbol{x}/\boldsymbol{y}] = \boldsymbol{E}[\boldsymbol{x}] + \boldsymbol{C}_{xy}\boldsymbol{C}_{yy}^{-1}(\boldsymbol{y} - \boldsymbol{E}[\boldsymbol{y}]) = \\
&\boldsymbol{E}[\boldsymbol{x}_k] + \boldsymbol{E}[(\boldsymbol{x}_k - \boldsymbol{E}[\boldsymbol{x}_k])(\boldsymbol{y}_k - \boldsymbol{E}[\boldsymbol{y}_k])^{\mathrm{T}}]\{\boldsymbol{E}[(\boldsymbol{y}_k - \boldsymbol{E}[\boldsymbol{y}_k])(\boldsymbol{y}_k - \boldsymbol{E}[\boldsymbol{y}_k])^{\mathrm{T}}]\}^{-1}(\boldsymbol{y}_k - \boldsymbol{E}[\boldsymbol{y}_k]) \approx \\
&\boldsymbol{E}[\boldsymbol{x}_k] + \boldsymbol{E}[(\boldsymbol{x}_k - \hat{\boldsymbol{x}}_k^-)(\boldsymbol{y}_k - \hat{\boldsymbol{y}}_k^-)^{\mathrm{T}}]\{\boldsymbol{E}[(\boldsymbol{y}_k - \hat{\boldsymbol{y}}_k^-)(\boldsymbol{y}_k - \hat{\boldsymbol{y}}_k^-)^{\mathrm{T}}]\}^{-1}(\boldsymbol{y}_k - \hat{\boldsymbol{y}}_k^-)
\end{aligned} \tag{5.42}$$

其中，近似条件取为 $\boldsymbol{E}[\boldsymbol{x}_k]\approx\hat{\boldsymbol{x}}_k^-$，$\boldsymbol{E}[\boldsymbol{y}_k]\approx\hat{\boldsymbol{y}}_k^-$。

记

$$\begin{cases}\boldsymbol{P}_{(\boldsymbol{xy})_{k/k-1}}=\boldsymbol{E}[(\boldsymbol{x}_k-\hat{\boldsymbol{x}}_k^-)(\boldsymbol{y}_k-\hat{\boldsymbol{y}}_k^-)^{\mathrm{T}}]\\ \boldsymbol{P}_{(\boldsymbol{yy})_{k/k-1}}=\boldsymbol{E}[(\boldsymbol{y}_k-\hat{\boldsymbol{y}}_k^-)(\boldsymbol{y}_k-\hat{\boldsymbol{y}}_k^-)^{\mathrm{T}}]\\ \boldsymbol{K}_k=\boldsymbol{P}_{(\boldsymbol{xy})_{k/k-1}}\boldsymbol{P}_{(\boldsymbol{yy})_{k/k-1}}^{-1}\end{cases}\tag{5.43}$$

则

$$\boldsymbol{E}^*[\boldsymbol{x}_k/\boldsymbol{y}_k]=\hat{\boldsymbol{x}}_k^-+\boldsymbol{K}_k(\boldsymbol{y}_k-\hat{\boldsymbol{y}}_k^-)\tag{5.44}$$

同理，可得均方误差阵的近似计算公式

$$\boldsymbol{P}_k=\boldsymbol{P}_k^--\boldsymbol{P}_{(\boldsymbol{xy})_{k/k-1}}\boldsymbol{P}_{(\boldsymbol{yy})_{k/k-1}}^{-1}\boldsymbol{P}_{(\boldsymbol{yx})_{k/k-1}}\tag{5.45}$$

因 $\boldsymbol{P}_{(\boldsymbol{yy})_{k/k-1}}$ 为对称矩阵，且 $\boldsymbol{P}_{(\boldsymbol{xy})_{k/k-1}}=\boldsymbol{P}_{(\boldsymbol{yx})_{k/k-1}}^{\mathrm{T}}$，则由式（5.45）可得

$$\begin{aligned}\boldsymbol{P}_k&=\boldsymbol{P}_k^--\boldsymbol{P}_{(\boldsymbol{xy})_{k/k-1}}\boldsymbol{P}_{(\boldsymbol{yy})_{k/k-1}}^{-1}\boldsymbol{P}_{(\boldsymbol{yy})_{k/k-1}}\boldsymbol{P}_{(\boldsymbol{yy})_{k/k-1}}^{-1}\boldsymbol{P}_{(\boldsymbol{xy})_{k/k-1}}^{\mathrm{T}}=\\&\boldsymbol{P}_k^--\boldsymbol{K}_k\boldsymbol{P}_{(\boldsymbol{yy})_{k/k-1}}\boldsymbol{K}_k^{\mathrm{T}}\end{aligned}\tag{5.46}$$

式（5.43）、式（5.44）和式（5.45）是 UKF 算法的主体，此外还需要确定增益矩阵，进而得到递推形式的算法，同时利用 UT 变换确定 $\boldsymbol{P}_{(\boldsymbol{xy})_{k/k-1}}$，$\boldsymbol{P}_{(\boldsymbol{yy})_{k/k-1}}$及先验估计 $\hat{\boldsymbol{x}}_k^-$。

5.5.2 UT 变换

假设 n 维随机变量 $\boldsymbol{x}$ 经 $\boldsymbol{f}(\cdot)$ 非线性变换为 m 维向量 $\boldsymbol{y}$，即

$$\boldsymbol{y}=\boldsymbol{f}(\boldsymbol{x})\tag{5.47}$$

若 $\boldsymbol{x}$ 的均值 $\bar{\boldsymbol{x}}$ 及方差阵 $\boldsymbol{P}_{\boldsymbol{xx}}$ 已知，则 $\boldsymbol{y}$ 的均值 $\bar{\boldsymbol{y}}$ 及方差阵 $\boldsymbol{P}_{\boldsymbol{yy}}$ 可通过如下 UT 变换求得。

步骤 1，根据 $\bar{\boldsymbol{x}}$ 和 $\boldsymbol{P}_{\boldsymbol{xx}}$ 复现 $\boldsymbol{x}$ 的 σ 样本点

$$\boldsymbol{\chi}=\left(\bar{\boldsymbol{x}},\quad\bar{\boldsymbol{x}}+\sqrt{(n+\lambda)\boldsymbol{P}_{\boldsymbol{xx}}}^*,\quad\bar{\boldsymbol{x}}-\sqrt{(n+\lambda)\boldsymbol{P}_{\boldsymbol{xx}}}^*\right)\tag{5.48}$$

式中，$\sqrt{(n+\lambda)\boldsymbol{P}_{\boldsymbol{xx}}}^*$ 表示矩阵 $(n+\lambda)\boldsymbol{P}_{\boldsymbol{xx}}$ 的下三角分解平方根，为 $n\times n$ 维矩阵；$\boldsymbol{\chi}$ 为 $n\times(2n+1)$ 维矩阵。

步骤 2，计算非线性变换产生的样本点

$$\boldsymbol{y}_i=\boldsymbol{f}[\boldsymbol{\chi}^{(i)}]\quad(i=0,1,2,\cdots,2n)\tag{5.49}$$

式中，$\boldsymbol{\chi}^{(i)}$ 表示矩阵 $\boldsymbol{\chi}$ 的第 i 列。

步骤 3，确定权值

$$W_0^{(m)}=\frac{\lambda}{n+\lambda}\tag{5.50}$$

$$W_0^{(c)}=\frac{\lambda}{n+\lambda}+1-\alpha+\beta\tag{5.51}$$

$$W_i^{(m)}=W_i^{(c)}=\frac{\lambda}{2(n+\lambda)}\quad(i=1,2,\cdots,2n)\tag{5.52}$$

其中，

$$\lambda=\alpha^2(n+\kappa)-n$$

式中，$10^{-4}\leqslant\alpha\leqslant1$；$\kappa=3-n$；$\beta$ 的取值与 $\boldsymbol{x}$ 的分布形式有关，对于正态分布，一般取 $\beta=2$ 为最优值。

步骤 4，确定映射的均值和方差阵

$$\bar{\boldsymbol{y}} \approx \sum_{i=0}^{2n} \boldsymbol{W}_i^{(m)} \boldsymbol{y}_i \tag{5.53}$$

$$\boldsymbol{P}_{yy} \approx \sum_{i=0}^{2n} \boldsymbol{W}_i^{(c)} [\boldsymbol{y}_i - \bar{\boldsymbol{y}}][\boldsymbol{y}_i - \bar{\boldsymbol{y}}]^{\mathrm{T}} \tag{5.54}$$

5.5.3　UKF 算法步骤

1. 加性噪声条件下的 UKF 算法

加性噪声条件下的系统方程和量测方程分别如式（5.37）和式（5.38）所示。由公式（5.43）可知，计算增益的 $\boldsymbol{K}_k$ 的关键在于求出 $\boldsymbol{P}_{x_k y_k}$ 及 $\boldsymbol{P}_{y_k y_k}$，该协方差矩阵可由 UT 变换求出，计算流程如下。

步骤 1，选取滤波初值

$$\hat{\boldsymbol{x}}_0 = \boldsymbol{E}[\boldsymbol{x}_0] \tag{5.55}$$

$$\boldsymbol{P}_0 = \boldsymbol{E}[(\boldsymbol{x}_0 - \hat{\boldsymbol{x}}_0)(\boldsymbol{x}_0 - \hat{\boldsymbol{x}}_0)^{\mathrm{T}}] \tag{5.56}$$

步骤 2，计算 $k-1$ 时刻的 $2n+1$ 个 σ 样本点

$$\boldsymbol{\chi}_{k-1} = [\hat{\boldsymbol{x}}_{k-1},\quad \hat{\boldsymbol{x}}_{k-1} + \gamma \sqrt{\boldsymbol{P}_{k-1}}^{*},\quad \hat{\boldsymbol{x}}_{k-1} - \gamma \sqrt{\boldsymbol{P}_{k-1}}^{*}] \tag{5.57}$$

式中，$\gamma = \sqrt{n+\lambda}$，$\lambda$ 由式（5.53）确定；$\sqrt{\boldsymbol{P}_{k-1}}^{*}$ 表示 $\boldsymbol{P}_{k-1}$ 的下三角分解平方根。

步骤 3，计算第 k 步的先验模型值

$$\boldsymbol{\chi}_{k/k-1}^{*(i)} = \boldsymbol{f}[\boldsymbol{\chi}_{k-1}^{(i)},\quad \boldsymbol{u}_{k-1}] \quad (i = 0,1,2,\cdots,2n) \tag{5.58}$$

$$\hat{\boldsymbol{x}}_k^{-} = \sum_{i=0}^{2n} W_i^{(m)} \boldsymbol{\chi}_{k/k-1}^{*(i)} \tag{5.59}$$

$$\boldsymbol{P}_k^{-} = \sum_{i=0}^{2n} W_i^{(c)} [\boldsymbol{\chi}_{k/k-1}^{*(i)} - \hat{\boldsymbol{x}}_k^{-}][\boldsymbol{\chi}_{k/k-1}^{*(i)} - \hat{\boldsymbol{x}}_k^{-}]^{\mathrm{T}} + \boldsymbol{Q}_{k-1} \tag{5.60}$$

其中，$\boldsymbol{\chi}_{k/k-1}^{*(i)}$ 表示矩阵 $\boldsymbol{\chi}_{k/k-1}^{*}$ 的第 i 列；$\boldsymbol{\chi}_{k-1}^{(i)}$ 表示矩阵 $\boldsymbol{\chi}_{k-1}$ 的第 i 列。

步骤 4，计算第 k 步的先验增广样本点

$$\boldsymbol{\chi}_{k/k-1} = [\boldsymbol{\chi}_{k/k-1}^{*},\quad \boldsymbol{\chi}_{k/k-1}^{(0)} + \gamma \sqrt{\boldsymbol{Q}_{k-1}}^{*},\quad \boldsymbol{\chi}_{k/k-1}^{(0)} - \gamma \sqrt{\boldsymbol{Q}_{k-1}}^{*}] \tag{5.61}$$

$$\boldsymbol{Y}_{k/k-1}^{(i)} = \boldsymbol{h}[\boldsymbol{\chi}_{k/k-1}^{(i)}] \quad (i = 0,1,2,3,\cdots,4n) \tag{5.62}$$

$$\hat{\boldsymbol{y}}_k^{-} = \sum_{i=0}^{4n} W_i^{(m)} \boldsymbol{Y}_{k/k-1}^{(i)} \tag{5.63}$$

式中，$\sqrt{\boldsymbol{Q}_{k-1}}^{*}$ 表示 $\boldsymbol{Q}_{k-1}$ 的下三角分解的平方根；$W_i^{(m)} = \dfrac{1}{2(2n+\lambda)}(i=1,2,3,\cdots,4n)$；$W_0^{(m)} = \dfrac{\lambda}{2n+\lambda}$。

步骤 5，计算 $\boldsymbol{P}_{(xy)_{k/k-1}}, \boldsymbol{P}_{(yy)_{k/k-1}}$

$$\boldsymbol{P}_{(xy)_{k/k-1}} = \sum_{i=0}^{4n} W_i^{(c)} [\boldsymbol{\chi}_{k/k-1}^{(i)} - \hat{\boldsymbol{x}}_k^{-}][\boldsymbol{Y}_{k/k-1}^{(i)} - \hat{\boldsymbol{y}}_k^{-}]^{\mathrm{T}} \tag{5.64}$$

$$\boldsymbol{P}_{(yy)_{k/k-1}} = \sum_{i=0}^{4n} W_i^{(c)} [\boldsymbol{Y}_{k/k-1}^{(i)} - \hat{\boldsymbol{y}}_k^{-}][\boldsymbol{Y}_{k/k-1}^{(i)} - \hat{\boldsymbol{y}}_k^{-}]^{\mathrm{T}} + \boldsymbol{R}_k \tag{5.65}$$

式中，$W_i^{(c)} = \dfrac{1}{2(2n+\lambda)}(i=1,2,3,\cdots,4n)$；$W_0^{(c)} = \dfrac{\lambda}{2n+\lambda} + 1 - \alpha^2 + \beta$。

步骤 6，计算增益矩阵

$$\boldsymbol{K}_k = \boldsymbol{P}_{(\boldsymbol{xy})_{k/k-1}} \boldsymbol{P}^{-1}_{(\boldsymbol{yy})_{k/k-1}} \tag{5.66}$$

步骤 7，计算滤波值

$$\hat{\boldsymbol{x}}_k = \hat{\boldsymbol{x}}_k^- + \boldsymbol{K}_k [\boldsymbol{y}_k - \hat{\boldsymbol{y}}_k^-] \tag{5.67}$$

$$\boldsymbol{P}_k = \boldsymbol{P}_k^- - \boldsymbol{K}_k \boldsymbol{P}_{(\boldsymbol{yy})_{k/k-1}} \boldsymbol{K}_k^{\mathrm{T}} \tag{5.68}$$

如果在步骤 4 及步骤 5 中不对一步预测样本点做增广，只需将步骤 4 及 5 做如下形式的修改。

步骤 4，计算 k 时刻的一步预测样本点

$$\boldsymbol{\chi}_{k/k-1} = [\hat{\boldsymbol{x}}_{k-1},\quad \hat{\boldsymbol{x}}_{k-1} + \gamma\sqrt{\boldsymbol{P}_k^-}^{*},\quad \hat{\boldsymbol{x}}_{k-1} - \gamma\sqrt{\boldsymbol{P}_k^-}^{*}] \tag{5.69}$$

步骤 5，计算 $\boldsymbol{P}^{(\boldsymbol{xy})_{k/k-1}}$，$\boldsymbol{P}_{(\boldsymbol{yy})_{k/k-1}}$

$$\boldsymbol{P}_{(\boldsymbol{xy})_{k/k-1}} = \sum_{i=0}^{2n} W_i^{(c)} [\boldsymbol{\chi}_{k/k-1}^{(i)} - \hat{\boldsymbol{x}}_k^-][\boldsymbol{Y}_{k/k-1}^{(i)} - \hat{\boldsymbol{y}}_k^-]^{\mathrm{T}} \tag{5.70}$$

$$\boldsymbol{P}_{(\boldsymbol{yy})_{k/k-1}} = \sum_{i=0}^{2n} W_i^{(c)} [\boldsymbol{Y}_{k/k-1}^{(i)} - \hat{\boldsymbol{y}}_k^-][\boldsymbol{Y}_{k/k-1}^{(i)} - \hat{\boldsymbol{y}}_k^-]^{\mathrm{T}} + \boldsymbol{R}_k \tag{5.71}$$

$$\boldsymbol{Y}_{k/k-1}^{(i)} = \boldsymbol{h}[\chi_{k/k-1}^{(i)}] \quad (i = 0, 1, 2, \cdots, 2n) \tag{5.72}$$

$$\hat{\boldsymbol{y}}_k^- = \sum_{i=0}^{2n} W_i^{(m)} \boldsymbol{Y}_{k/k-1}^{(i)} \tag{5.73}$$

$W_i^{(m)}$ 和 $W_i^{(c)}$ 按照式（5.50）~式(5.52）计算。

2. 非加性噪声条件下的 UKF 算法

设系统方程和量测方程具有如下一般形式：

$$\boldsymbol{x}_k = \boldsymbol{f}(\boldsymbol{x}_{k-1}, \boldsymbol{u}_{k-1}, \boldsymbol{w}_{k-1}) \tag{5.74}$$

$$\boldsymbol{y}_k = \boldsymbol{h}(\boldsymbol{x}_k, \boldsymbol{v}_k) \tag{5.75}$$

其中，$\boldsymbol{w}_{k-1}$ 和 $\boldsymbol{v}_k$ 为不相关的零均值高斯白噪声，方差阵分别为 $\boldsymbol{Q}_k$ 和 $\boldsymbol{R}_k$。设 $\boldsymbol{x}_k$，$\boldsymbol{w}_{k-1}$，$\boldsymbol{v}_k$ 的维数分别为 n、q、p。

记增广状态

$$\boldsymbol{x}_k^a = \begin{bmatrix} \boldsymbol{x}_k \\ \boldsymbol{w}_k \\ \boldsymbol{v}_k \end{bmatrix} \quad \boldsymbol{P}_k^a = \begin{bmatrix} \boldsymbol{P}_k & 0 & 0 \\ 0 & \boldsymbol{Q}_k & 0 \\ 0 & 0 & \boldsymbol{R}_k \end{bmatrix} \tag{5.76}$$

则 UKF 滤波计算的步骤如下。

步骤 1，确定滤波初值

由于 $\boldsymbol{E}[\boldsymbol{w}_k] = 0$，$\boldsymbol{E}[\boldsymbol{v}_k] = 0$，$\boldsymbol{E}[\boldsymbol{w}_k \boldsymbol{w}_k^{\mathrm{T}}] = \boldsymbol{Q}_k$，$\boldsymbol{E}[\boldsymbol{v}_k \boldsymbol{v}_k^{\mathrm{T}}] = \boldsymbol{R}_k$，所以滤波初值取为

$$\boldsymbol{x}_0^a = \begin{bmatrix} \hat{\boldsymbol{x}}_0 \\ 0 \\ 0 \end{bmatrix},\ \boldsymbol{P}_0^a = \begin{bmatrix} \boldsymbol{P}_0 & 0 & 0 \\ 0 & \boldsymbol{Q}_0 & 0 \\ 0 & 0 & \boldsymbol{R}_0 \end{bmatrix} \tag{5.77}$$

式中，$\hat{\boldsymbol{x}}_0 = \boldsymbol{E}[\boldsymbol{x}_0]$，$\boldsymbol{P}_0 = \boldsymbol{E}[(\boldsymbol{x}_0 - \boldsymbol{E}[\boldsymbol{x}_0])(\boldsymbol{x}_0 - \boldsymbol{E}[\boldsymbol{x}_0])^{\mathrm{T}}]$。

对 $k = 1$，2，3，…，执行如下步骤。

步骤 2，计算 1 倍 σ 样本点

$$\boldsymbol{\chi}_{k-1}^a = [\hat{\boldsymbol{x}}_{k-1}^a, \hat{\boldsymbol{x}}_{k-1}^a + \gamma\sqrt{\boldsymbol{P}_{k-1}^a}^{*}, \hat{\boldsymbol{x}}_{k-1}^a - \gamma\sqrt{\boldsymbol{P}_{k-1}^a}^{*}] \tag{5.78}$$

其中,

$$\gamma = \sqrt{L+\lambda}$$

$$L = n + p + q$$

$$\boldsymbol{\chi}_{k-1}^{a(i)} = \begin{bmatrix} \boldsymbol{\chi}_{k-1}^{\boldsymbol{x}(i)} \\ \boldsymbol{\chi}_{k-1}^{\boldsymbol{w}(i)} \\ \boldsymbol{\chi}_{k-1}^{\boldsymbol{v}(i)} \end{bmatrix} \quad (i=1,2,\cdots,2L) \tag{5.79}$$

$$\boldsymbol{P}_{k-1}^{a} = \begin{bmatrix} \boldsymbol{P}_{k-1} & 0 & 0 \\ 0 & \boldsymbol{Q}_{k-1} & 0 \\ 0 & 0 & \boldsymbol{R}_{k-1} \end{bmatrix} \tag{5.80}$$

式中, $\boldsymbol{\chi}_{k-1}^{a(i)}$表示矩阵$\boldsymbol{\chi}_{k-1}^{a}$的第 i 列; $\sqrt{\boldsymbol{P}_{k-1}^{a}}^{*}$ 表示矩阵 $\boldsymbol{P}_{k-1}^{a}$下三角分解的平方根。

步骤 3, 时间更新

$$\boldsymbol{\chi}_{k/k-1}^{\boldsymbol{x}(i)} = \boldsymbol{f}[\boldsymbol{\chi}_{k-1}^{\boldsymbol{x}(i)}, \boldsymbol{u}_{k-1}, \boldsymbol{\chi}_{k-1}^{\boldsymbol{w}(i)}] \quad (i=0,1,2,\cdots,2L) \tag{5.81}$$

$$\hat{\boldsymbol{x}}_k^- = \sum_{i=0}^{2L} W_i^{(m)} \boldsymbol{\chi}_{k/k-1}^{\boldsymbol{x}(i)} \tag{5.82}$$

$$\boldsymbol{P}_k^- = \sum_{i=0}^{2L} W_i^{(c)} (\boldsymbol{\chi}_{k/k-1}^{\boldsymbol{x}(i)} - \hat{\boldsymbol{x}}_k^-)(\boldsymbol{\chi}_{k/k-1}^{\boldsymbol{x}(i)} - \hat{\boldsymbol{x}}_k^-)^{\mathrm{T}} \tag{5.83}$$

$$\boldsymbol{Y}_{k/k-1}^{(i)} = \boldsymbol{h}[\boldsymbol{\chi}_{k/k-1}^{\boldsymbol{x}(i)}, \boldsymbol{\chi}_{k/k-1}^{\boldsymbol{x}(i)}] \quad (i=0,1,2,\cdots,2L) \tag{5.84}$$

$$\hat{\boldsymbol{y}}_k^- = \sum_{i=0}^{2L} W_i^{(m)} \boldsymbol{Y}_{k/k-1}^{(i)} \tag{5.85}$$

其中,

$$W_0^{(m)} = \frac{\lambda}{L+\lambda}$$

$$W_0^{(c)} = \frac{\lambda}{L+\lambda} + 1 - \alpha^2 + \beta$$

$$W_i^{(m)} = W_i^{(c)} = \frac{1}{2(L+\lambda)}$$

步骤 4, 量测更新

$$\boldsymbol{P}_{(\boldsymbol{yy})_{k/k-1}} = \sum_{i=0}^{2L} W_i^{(c)} [\boldsymbol{Y}_{k/k-1}^{(i)} - \hat{\boldsymbol{y}}_k^-][\boldsymbol{Y}_{k/k-1}^{(i)} - \hat{\boldsymbol{y}}_k^-]^{\mathrm{T}} \tag{5.86}$$

$$\boldsymbol{P}_{(\boldsymbol{xy})_{k/k-1}} = \sum_{i=0}^{2L} W_i^{(c)} [\boldsymbol{\chi}_{k/k-1}^{\boldsymbol{x}(i)} - \hat{\boldsymbol{x}}_k^-][\boldsymbol{Y}_{k/k-1}^{(i)} - \hat{\boldsymbol{y}}_k^-]^{\mathrm{T}} \tag{5.87}$$

$$\boldsymbol{K}_k = \boldsymbol{P}_{(\boldsymbol{xy})_{k/k-1}} \boldsymbol{P}_{(\boldsymbol{yy})_{k/k-1}}^{-1} \tag{5.88}$$

$$\hat{\boldsymbol{x}}_k = \hat{\boldsymbol{x}}_k^- + \boldsymbol{K}_k[\boldsymbol{y}_k - \hat{\boldsymbol{y}}_k^-] \tag{5.89}$$

$$\boldsymbol{P}_k = \boldsymbol{P}_k^- - \boldsymbol{K}_k \boldsymbol{P}_{(\boldsymbol{yy})_{k/k-1}} \boldsymbol{K}_k^{\mathrm{T}} \tag{5.90}$$

3. UKF 的平方根滤波形式

平方根形式的无味卡尔曼滤波（SRUKF）最早是由 Van der Merwe 等人为解决 UKF 在计算中的一些问题而引入的。SRUKF 与一般的 UKF 算法的计算量相近，但 SRUKF 算法能够保证协方差矩阵始终为半正定矩阵，从而保证了滤波器的滤波效果稳定。

SRUKF 算法的创新点在对协方差矩阵 $\boldsymbol{P}$ 进行乔里斯（Cholesky）分解，得到乔里斯分

解矩阵 $\boldsymbol{S}$。使用 SRUKF 算法有以下三个要点。

（1）$\boldsymbol{QR}$ 分解：$\boldsymbol{QR}$ 分解法将矩阵 $\boldsymbol{A}$ 分解为一个正交矩阵 $\boldsymbol{Q}$ 和上三角矩阵 $\boldsymbol{R}$ 的乘积，即 $\boldsymbol{A}^{\mathrm{T}}=\boldsymbol{QR}$。上三角矩阵 $\boldsymbol{R}$ 是对矩阵 $\boldsymbol{P}$ 的乔里斯分解的转置，因此有 $\boldsymbol{P}=\boldsymbol{AA}^{\mathrm{T}}$。使用 MATLAB 的 $\boldsymbol{QR}$ 分解函数只能得到低阶的乔里斯分解矩阵 $\boldsymbol{S}$，但算法需要使用的却是高阶的分解矩阵。

（2）乔里斯分解矩阵 $\boldsymbol{S}$ 的更新：对于矩阵 $\boldsymbol{P}=\boldsymbol{AA}^{\mathrm{T}}$，当对 $\boldsymbol{P}$ 更新时，有 $\boldsymbol{P}^{+}=\boldsymbol{P}\pm\sqrt{v}\boldsymbol{uu}$，此时可通过 MATLAB 函数 cholupdate 对乔里斯分解矩阵 $\boldsymbol{S}$ 进行更新。其中，$\mathrm{chol}(\boldsymbol{P}^{+})=\mathrm{cholupdate}(\boldsymbol{S},\boldsymbol{u},\pm v)$。当 $\boldsymbol{u}$ 为矩阵时，该函数会将 $\boldsymbol{u}$ 矩阵的每一列当作一次输入进行运算更新。

（3）最小二乘：MATLAB 函数“/”可以快速求得$(\boldsymbol{AA}^{\mathrm{T}})\boldsymbol{v}=\boldsymbol{A}^{\mathrm{T}}\boldsymbol{b}$ 的 $\boldsymbol{QR}$ 分解。

下面列出了 SRUKF 算法的具体步骤。

步骤 1，初始化算法

$$\hat{\boldsymbol{x}}_0=\boldsymbol{E}[\boldsymbol{x}_0] \tag{5.91}$$

$$\boldsymbol{S}_0=\mathrm{chol}(\boldsymbol{E}[(\boldsymbol{x}_0-\hat{\boldsymbol{x}}_0)(\boldsymbol{x}_0-\hat{\boldsymbol{x}}_0)^{\mathrm{T}}]) \tag{5.92}$$

对 $k=1$，2，3，…，执行如下步骤。

步骤 2，计算一倍 $\boldsymbol{\sigma}$ 样本点

$$\boldsymbol{\chi}_{k-1}=[\hat{\boldsymbol{x}}_{k-1},\hat{\boldsymbol{x}}_{k-1}+\gamma\boldsymbol{S}_k,\ \hat{\boldsymbol{x}}_{k-1}-\gamma\boldsymbol{S}_k] \tag{5.93}$$

式中，$\boldsymbol{\chi}_{k-1}$为 $n\times(2n+1)$维矩阵。

步骤 3，用非线性动力学方程对样本点积分，并求出协方差矩阵

$$\boldsymbol{\chi}_{k/k-1}^{*(i)}=\boldsymbol{f}[\boldsymbol{\chi}_{k-1}^{(i)},\quad \boldsymbol{u}_{k-1}](i=0,1,2,\cdots,2n) \tag{5.94}$$

$$\hat{\boldsymbol{x}}_k^-=\sum_{i=0}^{2n}W_i^{(m)}\boldsymbol{\chi}_{k/k-1}^{*(i)} \tag{5.95}$$

$$\boldsymbol{S}_k^-=\mathrm{qr}([\sqrt{W_1^{(c)}}(\boldsymbol{\chi}_{k/k-1}^{*(1:2n)}-\hat{\boldsymbol{x}}_k^-),\sqrt{Q}]) \tag{5.96}$$

$$\boldsymbol{S}_k^-=\mathrm{cholupdate}(\boldsymbol{S}_k^-,\boldsymbol{\chi}_{0,k}^*-\hat{\boldsymbol{x}}_k^-,W_0^{(c)}) \tag{5.97}$$

其中，所有上标（i）均表示该矩阵的第 i 列，如$\boldsymbol{\chi}_{k-1}^{(i)}$，$\boldsymbol{\chi}_{k/k-1}^{*(i)}$。$\boldsymbol{\chi}_{k/k-1}^{*(1:2n)}$表示矩阵$\boldsymbol{\chi}_{k/k-1}^{*}$的第 1∶$2n$ 列。

步骤 4，利用非线性动力学模型计算增广样本点，并进行乔里斯更新

$$\boldsymbol{\chi}_{k/k-1}=[\hat{\boldsymbol{x}}_k^-,\ \hat{\boldsymbol{x}}_k^-+\gamma\boldsymbol{S}_k^-,\ \hat{\boldsymbol{x}}_k^--\gamma\boldsymbol{S}_k^-] \tag{5.98}$$

$$\boldsymbol{Y}_{k/k-1}^{(i)}=\boldsymbol{h}[\boldsymbol{\chi}_{k/k-1}^{(i)}](i=0,1,2,3,\cdots,2n) \tag{5.99}$$

$$\hat{\boldsymbol{y}}_k^-=\sum_{i=0}^{2n}W_i^{(m)}\ \boldsymbol{Y}_{k/k-1}^{(i)} \tag{5.100}$$

$$\boldsymbol{S}_{\tilde{y}_k}=\mathrm{qr}([\sqrt{W_1^{(c)}}(\boldsymbol{Y}_{k/k-1}^{(1:2n)}-\hat{\boldsymbol{y}}_k),\sqrt{\boldsymbol{R}}]) \tag{5.101}$$

$$\boldsymbol{S}_{\tilde{y}_k}=\mathrm{cholupdate}(\boldsymbol{S}_{\tilde{y}_k},\ \boldsymbol{Y}_{k/k-1}^{(0)}-\hat{\boldsymbol{y}}_k,\ \boldsymbol{W}_0^{(c)}) \tag{5.102}$$

步骤 5，计算卡尔曼增益及量测更新

$$\boldsymbol{P}_{(\boldsymbol{xy})_{k/k-1}}=\sum_{i=0}^{2n}W_i^{(c)}[\boldsymbol{\chi}_{k/k-1}^{(i)}-\hat{\boldsymbol{x}}_k^-][\boldsymbol{Y}_{k/k-1}^{(i)}-\hat{\boldsymbol{y}}_k^-]^{\mathrm{T}} \tag{5.103}$$

$$\boldsymbol{K}_k=\frac{\left(\dfrac{\boldsymbol{P}_{(\boldsymbol{xy})_{k/k-1}}}{\boldsymbol{S}_{\tilde{y}_k}^{\mathrm{T}}}\right)}{S_{\tilde{y}_k}} \tag{5.104}$$

$$\hat{\boldsymbol{x}}_k = \hat{\boldsymbol{x}}_k^- + \boldsymbol{K}_k[\boldsymbol{y}_k - \hat{\boldsymbol{y}}_k^-] \tag{5.105}$$

$$\boldsymbol{U} = \boldsymbol{K}_k \boldsymbol{S}_{\tilde{y}_k} \tag{5.106}$$

$$\boldsymbol{S}_k = \text{cholupdate}(\boldsymbol{S}_k^-, \boldsymbol{U}, -1) \tag{5.107}$$

思 考 题

1. 最小二乘法能否用于对变量的实时估计?
2. 卡尔曼滤波计算的测量更新增益矩阵的数值大小受哪些参数影响?
3. 为什么卡尔曼滤波可以被称为具有一定智能的估计算法?
4. 尝试编程实现 5.3 节中的应用实例 3,并调节相关参数分析滤波性能的敏感性。
5. 尝试编写加性噪声条件下的 UKF 算法,并用应用实例 3 进行验证。

第 6 章　相对轨道导航估计理论

当前，空间环境日益复杂，空间碎片、失效卫星以及天基武器等空间非合作目标对现役卫星、轨道环境的威胁越来越大，依赖具有全天候、全时候、全域感知的天基态势感知平台、航天器在轨服务平台等航天器对空间非合作目标进行监测、操控等任务的前提是实现对目标的精确定轨。同时，多航天器编队、集群形式完成复杂任务的模式已经得到广泛关注和应用，而该模式成功的基础是实现成员之间的轨道构型控制，前提是精确的相对轨道导航。因此，相对轨道导航性能的好坏很大程度上会决定任务的成败。学习、理解并掌握航天器相对轨道导航估计理论，对于将来从事总体、GNC 设计的学生来说非常重要。

本章重点讲述相对轨道估计框架、完备测量下的相对导航以及仅测角/仅测距两种欠测量条件下的相对导航原理。

6.1　相对轨道估计框架

根据采用相对导航敏感器的不同，相对轨道估计方法可以分成两类：一类是基于相对 GNSS、主动雷达（包括微波雷达、激光雷达等）等完备测量方式的相对轨道估计；另一类是基于无源相机、被动雷达、无线电测距等欠测量方式的相对轨道估计。总体来说，基于完备测量的相对轨道估计方法更为简单，但是相对 GNSS 只适用于合作目标，主动雷达等有源设备存在结构复杂、功耗大等诸多问题，不适用于中小型卫星配备；而欠测量条件下的相对轨道估计方法，系统相对简单、功耗低，但是需要考虑系统的可观测性问题。

尽管两类方法需要考虑的重点不一样，但是从宏观上讲，相对轨道估计方法的框架是一样的。如图 6－1 所示，这个框架整体上分为三大模块：先验信息、最优估计、测量输入，每个模块又由多个子模块组成。

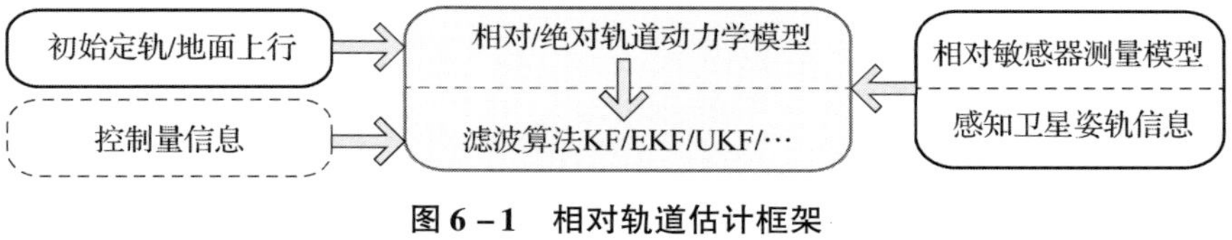

图 6－1　相对轨道估计框架

（1）先验信息包括两部分：一部分是初始相对轨道的猜测及置信度，用于初始化最优估计模块，该信息可以由初始定轨算法或者由地面站测量上行得到；另一部分是实时的控制量信息，即感知卫星和目标卫星的控制加速度（通常非合作目标的加速度信息无法获取）作为动力学模型的输入。

（2）最优估计主要包括两部分：一部分是轨道动力学模块，用于演化轨道，可以根据需求采用相对轨道动力学模型或绝对轨道动力学模型，相关内容在第2章和第3章已有介绍，这里不再赘述；另一部分是滤波算法模块，用于对先验信息和实时的测量输入进行融合最优估计并输出相对轨道，根据动力学模型与测量模型的非线性程度、噪声类型、精度要求等约束，可以选择标准卡尔曼滤波（KF）、扩展卡尔曼滤波（EKF）、无味卡尔曼滤波（UKF）等，相关内容在第5章中已有介绍，这里不再赘述。

（3）测量输入主要包括两部分：一部分是相对测量模块，利用相对导航敏感器测量获得感知卫星相对于目标的视线角、距离或位置信息等；另一部分是绝对测量模块，利用惯性导航单元、卫星导航接收机、卫星敏感器等设备确定出感知卫星的轨道和姿态信息，其中轨道信息在相对轨道动力学演化模块中需要用到，而姿态信息用于将本体系下相对测量信息变换到轨道动力学采用的坐标系下，如从本体系转换到轨道坐标系。

6.2　完备测量下的相对导航

通常，完备测量条件下由于传感器的不同，获得的测量数据类型也不同，例如基于相对GNSS主要是分别获取两个航天器的绝对轨道信息，而主动雷达主要测量得到目标的视线角和距离信息。下面分别讲述这两类完备测量模式下的相对导航方法。

6.2.1　基于GNSS的相对导航方法

根据第4章中对相对卫星导航测量的介绍可知，直接位置差分相对定位和位置差分滤波法是最常用的两种实现方式，其相对定位精度都能满足航天器编队或交会对接的要求，但是考虑到可能存在的卫星信号丢失、信息跳变等问题，使用相对运动方程对卫星相对导航进行约束，通过滤波对相对定位进行平滑，会获得性能更优的相对导航信息。下面首先介绍基于伪距的绝对定位算法，其次介绍直接差分法相对导航算法，再次讲述差分滤波法相对导航的算法，最后进行仿真计算与结果分析。

1. 基于伪距的绝对定位算法

基于伪距的绝对定位的基本定位方程式

$$\sqrt{(X-X_i)^2+(Y-Y_i)^2+(Z-Z_i)^2}+c\delta t=R_i \tag{6.1}$$

式中，X、Y、Z 表示WGS84坐标系下接收机的位置坐标；X_i、Y_i、Z_i 表示WGS84坐标系下导航卫星的位置坐标；c 表示光速；δt 表示接收机钟误差；R_i 表示接收机到导航卫星的伪距，包含了电离层效应和对流层延迟以及多路径效应等引起的误差，即

$$\delta R_i=\delta R_{\text{ion}}+\delta R_{\text{trop}}+\delta R_{\text{multi}} \tag{6.2}$$

式（6.1）中，只有用户位置和接收机钟误差等4个未知数，因此对于任一时刻单点定位至少需要4颗导航卫星是可观测的，即有4颗可观测导航卫星时可由式（6.1）求解出用户星的位置。下面将介绍的直接差分法相对导航和差分滤波法相对导航都是在此基础上执行的。

2. 直接差分法相对导航

在直接差分相对导航中，根据两个航天器各自的GNSS接收机提供的绝对导航信息，求

解两个航天器的相对运动状态信息，如图 6 – 2 所示。

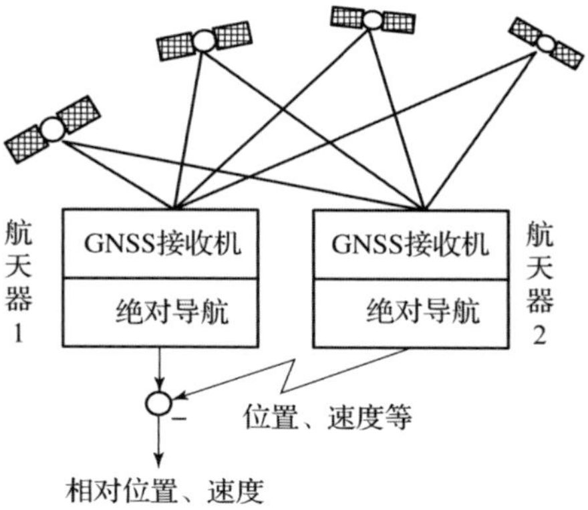

图 6 – 2　直接差分法相对导航

当两航天器的 GNSS 定位数据在时间上同步，即 $t_C = t_T$ 时，两航天器在 WGS84 坐标系的相对位置和相对速度可以从它们各自的运动状态相减获得，即

$$\begin{cases}(\Delta \boldsymbol{r})_{\mathrm{WGS84}} = [\Delta X \quad \Delta Y \quad \Delta Z]^{\mathrm{T}} = [X_{\mathrm{C}} \quad Y_{\mathrm{C}} \quad Z_{\mathrm{C}}]^{\mathrm{T}} - [X_{\mathrm{T}} \quad Y_{\mathrm{T}} \quad Z_{\mathrm{T}}]^{\mathrm{T}} \\ (\Delta \boldsymbol{r})_{\mathrm{WGS84}} = [\Delta V_X \quad \Delta V_Y \quad \Delta V_Z]^{\mathrm{T}} = [V_{\mathrm{C}X} \quad V_{\mathrm{C}Y} \quad V_{\mathrm{C}Z}]^{\mathrm{T}} - [V_{\mathrm{T}X} \quad V_{\mathrm{T}Y} \quad V_{\mathrm{T}Z}]^{\mathrm{T}}\end{cases} \tag{6.3}$$

两航天器在目标轨道坐标系的相对位置和相对速度为

$$\begin{cases}(\Delta \boldsymbol{r})_O = [\Delta x \quad \Delta y \quad \Delta z]^{\mathrm{T}} = (\boldsymbol{C}_{\mathrm{T}O}^{\mathrm{WGS84}})^{\mathrm{T}} (\Delta \boldsymbol{r})_{\mathrm{WGS84}} \\ (\Delta \boldsymbol{r})_O = [\Delta \dot{x} \quad \Delta \dot{y} \quad \Delta \dot{z}]^{\mathrm{T}} = (\boldsymbol{C}_{\mathrm{T}O}^{\mathrm{WGS84}})^{\mathrm{T}} (\Delta v)_{\mathrm{WGS84}} - [(\boldsymbol{n})_O^{\times}](\Delta \boldsymbol{r})_O\end{cases} \tag{6.4}$$

式中，$\boldsymbol{n}_{\mathrm{T}}$ 为目标航天器的轨道角速度

$$[(\boldsymbol{n}_{\mathrm{T}})^{\times}] = \begin{bmatrix} 0 & 0 & -n \\ 0 & 0 & 0 \\ n & 0 & 0 \end{bmatrix} \quad \boldsymbol{n}_{\mathrm{T}} = \frac{h}{r_{\mathrm{T}}^2} = \frac{\sqrt{Y_{\mathrm{T}}V_{Z\mathrm{T}} - Z_{\mathrm{T}}V_{Y\mathrm{T}} + Z_{\mathrm{T}}V_{X\mathrm{T}} + X_{\mathrm{T}}V_{Y\mathrm{T}} - Y_{\mathrm{T}}V_{\mathrm{T}X}}}{X_{\mathrm{T}}^2 + Y_{\mathrm{T}}^2 + Z_{\mathrm{T}}^2} \tag{6.5}$$

式（6.4）中，$\boldsymbol{C}_{\mathrm{T}O}^{\mathrm{WGS84}}$表示目标航天器轨道坐标系到 WGS84 地球坐标系的变换矩阵，$\boldsymbol{C}_{\mathrm{TO}}^{\mathrm{WGS84}}$只与目标航天器的轨道参数有关，计算如下：

$$\boldsymbol{C}_{\mathrm{T}O}^{\mathrm{WGS84}} = \boldsymbol{C}_i^{\mathrm{WGS84}} \boldsymbol{C}_{\mathrm{T}O}^i \tag{6.6}$$

而

$$\boldsymbol{C}_i^{\mathrm{WGS84}} = \begin{bmatrix} \cos(\omega_{ie}t) & \sin(\omega_{ie}t) & 0 \\ -\sin(\omega_{ie}t) & \cos(\omega_{ie}t) & 0 \\ 0 & 0 & 1 \end{bmatrix} \tag{6.7}$$

$$\boldsymbol{C}_i^{\mathrm{T}O} = \begin{bmatrix} 0 & 1 & 0 \\ 0 & 0 & -1 \\ -1 & 0 & 0 \end{bmatrix} \begin{bmatrix} \cos(\omega+\theta) & \sin(\omega+\theta) & 0 \\ -\sin(\omega+\theta) & \cos(\omega+\theta) & 0 \\ 0 & 0 & 1 \end{bmatrix} \begin{bmatrix} 1 & 0 & 0 \\ 0 & \cos i & \sin i \\ 0 & -\sin i & \cos i \end{bmatrix} \begin{bmatrix} \cos\Omega & \sin\Omega & 0 \\ -\sin\Omega & \cos\Omega & 0 \\ 0 & 0 & 1 \end{bmatrix} \tag{6.8}$$

其中，ω_{ie}为地球自转角速度；i 为目标轨道倾角；Ω 为目标轨道升交点赤经；ω 为目标轨道近地点幅角；θ 为目标轨道真近点角。

当两航天器的状态矢量不同步，即 $t_C \neq t_T$ 时，需要对运动状态进行时差补偿，如向前插值或向后插值。

3. 差分滤波法相对导航

航天器上 GNSS 接收机可能存在信号丢失、信息跳变等问题，使用相对运动方程对航天器相对 GNSS 导航进行约束，通过滤波对相对定位进行平滑，会获得性能更优的相对导航信息。下面将分别讲述相对导航的状态模型、量测模型以及简单的数值仿真验证。

（1）状态模型。因为相对卫星导航算法最终是要估计出相对位置和相对速度，因此，状态量为相对位置和相对速度，即

$$\boldsymbol{X}=[x \quad y \quad z \quad \dot{x} \quad \dot{y} \quad \dot{z}]^{\mathrm{T}} \tag{6.9}$$

基于状态量 $\boldsymbol{X}$ 的相对轨道运动动力学模型参见本书第 3 章，对于近圆轨道情况可以采用 CW 方程，椭圆轨道时采用 TH 方程。这里以近圆轨道为例，由于在实际的运动中还存在轨道摄动加速度（诸如地球非球形摄动、大气阻力摄动、太阳光压摄动等）的噪声项（称为系统噪声），因此相对轨道估计系统的状态模型可表示如下：

$$\dot{\boldsymbol{X}}=\boldsymbol{A}\boldsymbol{X}+\boldsymbol{B}\boldsymbol{u}+\boldsymbol{\gamma} \tag{6.10}$$

其中，$\boldsymbol{u}$ 为系统控制加速度；$\boldsymbol{B}$ 是控制驱动矩阵；$\boldsymbol{\gamma}$ 是系统噪声。根据实际系统的特性，并考虑与精确系统的差别，可假定实际系统的加速度噪声项是零均值的高斯白噪声，即

$$\boldsymbol{E}[\boldsymbol{\gamma}]=0 \quad \boldsymbol{E}[\boldsymbol{\gamma}\boldsymbol{\gamma}^{\mathrm{T}}]=\boldsymbol{Q} \tag{6.11}$$

在近地轨道上，航天器的轨道角速度较小，噪声之间的耦合项可以忽略不计，且令各方向噪声方差 $\sigma_x^2=\sigma_y^2=\sigma_z^2=\sigma^2$，则系统噪声协方差矩阵 $\boldsymbol{Q}$ 可以表示如下：

$$\boldsymbol{Q}=\sigma^2\left[\begin{array}{ccc|ccc}
\Delta T^3/3 & 0 & 0 & \Delta T^2/2 & 0 & 0 \\
 & \Delta T^3/3 & 0 & 0 & \Delta T^2/2 & 0 \\
 & & \Delta T^3/3 & 0 & 0 & \Delta T^2/2 \\
\hline
 & & & \Delta T & 0 & 0 \\
 & & & & \Delta T & 0 \\
 & & & & & \Delta T
\end{array}\right] \tag{6.12}$$

其中，ΔT 为滤波过程的采样周期。噪声方差 σ^2 与系统状态模型的简化程度有关，在使用 CW 方程时 σ^2 偏大，使用二阶非线性方程时 σ^2 偏小。

（2）量测模型。由式（6.4）可求得

$$\boldsymbol{Z}=\begin{bmatrix}(\Delta\boldsymbol{r})_{\mathrm{WGS-84}} \\ (\Delta\boldsymbol{v})_{\mathrm{WGS-84}}\end{bmatrix}=\begin{bmatrix}\boldsymbol{C}_{\mathrm{TO}}^{\mathrm{WGS84}}(\Delta\boldsymbol{r})_O \\ \boldsymbol{C}_{\mathrm{TO}}^{\mathrm{WGS84}}(\Delta\boldsymbol{v})_O+\boldsymbol{C}_{\mathrm{TO}}^{\mathrm{WGS84}}[(\boldsymbol{n})_{\mathrm{T}}^{\times}](\Delta\boldsymbol{r})_O\end{bmatrix} \tag{6.13}$$

对应的量测敏感矩阵为

$$\boldsymbol{H}=\begin{bmatrix}\boldsymbol{C}_{\mathrm{TO}}^{\mathrm{WGS84}} & \boldsymbol{0}_{3\times3} \\ \boldsymbol{C}_{\mathrm{TO}}^{\mathrm{WGS84}}[(\boldsymbol{n})_{\mathrm{T}}^{\times}] & \boldsymbol{C}_{\mathrm{TO}}^{\mathrm{WGS84}}\end{bmatrix} \tag{6.14}$$

由于传感器的测量值与环境和本身特性有很大关系，用式（6.13）描述相对卫星导航的量测量也是不完备的，会存在噪声项（称为量测噪声）。一般来说，GNSS 定位方程中的误差（包括星历误差、卫星钟差、信号传播路径误差、接收机测量噪声等）传递到方程（6.13）构成观测模型的观测误差。在线性传递过程中，这些误差的分布特性保持不变，从其性质上可分为慢变的时间相关误差和高频噪声。但是由于交会对接、编队集群等相对 GNSS 导航的应用场合中两航天器之间的相对距离基本上在 50 km 以内，两接收机的电离层

延迟误差相关性很强，基本可以看作相同的，因此差分后电离层延迟误差基本上可抵消；同时，近地空间中的航天器有限，因此差分后的多路径效应误差也基本上为零；再者，大部分航天器的轨道都在 100 km 高度以上，基本上没有平流层延迟误差；接收机钟差可以通过绝对定位时由式（6.1）求解并补偿。因此，慢变误差将因为两航天器之间距离近而具有极大的相关性，从而通过差分抵消掉，所以量测噪声是两个接收机高频噪声的合成。进而，测量模型可以建模成如下形式：

$$\boldsymbol{Z}=\boldsymbol{H}\boldsymbol{X}+\boldsymbol{V} \tag{6.15}$$

其中，$\boldsymbol{V}$ 为量测噪声，建模成零均值的高斯白噪声，即

$$\boldsymbol{E}[\boldsymbol{V}]=\boldsymbol{0}\quad \boldsymbol{E}[\boldsymbol{V}\boldsymbol{V}^{\mathrm{T}}]=\boldsymbol{R} \tag{6.16}$$

其中，$\boldsymbol{R}$ 为量测噪声协方差矩阵。忽略噪声之间的耦合项时，$\boldsymbol{R}$ 可以用对角阵表示：

$$\boldsymbol{R}=\begin{bmatrix}\sigma_x^2 & & \\ & \sigma_y^2 & \\ & & \sigma_z^2\end{bmatrix} \tag{6.17}$$

实例 1：设目标轨道为近圆轨道，两航天器上的 GNSS 接收机的相关硬件的性能基本一致，以由式（6.10）描述的系统状态方程、式（6.15）描述的量测方程组成的完整滤波模型进行数学仿真，采用 EKF，仿真时长 1 000 s，主要仿真参数设置如表 6－1 所示。

表 6－1　主要仿真参数设置

参数		数值	参数	数值
平均轨道高度		260 km	系统各向噪声均方差	10^{-6}
初始相对位置		[－40；0；－10] km	观测噪声均方差	[20 m；20 m；20 m；0.1 m·s^{-1}；0.1 m·s^{-1}；0.1 m·s^{-1}]
初始相对速度		[5；0；5] m·s^{-1}	卡尔曼滤波周期	1 s
GNSS	初始位置误差	[30；30；30] m	初始速度误差	[0.2；0.2；0.2] m·s^{-1}
	位置误差均方误差	20 m	位置误差相关时间	10 s
	速度误差均方误差	0.1 m·s^{-1}	速度误差相关时间	5 s
	输出频率	1 Hz		

直接差分法和差分滤波法的仿真结果对比如图 6－3 和图 6－4 所示。其中，图 6－3 是相对位置误差对比分析曲线，上半图是差分滤波法的相对位置误差曲线，可见位置误差能够快速收敛，100 s 时三轴误差均已在 5 m 以内，200 s 以后三轴误差均在 3 m 以内；下半图是直接差分法的相对位置误差曲线，可见差分后相对位置依然包含高频噪声误差，误差峰值约为 20 m，误差均方差约为 10 m。图 6－4 是相对速度误差对比分析曲线，在 100 s 后差分滤波法的相对速度误差均在 0.05 m·s^{-1}以内，而直接差分法的相对速度误差约为 0.1 m·s^{-1}，大部分时间内的误差为 0.05～0.1 m·s^{-1}。

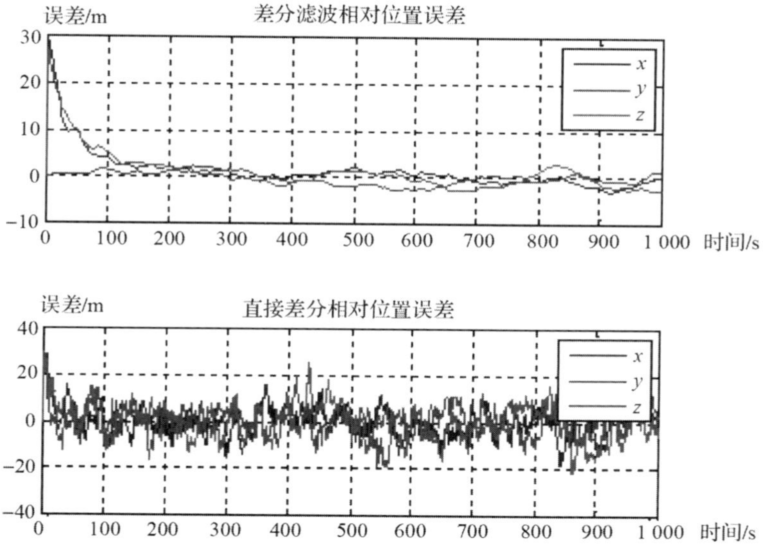

图 6－3　相对位置误差对比分析曲线（书后附彩插）

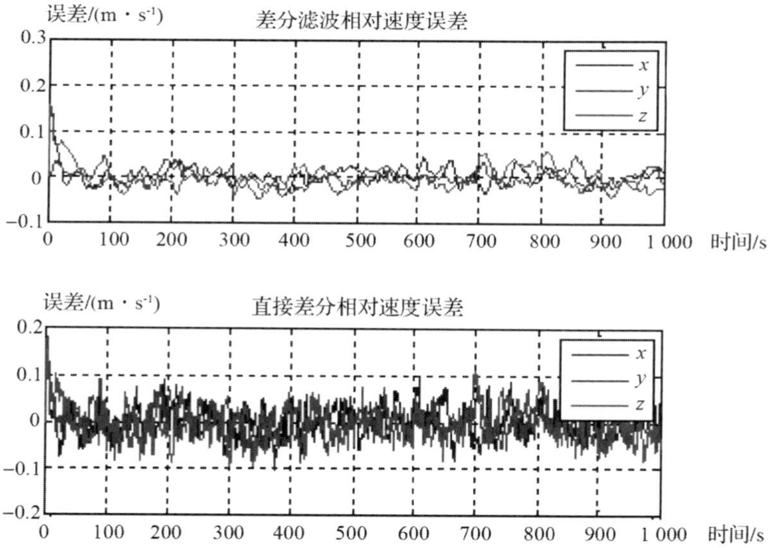

图 6－4　相对速度误差对比分析曲线（书后附彩插）

综上分析可知，GNSS 差分滤波法较直接差分法能够通过相对运动方程的约束作用获得更高的相对导航精度。

6.2.2　基于角度和距离测量的相对导航方法

当采用微波雷达、激光雷达等主动测量设备时，能够获得目标相对于感知航天器的方向（方位角和俯仰角）和距离等信息。从理论上讲，通过这两种测量数据就可以直接解算出目标的相对位置，并通过时间差分等方式计算相对速度。然而，受回波信号强弱、杂波干扰等诸多因素影响，直接解算出的相对位置信息误差会包含噪声，甚至在部分时候短暂丢失目标，同时时间差分方式计算相对速度会放大噪声。因此，通常也会融合轨道动力学模型的约束作用，通过滤波对相对轨道估计进行平滑，会获得性能更优的相对导航信息。

基于角度和距离测量的相对导航方法采用的系统模型（轨道动力学模型等）与基于 GNSS 的相对导航方法相同，如式（6.9）~式（6.12）所示；测量几何关系如图 6－5 所示，其中图 6－5（a）给出了雷达成像测角测距几何示意图，包含了雷达相平面坐标系、雷达的航天器本体上的安装位置、航天器本体到轨道坐标系的姿态等一系列工程实际中的模型，为了更加直观地讲述基于角度和距离的相对导航，这里采用如图 6－5（b）所示的简化几何模型（省略中间过程）。假定雷达测量得到了目标在轨道坐标系（即 LVLH 系）下的俯仰角 ε、方位角 θ 以及相对距离 ρ，则测量模型的建立如下：

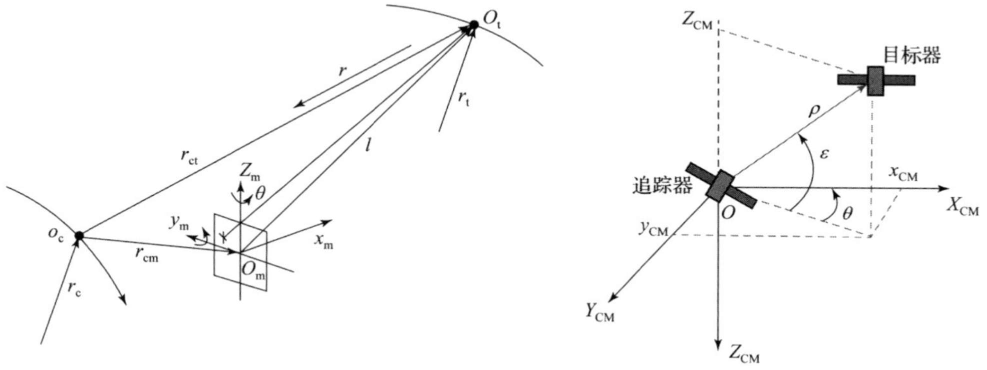

图 6－5　测量几何关系

$$\boldsymbol{Z}=\begin{bmatrix}\varepsilon+v_\varepsilon\\ \theta+v_\theta\\ \rho+v_\rho\end{bmatrix}=\begin{bmatrix}-\arcsin\dfrac{z}{\sqrt{x^2+y^2+z^2}}+v_\varepsilon\\ \arctan\dfrac{y}{x}+v_\theta\\ \sqrt{x^2+y^2+z^2}+v_\rho\end{bmatrix}\tag{6.18}$$

其中，v_ε、v_θ 和 v_ρ 是对应的测量噪声，通常可以建模为零均值的高斯白噪声。一般意义下，可假定 v_ε、v_θ 和 v_ρ 之间的耦合项也是小量，忽略不计，那么令其方差为 $\boldsymbol{\sigma}_\varepsilon^2$、$\boldsymbol{\sigma}_\theta^2$、$\boldsymbol{\sigma}_\rho^2$，则量测噪声协方差矩阵可以表示如下：

$$\boldsymbol{R}=\begin{bmatrix}\boldsymbol{\sigma}_\rho^2 & & \\ & \boldsymbol{\sigma}_\varepsilon^2 & \\ & & \boldsymbol{\sigma}_\theta^2\end{bmatrix}\tag{6.19}$$

如式（6.18）所示测量模型对应的量测敏感性矩阵 $\boldsymbol{H}$ 可由雅克比矩阵表示为

$$\boldsymbol{H}=\frac{\partial\boldsymbol{h}(\boldsymbol{X})}{\partial\boldsymbol{X}^{\mathrm{T}}}=\left[\begin{matrix}\dfrac{xz}{(x^2+y^2+z^2)\sqrt{x^2+y^2}} & \dfrac{yz}{(x^2+y^2+z^2)\sqrt{x^2+y^2}} & \dfrac{-\sqrt{x^2+y^2}}{(x^2+y^2+z^2)}\\ \dfrac{-y}{x^2+y^2} & \dfrac{x}{x^2+y^2} & 0\\ \dfrac{x}{\sqrt{x^2+y^2+z^2}} & \dfrac{y}{\sqrt{x^2+y^2+z^2}} & \dfrac{z}{\sqrt{x^2+y^2+z^2}}\end{matrix}\right|\left.\boldsymbol{0}_{3\times3}\right]\tag{6.20}$$

综上，由式（6.9）~式（6.12）所示的状态模型和式（6.18）~式（6.20）所示的测量模型就组成了完整的基于角度和距离测量的相对导航模型，利用 EKF 或者其他非线性滤波算法就可以进行相对轨道的最优估计。具体仿真算例这里不再赘述，读者可自行完成。

6.3　仅测角相对导航原理

6.3.1　仅测角的概念

当采用星载的光学相机或被动雷达等无源设备进行相对测量时，能够获得的只有视线方向信息，即仅有俯仰角和方位角，这就产生了著名的仅测角（Angles - only 或 Bearings - only）定轨导航问题。仅测角测量并不是一个新概念，最早起源于 19 世纪科学家通过望远镜观测天体并计算轨道的活动中，已经在航海、目标跟踪、轨道确定、星际航行以及编队飞行等实践中得到了大量研究和广泛应用。实际上，仅测角导航的思想很简单，就是通过相机、雷达等传感器测量的视线角信息来确定目标的位置和速度等状态信息。文献中常见的仅测角初始相对轨道确定问题（Initial Relative Orbit Determination，IROD）和仅测角相对导航问题都属于仅测角测量的范畴，二者的区别在于 IROD 问题不要求实时地给出相对轨道，而是经过一段时间的测量来捕获相对轨道信息并给出初始定轨解，为实时的相对导航滤波提供初值，而相对导航则是实时地确定相对轨道，为相对轨道控制提供反馈信息。尽管这二者在求解的数学形式上略为不同，但是实现的方法实质相同，所以在下面的论述中如果不特别声明，统一称为仅测角相对导航。

如图 6 -6 所示是以相机成像为例说明仅测角测量。当目标在像平面上的像小于一个像素时，相机能够给出的只有目标在相机测量坐标系下的视线角信息，即方位角和俯仰角，那么在仅有这两个角度信息的时候如何估计目标的相对运动状态就是仅测角相对导航问题。如果目标在像平面上的像大于一个像素时，除了视线角信息外，还可以获得像的尺寸信息，那么在具有目标实际尺寸先验信息的时候，就可以比较容易地估计出目标的运动状态。再有，对于合作目标而言，如果已知目标上标识点的信息，通过图像处理的方法可以获得更多维度的相对运动信息，即相对轨道和姿态。对于已知目标尺寸和标识点信息的测量方式，无论在理论上还是在应用上都要比只有视线角信息的情况简单得多，因此，仅有视线角信息时的相对导航是航天器相对导航的重要发展方向。

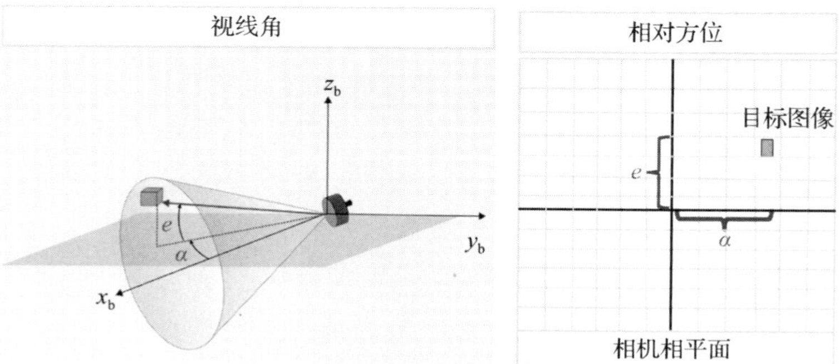

图 6 -6　视线角度信息测量示意图

6.3.2 仅测角相对导航的可观测性问题

仅测角导航的传统应用中最著名的是高斯定轨法，该方法通过地面固联、海上漂浮或者大气层内飞行的观测器的位置信息和短周期内对至少三组空间目标观测的方位角与俯仰角信息进行处理实现定轨，如图6－7所示。从理论上讲，高斯法也可以应用到天基仅测角相对轨道确定问题中，通过将感知航天器的位置信息作为“地基观测器”（或海上漂浮观测器等）位置信息代入到算法中进行求解，但是该求解需要面对传统应用领域所没有的新挑战：第一，观测器和目标的相对动力学发生了很大变化，观测器是在轨道上飞行的，面对的是轨道动力学环境和限制，同时可能需要执行一系列轨道机动任务；第二，传统应用中观测器与目标的距离非常遥远，而诸如编队飞行、交会对接与感知防护等应用中，观测器与目标的相对距离变化很大，可以从几百千米变到几厘米。因此，高斯法等传统的地基仅测角导航方法在面向天基测角下的轨道任务时，会因为类似求解奇异等问题而难以适用。近年来，基于在轨卫星的独特性研究仅测角相对导航已经成为欧美国家航天领域的热点方向之一，欧洲的PRISMA、AVANTI等计划项目已经对仅测角相对导航在空间非合作目标交会对接任务应用中进行了部分在轨实验。

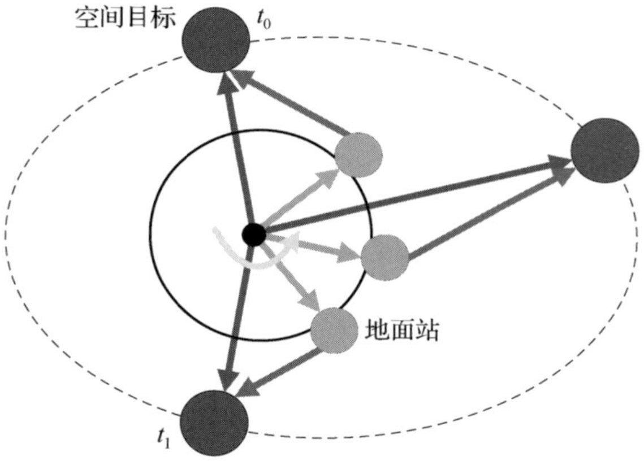

图6－7 高斯定轨法几何示意图

仅测角相对导航的可观测性问题是指目标的初始位置和速度是否可以由视线角测量唯一确定。Woffinden 和 Geller 等人从几何的角度直观地证明了基于线性化 CW 相对运动动力学的仅测角相对导航系统存在距离的不可观测性问题，即3组角度观测量不足以确定感知航天器与目标航天器之间的相对距离，从而不能确定相对运动状态量。图6－8展示了仅测角相对定轨状态不可观测的几何示意图。由图6－8可知，基于同一组视线信息可以有无数的可能解，也就是说视线上的任意点都可能是目标所在的位置，这就是相对距离不可观测导致的状态不可观测。从数学上讲，针对近圆轨道目标接近的惯性飞行相对运动可以用LVLH系下的CW方程进行演化，即任意时刻的相对轨道可由初始相对轨道状态转移得到

$$\begin{cases} \boldsymbol{r}(i) = \boldsymbol{\Phi}_{rr}(i)\boldsymbol{r}(0) + \boldsymbol{\Phi}_{rv}(i)\boldsymbol{v}(0) \\ \boldsymbol{v}(i) = \boldsymbol{\Phi}_{vr}(i)\boldsymbol{r}(0) + \boldsymbol{\Phi}_{vv}(i)\boldsymbol{v}(0) \end{cases} \tag{6.21}$$

其中，$\boldsymbol{r}(0)$和$\boldsymbol{v}(0)$分别为初始相对位置和速度；$\boldsymbol{\Phi}_{rr}$、$\boldsymbol{\Phi}_{rv}$、$\boldsymbol{\Phi}_{vr}$和$\boldsymbol{\Phi}_{vv}$是状态转移矩阵的 3×3 子矩阵。

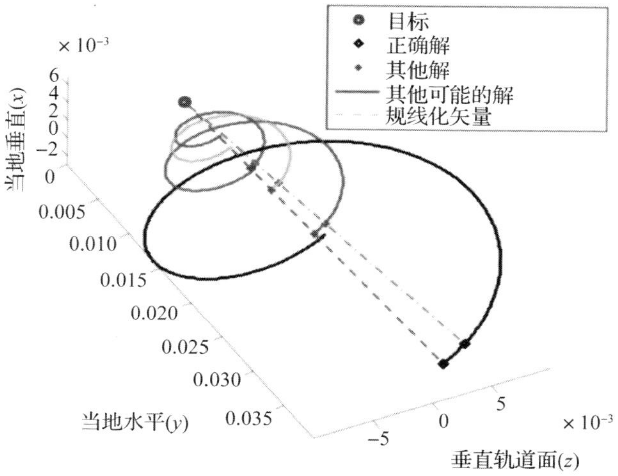

图 6－8　仅测角相对定轨状态下不可观测的几何示意图

t_i 时刻的单位视线矢量可以表示为

$$\boldsymbol{i}_{\text{los}}(i)=\frac{\boldsymbol{r}(i)}{\|\boldsymbol{r}(i)\|}=\frac{\boldsymbol{\Phi}_{rr}(i)[\boldsymbol{r}(0)]+\boldsymbol{\Phi}_{rv}(i)[\boldsymbol{v}(0)]}{\|\boldsymbol{\Phi}_{rr}(i)[\boldsymbol{r}(0)]+\boldsymbol{\Phi}_{rv}(i)[\boldsymbol{v}(0)]\|} \tag{6.22}$$

显然，任意时刻的单位视线矢量 $\boldsymbol{i}_{\text{los}}$是由 $\boldsymbol{r}(0)$和 $\boldsymbol{v}(0)$决定的。然而，对于尺度任意缩放 k 倍（$k\neq 0$）的 $\boldsymbol{r}(0)$和 $\boldsymbol{v}(0)$，对应时刻的单位视线矢量都相同，即

$$\boldsymbol{i}_{\text{los}}(i)=\frac{\boldsymbol{\Phi}_{rr}(i)[\boldsymbol{r}(0)]+\boldsymbol{\Phi}_{rv}(i)[\boldsymbol{v}(0)]}{\|\boldsymbol{\Phi}_{rr}(i)[\boldsymbol{r}(0)]+\boldsymbol{\Phi}_{rv}(i)[\boldsymbol{v}(0)]\|}=\frac{\boldsymbol{\Phi}_{rr}(i)[k\boldsymbol{r}(0)]+\boldsymbol{\Phi}_{rv}(i)[k\boldsymbol{v}(0)]}{\|\boldsymbol{\Phi}_{rr}(i)[k\boldsymbol{r}(0)]+\boldsymbol{\Phi}_{rv}(i)[k\boldsymbol{v}(0)]\|} \tag{6.23}$$

其中，k 为尺度因子。可见，同一个单位视线矢量可以对应无数的目标位置，即距离不可观测。如图 6－8 所示，形状相同但尺寸不同的相对轨道产生了相同的单位视线矢量序列。

虽然初始条件无法由视线角测量精准确定，但是可以确定航天器所在的轨道族。例如，如图 6－9 所示，观测到的视线角测量序列图对每一种相对轨道（即椭圆绕飞、共椭圆或站位保持）都是相同的，唯一不能由视线角测量确定的参数是尺度因子 k 或相对距离 ρ，视线角序列对所有 $\rho>0$ 的轨道族是相同的。

6.3.3　四类解决方案

仅测角相对轨道确定问题的难点在于解决状态的不可观测问题，而状态不可观测的原因主要集中在四个方面：①线性化的相对运动动力学；②仅有视线角测量信息；③感知航天器和目标航天器都没有轨道机动；④感知航天器的无源相机（或雷达）质心安装。根据式（6.23）类似的方法可以非常容易地证明在这四个条件下，无论测量多少组单位视线矢量，相对距离依然是不可观测的。因此，目前致力于解决仅测角相对轨道确定可观测性问题的研究基本上都是从改变这四个条件入手来实现仅测角相对定轨。

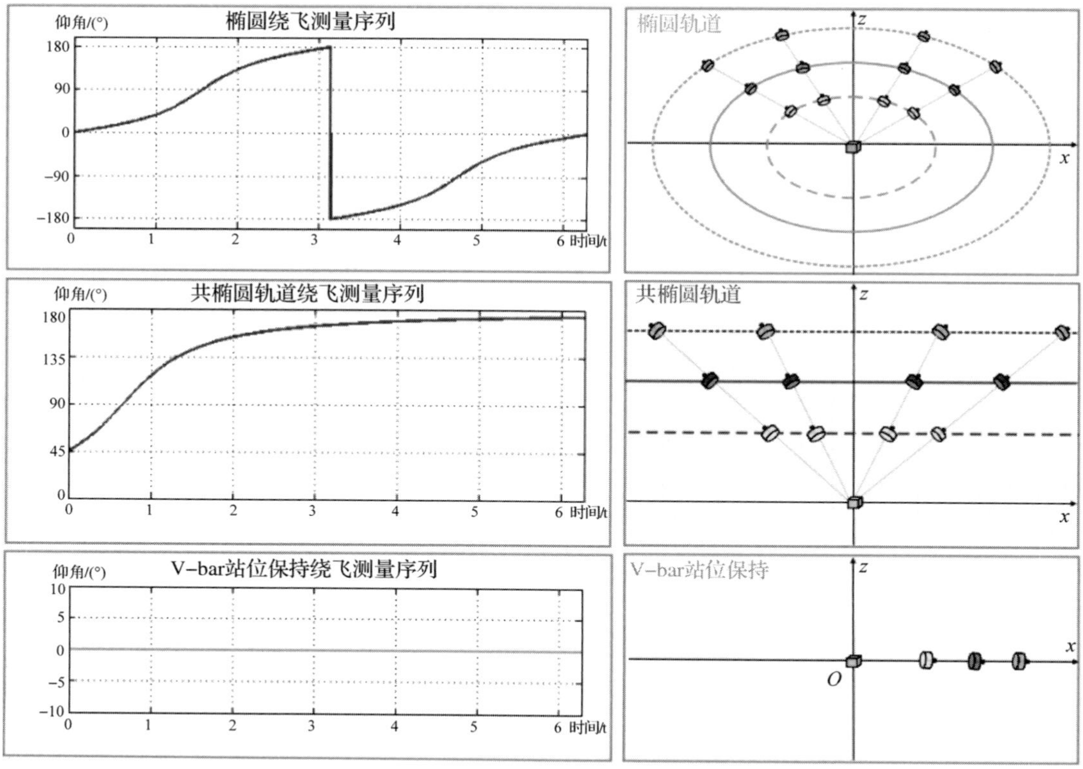

图 6-9 不可观测视线测量序列的轨道族

1. 复杂动力学法

国内外部分学者从复杂的相对运动动力学入手，研究仅测角相对定轨问题。Kaufman 等研究了基于笛卡儿坐标系下二阶非线性相对运动动力学的仅测角相对定轨的非线性可观测性。Newman 等将 Volterra 多维卷积理论用于非线性无摄动圆轨道相对运动的仅测角初始相对定轨问题，以非线性 QV（Quadratic Volterra）级数近似相对运动的解，从而更好地捕捉相对运动信息，为仅测角定轨提供可观测性。Geller 等在柱面坐标系下研究了仅测角初始相对定轨问题，结果表明柱面系下仅测角初始定轨问题具有全状态的可观测性。Lovell 等研究了基于球坐标系下仅测距角初始相对定轨，在不考虑测量误差、轨道偏心率影响、轨道摄动等因素后获得了 IROD 的近似解。Gaias 等从相对轨道要素的角度研究了仅测角导航问题，通过把 J2 项建模到动力学模型中来获得可观测性，结果表明 J2 项的引入可以获得全状态的可观测性，但是存在条件数很差的问题，即求解的奇异性问题。Tombasco 等从混合相对轨道要素的角度研究了仅测角的可观测性问题，建立了球坐标系下的相对动力学模型，并采用非线性量测模型获得了可观测性，但是该方法假设目标轨道是零倾角的圆轨道。

还有很多学者从不同角度研究基于复杂动力学模型的仅测角相对定轨问题，这里不一一展开介绍。总之，从几何的角度来说，复杂动力学法解决仅测角相对定轨可观测性的本质是利用非线性动力学模型或曲线坐标下模型对轨道曲率的捕获能力，构建视线角到相对轨道状态的一一映射关系，从而实现相对轨道估计的可观测性。简单来讲，该类方法类似在线性化方程的基础上叠加高阶项或直接采用非线性模型来产生可观测性，对应的单位视线矢量和相对轨道状态［尺度任意缩放 k 倍（$k\neq 0$）的 $\boldsymbol{r}(0)$ 和 $\boldsymbol{v}(0)$］之间的模型关系如下所示：

$$\boldsymbol{i}_{\text{los}}(i)=\frac{\boldsymbol{\Phi}_{rr}(i)[k\boldsymbol{r}(0)]+\boldsymbol{\Phi}_{rv}(i)[k\boldsymbol{v}(0)]+\boldsymbol{f}(k\boldsymbol{r}(0),k\boldsymbol{v}(0))}{\|\boldsymbol{\Phi}_{rr}(i)[k\boldsymbol{r}(0)]+\boldsymbol{\Phi}_{rv}(i)[k\boldsymbol{v}(0)]+\boldsymbol{f}(k\boldsymbol{r}(0),k\boldsymbol{v}(0))\|} \tag{6.24}$$

或

$$\boldsymbol{i}_{\text{los}}(i)=\frac{\boldsymbol{f}(k\boldsymbol{r}(0),k\boldsymbol{v}(0))}{\|\boldsymbol{f}(k\boldsymbol{r}(0),k\boldsymbol{v}(0))\|} \tag{6.25}$$

其中，式（6.24）中 $\boldsymbol{f}(\cdot)$ 表示相对轨道演化的高阶项，式（6.25）中 $\boldsymbol{f}(\cdot)$ 表示复杂非线性动力学模型。

由式（6.24）和式（6.25）可知，函数 $\boldsymbol{f}(\cdot)$ 内 $\boldsymbol{r}(0)$ 和 $\boldsymbol{v}(0)$ 前的尺度因子 k 都不能提到 $\boldsymbol{f}(\cdot)$ 之外，进而分子分母中的参数 k 不能消去，从而相对视线量测量与初始轨道不能是一对多的映射关系，只能是一对一的关系。当然，非线性项 $\boldsymbol{f}(\cdot)$ 的强弱会决定可观测性的强弱，如果非线性太弱，则产生的效果很容易淹没在测量误差中。这里以柱面坐标系下的相对运动动力学模型为例来展示复杂动力学法的仅测角导航问题。

如图6－10所示建立柱面坐标系 $O\rho\theta z$，其原点在地心，以目标航天器初始轨道共面的固定平面作为参考面，参考面的法线将用单位矢量 $\boldsymbol{i}_z$ 表示，在参考面上的分量用2个极坐标的单位矢量 $\boldsymbol{i}_{\rho_c}$、$\boldsymbol{i}_{\theta_c}$ 表示。因此，三维空间的位置矢量可由 $\boldsymbol{i}_{\rho_c}$、$\boldsymbol{i}_z$ 和 $\boldsymbol{i}_{\theta_c}$ 线性组合表示，同时速度矢量和加速度矢量可由位置矢量的一阶导数和二阶导数表示，即

$$\boldsymbol{r}_c=\rho_c\boldsymbol{i}_{\rho_c}+z_c\boldsymbol{i}_z \tag{6.26}$$

$$\boldsymbol{v}_c=\dot{\rho}_c\boldsymbol{i}_{\rho_c}+\rho_c\dot{\theta}_c\boldsymbol{i}_{\theta_c}+\dot{z}_c\boldsymbol{i}_z \tag{6.27}$$

$$\boldsymbol{a}_c=(\ddot{\rho}_c-\rho_c\dot{\theta}_c^2)\boldsymbol{i}_{\rho_c}+(\rho_c\ddot{\theta}_c+2\dot{\rho}_c\dot{\theta}_c)\boldsymbol{i}_{\theta_c}+\ddot{z}_c\boldsymbol{i}_z \tag*{* (6.28)}$$

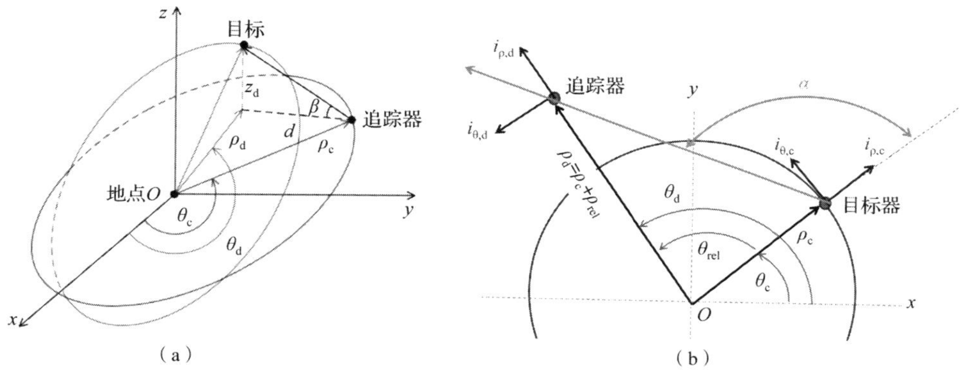

图6－10　柱面坐标系示意图

（a）三维；（b）二维

在二体问题假设下，将式（3.1）所示的二体动力学模型代入式（6.28）中可以得到柱面系下航天器的绝对轨道动力学模型

$$\begin{cases}\ddot{\rho}_c-\rho_c\dot{\theta}_c^2=-\dfrac{\mu\rho_c}{(\rho_c^2+z_c^2)^{\frac{3}{2}}}\\ \rho_c\ddot{\theta}_c+2\dot{\rho}_c\dot{\theta}_c=0\\ \ddot{z}_c=-\dfrac{\mu z_c}{(\rho_c^2+z_c^2)^{\frac{3}{2}}}\end{cases} \tag{6.29}$$

式中，符号 ρ_c、θ_c 和 z_c 表示目标航天器的柱面系坐标；ρ_d、θ_d 和 z_d 表示感知航天器的柱面系坐标，则可以定义柱面系下参数化的相对位置为

$$\begin{cases}\rho_{rel}=\rho_d-\rho_c\\ \theta_{rel}=\theta_d-\theta_c\\ z_{rel}=z_d-z_c\end{cases}\tag{6.30}$$

接下来对式（6.30）分别求一阶和二阶导数，并将式（6.29）代入可以得到柱面系下的相对状态模型：

$$\begin{cases}\ddot{\rho}_{rel}=\ddot{\rho}_d-\ddot{\rho}_c=(\rho_c+\rho_{rel})(\dot{\theta}_c+\dot{\theta}_{rel})^2-\rho_c\dot{\theta}_c^2-\dfrac{\mu(\rho_c+\rho_{rel})}{[(\rho_c+\rho_{rel})^2+z_{rel}^2]^{\frac{3}{2}}}+\dfrac{\mu}{\rho_c^2}\\ \ddot{\theta}_{rel}=\ddot{\theta}_d-\ddot{\theta}_c=\dfrac{-2(\dot{\rho}_c+\dot{\rho}_{rel})(\dot{\theta}_c+\dot{\theta}_{rel})}{\rho_c+\rho_{rel}}+\dfrac{2\dot{\rho}_c\dot{\theta}_c}{\rho_c}\\ \ddot{z}_{rel}=\ddot{z}_d-\ddot{z}_c=-\dfrac{\mu z_{rel}}{[(\rho_c+\rho_{rel})^2+z_{rel}^2]^{\frac{3}{2}}}\end{cases}\tag{6.31}$$

当目标航天器在半径为 R 的圆轨道上运行，运行角速率为 n [即 $\rho_c(t)\equiv R$，$\dot{\rho}_c(t)\equiv 0$，$\dot{\theta}_c(t)\equiv n$]，且 ρ_{rel}，$\dot{\theta}_{rel}$，z_{rel} 为小量（即 ρ_{rel}，$z_{rel}\ll R_e$，$\dot{\theta}_{rel}\ll n$）时，将式（6.31）泰勒展开并保留一阶项时可以得到如下模型

$$\begin{cases}\ddot{\rho}_{rel}=3n^2\rho_{rel}+2Rn\dot{\theta}_{rel}\\ \ddot{\theta}_{rel}=-\dfrac{2n}{R}\dot{\rho}_{rel}\\ \ddot{z}_{rel}=-n^2z_{rel}\end{cases}\tag{6.32}$$

显然，式（6.32）所示的柱面系下线性化的相对轨道动力学模型形式上与 LVLH 系下的 CW 模型雷同，那么是否也会和 CW 模型一样仅测角相对定轨不可观测呢？为了解答这个问题，必须先在柱面系下建立视线角测量模型。

根据图 6-9 所示的几何关系，可以得到惯性系下相对位置矢量：

$$\boldsymbol{r}_d-\boldsymbol{r}_c=\rho_d\boldsymbol{i}_{\rho_d}+z_d\boldsymbol{i}_{z_d}-(\rho_c\boldsymbol{i}_{\rho_c}+z_c\boldsymbol{i}_{z_c})\tag{6.33}$$

由于 $\boldsymbol{i}_{\rho_d}$ 与 $\boldsymbol{i}_{\rho_c}$ 的夹角为 θ_{rel}，可以得到如下转换关系：

$$\boldsymbol{i}_{\rho_d}=\cos\theta_{rel}\boldsymbol{i}_{\rho_c}+\sin\theta_{rel}\boldsymbol{i}_{\theta_c}\tag{6.34}$$

将式（6.34）和 $\boldsymbol{i}_{z_d}=\boldsymbol{i}_{z_c}$ 的定义关系代入式（6.33）可得：

$$\boldsymbol{r}_d-\boldsymbol{r}_c=(\rho_d\cos\theta_{rel}-\rho_c)\boldsymbol{i}_{\rho_c}+\rho_d\sin\theta_{rel}\boldsymbol{i}_{\theta_c}+z_{rel}\boldsymbol{i}_{z_c}\tag{6.35}$$

将定义 $\rho_{rel}=\rho_d-\rho_c$ 代入式（6.35）并单位化之后可建立单位视线矢量的测量模型：

$$\boldsymbol{i}_{los}=\frac{\boldsymbol{r}_d-\boldsymbol{r}_c}{\|\boldsymbol{r}_d-\boldsymbol{r}_c\|}=\frac{((\rho_{rel}+\rho_c)\cos\theta_{rel}-\rho_c)\boldsymbol{i}_{\rho_c}+(\rho_{rel}+\rho_c)\sin\theta_{rel}\boldsymbol{i}_{\theta_c}+z_{rel}\boldsymbol{i}_{z_c}}{\sqrt{\rho_{rel}^2+2\rho_c^2+z_{rel}^2+2\rho_c\rho_{rel}-2\rho_c(\rho_{rel}+\rho_c)\cos\theta_{rel}}}\tag{6.36}$$

如式（6.36）所示建立的柱面系坐标与无源测量得到的单位视线矢量之间的数学关系包含三角函数，具有强非线性。即使采用类似（6.23）的分析方法，也不能把分子分母中含有的尺度因子 k 消去，使不同初始轨道演化得到的单位视线矢量序列相同。因此，对于同样的近圆轨道，用直角坐标系下的线性化 CW 方程演化相对轨道时，仅测角相对轨道状态不可观测，而用柱面坐标系下线性化的动力学模型演化时仅测角相对轨道状态却是可观测的！这就是曲线坐标系统动力学对轨道曲率的强捕获能力带来的状态可观测性提升。

当然，柱面系下仅测角定轨系统的可观测性也是变化的、有条件的。例如，当相对相位角 θ_{rel} 等于零时，式（6.36）就退化成了如下的线性形式：

$$\boldsymbol{i}_{los}=\frac{\rho_{rel}\boldsymbol{i}_{\rho_c}+z_{rel}\boldsymbol{i}_{z_c}}{\sqrt{\rho_{rel}^2+z_{rel}^2}}=\frac{k\rho_{rel}\boldsymbol{i}_{\rho_c}+kz_{rel}\boldsymbol{i}_{z_c}}{\sqrt{(k\rho_{rel})^2+(kz_{rel})^2}} \tag{6.37}$$

显然，此时仅测角相对定轨的系统状态是不可观测的。因此，柱面系下仅测角定轨状态的可观测程度强弱与相对运动构型有关系，相对相位角 θ_{rel} 越趋近于零，可观测度越弱。以 GEO 轨道共椭圆飞越为例，柱面系下的相对定轨导航估计误差曲线如图 6－11（a）所示，刚开始 θ_{rel} 足够大时导航估计误差快速收敛，而当 θ_{rel} 小到一定程度即目标在感知卫星正上/下方时估计误差开始快速发散。如果设置一个测量更新开关，在 θ_{rel} 较小时不进行测量更新，那么相对导航依然能够保持精度，如图 6－11（b）所示。

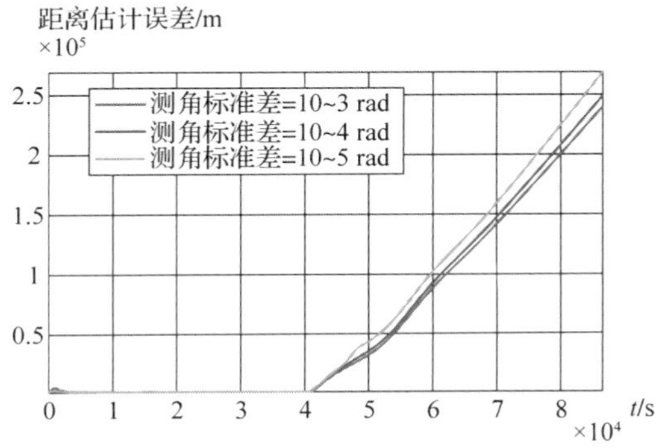

（a）

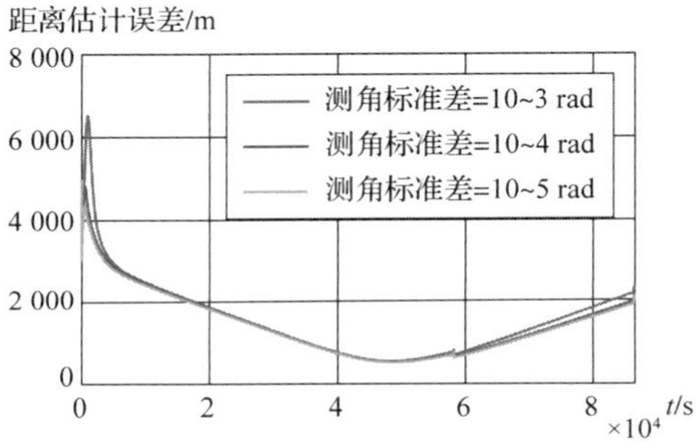

（b）

图 6－11　几何构型对可观测性的影响

上面以柱面系为例讲述了曲线坐标对仅测角相对定轨状态可观测性的提升作用。同样地，直角坐标系下的非线性动力学模型（保留高阶非线性项、加入 J2 项等轨道摄动等）也能够给仅测角相对定轨提供一定程度的可观测性，本章不具体展开，请有兴趣的读者自行查阅相关文献。

2. 多星/多敏感器协同测量法

部分学者研究了通过多星或多敏感器协同测量的方式产生多组角度量测量来实现仅测角相对定轨，如图 6－12 所示。这种仅测角定轨方式从几何上最容易理解，即“角－边－角”方式的三角形确定原理，通过两个敏感器同时测量得到视线角信息——“角－角”，结合已知的两个敏感器之间的测量基线信息——“边”，就可以直接确定出三角形的形状尺寸，即可以计算出敏感器到目标的相对距离信息，也就解决了相对状态的可观测性问题。

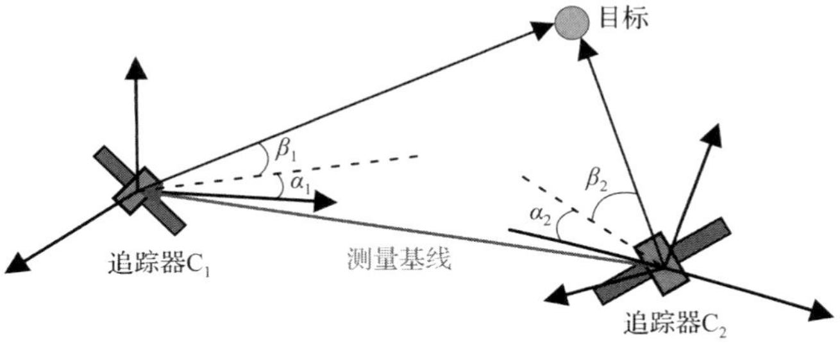

图 6－12　多星/多敏感器协同仅测角示意图

假设航天器 C_1 和 C_2 测出的 t_0 时刻的视线观测量 $\boldsymbol{i}_{los}$ 分别为 $\boldsymbol{i}_1(0)$ 和 $\boldsymbol{i}_2(0)$。根据几何关系，可有相对位置 $\boldsymbol{r}_1(0)$ 和视线矢量、测量基线之间约束关系：

$$k_1\boldsymbol{i}_1(0)=\boldsymbol{r}_1(0) \tag{6.38}$$

$$k_1\boldsymbol{i}_1(0)+\boldsymbol{r}_{12}(0)=k_2\boldsymbol{i}_2(0) \tag{6.39}$$

其中，k_1、k_2 分别是对应于 $\boldsymbol{i}_1(0)$ 和 $\boldsymbol{i}_2(0)$ 的尺度因子，测量基线 $\boldsymbol{r}_{12}(0)$ 计算如下：

$$\boldsymbol{r}_{12}(0)=\boldsymbol{T}_{\text{inertial}}^{\text{LVLH}}(0)[\boldsymbol{R}_1(0)-\boldsymbol{R}_2(0)] \tag{6.40}$$

其中，$\boldsymbol{T}_{\text{inertial}}^{\text{LVLH}}(0)$ 是 t_0 时刻惯性系 i 到 LVLH 系的姿态矩阵；$\boldsymbol{R}_1$ 和 $\boldsymbol{R}_2$ 分别为 C_1 和 C_2 的地心惯性位置矢量，由星载惯导、卫星导航等定位设备测量得到。

式（6.38）和式（6.39）联立，是含有三个（共五维）的未知量和六个方程构成的线性方程组，可以通过最小二乘法求解，即通过双星协同仅测角一次测量就可以解算出相对位置。然而，相对速度不能只由一次测角建立的式（6.38）和式（6.39）解算得到，所以一组视线观测量还不足以确定出相对轨道。因此，至少需要两组视线观测量才能完成测量。假设 t_1 时刻的视线观测量分别为 $\boldsymbol{i}_1(1)$ 和 $\boldsymbol{i}_2(1)$，那么初始位置的解 $\boldsymbol{r}_1(0)$ 必须满足如下条件：

$$k_3\boldsymbol{i}_1(1)=\boldsymbol{\phi}_{rr}(1)\boldsymbol{r}_1(0)+\boldsymbol{\phi}_{rv}(1)\boldsymbol{v}_1(0) \tag{6.41}$$

$$k_3\boldsymbol{i}_1(1)+\boldsymbol{r}_{12}(1)=k_4\boldsymbol{i}_2(1) \tag{6.42}$$

令系统状态为 $\boldsymbol{X}=[k_1,k_2,k_3,k_4,\boldsymbol{r}_1(0)^{\mathrm{T}},\boldsymbol{v}_1(0)^{\mathrm{T}}]^{\mathrm{T}}$，则通过联立式（6.38）~式（6.42）并整理成矩阵形式可得

$$\boldsymbol{AX}=\boldsymbol{B} \tag{6.43}$$

其中，

$$\boldsymbol{A}=\begin{bmatrix}\boldsymbol{i}_1(0) & \boldsymbol{0}_{3\times1} & \boldsymbol{0}_{3\times1} & \boldsymbol{0}_{3\times1} & -\boldsymbol{I} & \boldsymbol{0}_{3\times3}\\ \boldsymbol{0}_{3\times1} & \boldsymbol{i}_2(0) & \boldsymbol{0}_{3\times1} & \boldsymbol{0}_{3\times1} & -\boldsymbol{I} & \boldsymbol{0}_{3\times3}\\ \boldsymbol{0}_{3\times1} & \boldsymbol{0}_{3\times1} & \boldsymbol{i}_1(1) & \boldsymbol{0}_{3\times1} & -\boldsymbol{\phi}_{rr}(1) & -\boldsymbol{\phi}_{rv}(1)\\ \boldsymbol{0}_{3\times1} & \boldsymbol{0}_{3\times1} & \boldsymbol{0}_{3\times1} & \boldsymbol{i}_2(1) & -\boldsymbol{\phi}_{rr}(1) & -\boldsymbol{\phi}_{rv}(1)\end{bmatrix} \tag{6.44}$$

$$\boldsymbol{B}=\begin{bmatrix}\boldsymbol{0}_{3\times1}\\ -\boldsymbol{r}_{12}(0)\\ \boldsymbol{0}_{3\times1}\\ -\boldsymbol{r}_{12}(1)\end{bmatrix} \tag{6.45}$$

如果系数矩阵 $\boldsymbol{A}$ 是满秩矩阵，则可以求出 $\boldsymbol{X}$ 并提取出初始相对轨道状态

$$\begin{bmatrix}\boldsymbol{r}_1(0)\\ \boldsymbol{v}_1(0)\end{bmatrix}=\boldsymbol{CA}^{+}\boldsymbol{B} \tag{6.46}$$

其中，$\boldsymbol{A}^{+}=(\boldsymbol{A}^{\mathrm{T}}\boldsymbol{A})^{-1}\boldsymbol{A}^{\mathrm{T}}$ 表示 $\boldsymbol{A}$ 的伪逆，$\boldsymbol{C}=[\boldsymbol{0}_{6\times4},\boldsymbol{I}_{6\times6}]$ 为相对轨道提取矩阵。

当有更多时刻的视线量测量或者更多数量的卫星协同测量视线时，依然可以通过类似方法建模求解。当然，式（6.46）只是从数学上求出了方程组的解，但是这个解是否是物理解，即是否是有意义的解取决于矩阵 $\boldsymbol{B}$，而 $\boldsymbol{B}$ 是由感知卫星的几何构型决定的。也就是说，不同的构型对系统的可观测性有不同的影响，某些特定的构型会导致系统不可观测。显然，当测量基线矢量 $\boldsymbol{r}_{12}$ 和视线矢量平行时，式（6.43）所示的非齐次线性方程组将退化成齐次线性方程组，进而只有零解或无穷多解，即相对轨道状态不可观测。

3. 轨道机动法

部分学者研究了通过感知卫星通过特殊轨道机动辅助解决仅测角相对导航的可观性问题。例如，Chari 研究了交会接近过程中的仅测角相对导航问题，分析了惯性飞行轨迹下的状态可观测性，提出了通过追踪器轨道机动提高状态可观测性的思想。Woffinden 在接近工程实际的背景下研究了自主交会的仅测角相对导航问题，分析了可观测性条件，提出了利用轨道机动信息进行距离估计的思想，研究了可观测性最优的机动方式。Grzymisch 和 Fichter 从量测方程入手，通过线性化的方法解析地推导了轨道机动获得仅测角状态可观测性的充要条件，得到了可观测和不可观测机动集，以及解析形式的最优可观测性轨道机动脉冲。Hebert 研究了采用多次机动提高系统可观测性实现高精度仅测角 IROD 问题。还有很多学者从轨道机动辅助的角度研究该问题，这里不一一展开介绍。

总结来说，轨道机动法实现仅测角相对导航的思路与登山者测距方式相似，如图 6－13 所示。登山者携带罗盘测定方位，可以按照远处地标的方位信息在地图上画出一条直线（即视线），为了估计出登山者相对于地标的距离，需要沿着垂直于视线的方位走上一段路程，并且记录步数计算行走路程，之后再重新测定地标的方位，从而可以根据三角形确定原理计算出相对于地标的距离。当然，这只是一个类比。与非线性动力学法类似，轨道机动法提高可观测性的思想映射到几何数学上如下式所示

$$\boldsymbol{i}_{\mathrm{los}}(i)=\frac{\boldsymbol{\Phi}_{rr}(i)[k\boldsymbol{r}(0)]+\boldsymbol{\Phi}_{rv}(i)[k\boldsymbol{v}(0)]+\boldsymbol{f}(\boldsymbol{\Phi}_{rv},\boldsymbol{a})}{\|\boldsymbol{\Phi}_{rr}(i)[k\boldsymbol{r}(0)]+\boldsymbol{\Phi}_{rv}(i)[k\boldsymbol{v}(0)]+\boldsymbol{f}(\boldsymbol{\Phi}_{rv},\boldsymbol{a})\|} \tag{6.47}$$

其中，$\boldsymbol{a}$ 表示轨道机动脉冲或者加速度，$\boldsymbol{f}(\cdot)$ 则是与 $\boldsymbol{a}$ 有关的函数。如果 $\boldsymbol{a}$ 满足可观性条件，式（6.47）表示的相对视线量测量与初始轨道只能是一对一的映射关系。当然，$\boldsymbol{f}(\cdot)$ 的量级大小和矢量方向同样会决定可观性程度。

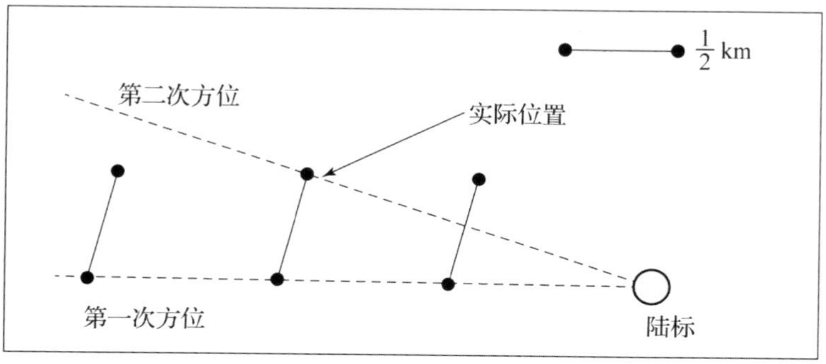

图 6－13　登山者测距示意图

4. 敏感器偏置法

美国学者 David Geller 等提出了一种利用测量相机安装存在偏离航天器质心的现象（即杆臂效应，以下简称相机偏置）解决距离可观测性的新思路和新方法——相机偏置法，该方案不需要二阶动力学模型，不需要轨道机动，不需要已知目标器外形，也不需要多个相机，而只需要利用相机在追踪器上的偏心安装信息就可以解决相对距离的可观测性问题，如图 6－14 所示。Geller 和 Perez 推导了基于相机偏置的定轨算法，且仿真结果表明当相机偏心距离足够大的时候就可以提供距离的可观测性。Christensen 和 Geller 也研究了通过小卫星旋转来辅助相机偏置仅测角导航的问题。

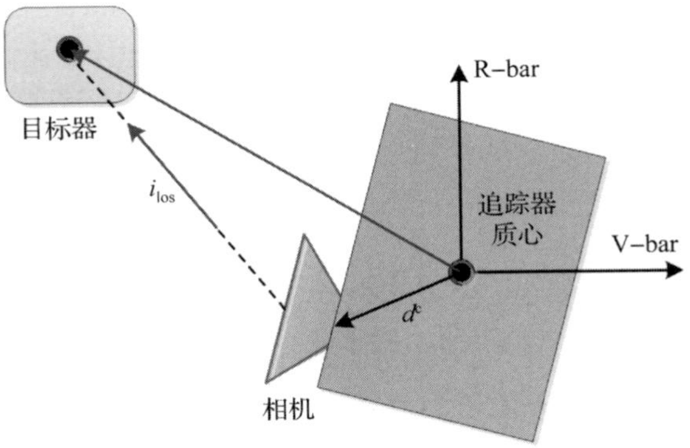

图 6-14　相机偏置测量示意图

同样地，从几何的角度来说，相机偏置法就是在线性化 CW 方程的基础上叠加独立的偏置量来提高可观测性，如下式所示

$$\boldsymbol{i}_{\text{los}}(i)=\frac{\boldsymbol{\Phi}_{rr}(i)[k\boldsymbol{r}(0)]+\boldsymbol{\Phi}_{rv}(i)[k\boldsymbol{v}(0)]+\boldsymbol{T}_{\text{c}}^{\text{lvlh}}(i)\boldsymbol{d}^{\text{c}}}{\|\boldsymbol{\Phi}_{rr}(i)[k\boldsymbol{r}(0)]+\boldsymbol{\Phi}_{rv}(i)[k\boldsymbol{v}(0)]+\boldsymbol{T}_{\text{c}}^{\text{lvlh}}(i)\boldsymbol{d}^{\text{c}}\|} \tag{6.48}$$

其中，$\boldsymbol{d}^{\text{c}}$ 表示相机偏离追踪器质心的位置矢量；$\boldsymbol{T}_{\text{c}}^{\text{lvlh}}(i)$ 表示坐标变换矩阵。由式（6.48）可知，由于 $\boldsymbol{T}_{\text{c}}^{\text{lvlh}}(i)\boldsymbol{d}^{\text{c}}$ 是与系数 k 无关的项，那么只要 $\boldsymbol{T}_{\text{c}}^{\text{lvlh}}(i)\boldsymbol{d}^{\text{c}}$ 满足一定条件，分子分母中的参数 k 不能消去，从而相对视线量测量与初始轨道只能是一对一的关系，即状态可观测。当然，$\boldsymbol{T}_{\text{c}}^{\text{lvlh}}(i)\boldsymbol{d}^{\text{c}}$ 的量级大小和矢量方向同样会决定可观性程度。总体来说，由于 $\boldsymbol{d}^{\text{c}}$ 长度的限制，该方法仅适用于近程交会阶段。

相机偏置法提供仅测角相对导航状态可观测性的原理也可以从物理上给予解释。如果把相机和感知卫星本体看作由刚性铰链链接在一起的两个卫星，那么当把铰链打开以后，相机和感知卫星本体将在引力差的作用下逐渐漂移开来，相机偏离卫星本体的距离越远、轨道面外分量越大，漂移速度越快。然而，正是因为卫星本体和相机之间存在内部的约束力，使相机和卫星本体之间的相对位置几乎保持不变。这种卫星本体对相机的约束力一直存在，相当于一直在给相机施加轨道控制加速度，即相机进行了等效的“轨道机动”，只要满足可观测性条件就能提供相对轨道状态的可观测性。

实际上，只要相机偏置安装满足可观测性条件，就可以根据多次测量的单位视线矢量直接解析求解出相对轨道。初始时刻的相对位置、单位视线矢量、姿态矩阵以及相机偏置安装矢量之间满足如下关系：

$$k_0\boldsymbol{i}_{\text{los}}(0)=\boldsymbol{r}(0)+\boldsymbol{T}_{\text{c}}^{\text{lvlh}}(0)\boldsymbol{d}^{\text{c}} \tag{6.49}$$

其中，k_0 是未知的尺度因子。

相应地，t_1 时刻满足如下数学关系：

$$k_1\boldsymbol{i}_{\text{los}}(1)=\boldsymbol{\phi}_{rr}(1)\boldsymbol{r}(0)+\boldsymbol{\phi}_{rv}(1)\boldsymbol{v}(0)+\boldsymbol{T}_{\text{chaser}}^{\text{lvlh}}(1)\boldsymbol{d}^{\text{c}} \tag{6.50}$$

类似地，接下来的每次测量时刻都会满足对应的等式关系，第 i 次如下

$$k_i\boldsymbol{i}_{\text{los}}(i)=\boldsymbol{\phi}_{rr}(i)\boldsymbol{r}(0)+\boldsymbol{\phi}_{rv}(i)\boldsymbol{v}(0)+\boldsymbol{T}_{\text{chaser}}^{\text{lvlh}}(i)\boldsymbol{d}^{\text{c}} \tag{6.51}$$

由式（6.49）到（6.51）可知，$\boldsymbol{r}(0)$、$\boldsymbol{v}(0)$ 以及各个时刻对应的尺度因子 k 都是未知数。当只有两次视线测量量时，测量方程由式（6.49）和式（6.50）组成，即由包含七维未知数的六个线性方程组成。显然，只有两次视线测量无法求解出唯一的初始相对轨道。而

增加一次视线测量量，可以增加三个方程而只增加一个一维的未知数，因此至少需要三次测量才可能求解。当有 N 次测量量时，令待求解的未知量为 $\boldsymbol{X}=[k_0,,k_{N-1},\boldsymbol{r}(0)^{\mathrm{T}},\boldsymbol{v}(0)^{\mathrm{T}}]^{\mathrm{T}}$，则上述测量方程可以整理成如下形式

$$\boldsymbol{A}_N\boldsymbol{X}_N=\boldsymbol{B}_N \tag{6.52}$$

其中，

$$\boldsymbol{A}_N=\begin{bmatrix} \boldsymbol{i}_{\mathrm{los}}(0) & 0 & 0 & 0 & -\boldsymbol{I} & 0 \\ 0 & \boldsymbol{i}_{\mathrm{los}}(1) & 0 & 0 & -\boldsymbol{\phi}_{rr}(1) & -\boldsymbol{\phi}_{rv}(1) \\ 0 & 0 & & 0 & & \\ 0 & 0 & 0 & \boldsymbol{i}_{\mathrm{los}}(N-1) & -\boldsymbol{\phi}_{rr}(N-1) & -\boldsymbol{\phi}_{rv}(N-1) \end{bmatrix} \tag{6.53}$$

$$\boldsymbol{B}_N=\begin{bmatrix} \boldsymbol{T}^{\mathrm{lvlh}}_{\mathrm{chaser}}(0) \\ \boldsymbol{T}^{\mathrm{lvlh}}_{\mathrm{chaser}}(1) \\ \vdots \\ \boldsymbol{T}^{\mathrm{lvlh}}_{\mathrm{chaser}}(N-1) \end{bmatrix}\boldsymbol{d}^{\mathrm{c}} \tag{6.54}$$

则式（6.52）所示的超定方程可以进行最小二乘求解，并提取出初始相对轨道参数 $\boldsymbol{r}(0)$ 和 $\boldsymbol{v}(0)$，即

$$\begin{bmatrix} \boldsymbol{r}_0 \\ \boldsymbol{v}_0 \end{bmatrix}=\boldsymbol{C}_N\boldsymbol{X}_N=\boldsymbol{C}_N\,(\boldsymbol{A}_N^{\mathrm{T}}\boldsymbol{A}_N)^{-1}\boldsymbol{A}_N^{\mathrm{T}}\boldsymbol{B}_N \tag{6.55}$$

其中，$\boldsymbol{C}_N=[\boldsymbol{0}_{6\times N},\quad \boldsymbol{I}_{6\times 6}]$。

当然，最终是否能求解得到唯一的物理解，还得依赖相机偏置量是否满足系统可观测性要求。具体的可观测性分析过程这里不再赘述，感兴趣的读者可以查阅相关文献。

6.4　仅测距相对导航原理

6.4.1　仅测距的概念

当采用星载激光测距仪或者数据链通信测距时，能够获得的只有航天器之间的距离信息，这就产生了著名的仅测距（Range－only 或 Distance－only）定轨导航问题。仅测距定轨的概念和应用最早出现于 20 世纪 60 年代，工程师们采用单个地面测控站测量与卫星的距离，以多组测量实现卫星的定轨。后来仅测距定轨也被应用在天基卫星对同步轨道卫星的监测定轨任务中。近年来，随着航天器在轨服务和编队飞行概念的发展，部分学者已经开始研究仅测距相对导航在编队集群中的应用。同样地，文献中常见的仅测距初始相对轨道确定和仅测距相对导航都属于仅测距定轨的范畴，因此在下面的论述中如果不特别声明，统一称为仅测距相对导航。

实际上，仅测距导航的思想也很简单，就是通过多次测量的一维测距信息来反演或估计确定出目标的相对位置和速度。

合作航天器利用通信数据链测相对距离时，可以采用如图 6－15 所示的两种方法：单向通信和双向通信。

图 6－15（a）是飞行时间差（Time Difference of Arrival，TDOA）测距模式，这是最简

单的测距模式，航天器之间单向通信，但是它要求航天器时钟必须是同步的。Δt 是航天器 2 接收信号时间与航天器 1 发送信号时间差，记光速 $c=3\times10^8\ \mathrm{m\cdot s^{-1}}$，由此计算航天器之间距离为

$$d=c\Delta t \tag{6.56}$$

图 6－15（b）是飞行时间（Time of Flight，TOF）测距模式，航天器之间通信是双向的，可以避免航天器钟差带来的测距误差。Δt_1 是航天器 2 接收信号时间与航天器 1 发送信号时间差，Δt_2 是航天器 1 接收信号时间与航天器 2 发送信号时间差，则航天器相对距离为

$$d=c\frac{\Delta t_1+\Delta t_2}{2} \tag{6.57}$$

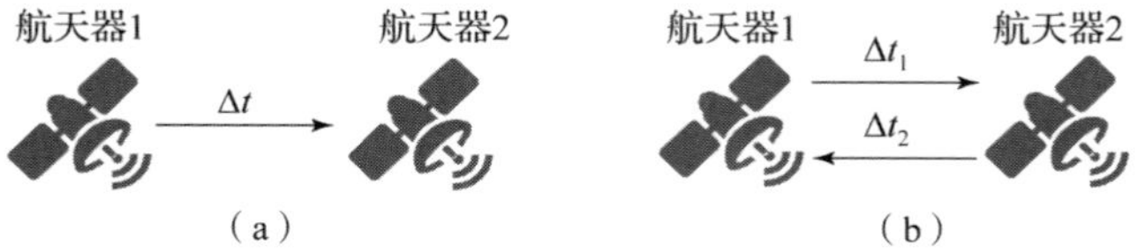

图 6－15　通信测距示意图

若时间测量误差满足高斯白噪声分布，由于 d 和 Δt 具有线性关系，数据链测距可以建模为

$$h(\boldsymbol{X})=\tilde{d}=\sqrt{\boldsymbol{r}^{\mathrm{T}}\boldsymbol{r}}+\varepsilon_d \tag{6.58}$$

其中，$\tilde{d}$ 是距离测量值；ε_d 是高斯白噪声测距误差。

6.4.2　仅测距相对导航的可观测性问题

仅测距相对导航系统可观测性分析是指根据航天器之间相对距离测量信息能否唯一确定航天器相对运动状态初值。模糊轨道与真实相对运动轨道满足相同动力学模型并且具有相同测距输出，它与真实相对运动轨道的区别在于系统状态初值的不同。由式（6.58）所示的测距模型和式（3.9）所示的相对运动模型，可得航天器在任意时刻的相对位置和距离：

$$\boldsymbol{r}(t)=\boldsymbol{\Phi}_{rr}(t)r_0+\boldsymbol{\Phi}_{rv}(t)\boldsymbol{v}_0 \tag{6.59}$$

$$\rho(t)=\sqrt{\boldsymbol{r}^{\mathrm{T}}\boldsymbol{r}}=\sqrt{x(t)^2+z(t)^2+y(t)^2} \tag{6.60}$$

由 CW 方程可知，轨道面内 x 轴、z 轴的相对运动与面外 y 轴的相对运动是解耦的，所以式（6.60）可以改写为

$$\rho(t)^2=\boldsymbol{\zeta}(t)^{\mathrm{T}}\boldsymbol{\zeta}(t)+y(t)^2 \tag{6.61}$$

其中，

$$\boldsymbol{\zeta}(t)=\begin{bmatrix}x(t)\\z(t)\end{bmatrix}\in\mathbb{R}^{2\times1},\qquad \dot{\boldsymbol{\zeta}}(t)=\begin{bmatrix}\dot{x}(t)\\\dot{z}(t)\end{bmatrix}\in\boldsymbol{R}^{2\times1} \tag{6.62}$$

$$\boldsymbol{\zeta}(t)^{\mathrm{T}}\boldsymbol{\zeta}(t)=\boldsymbol{\xi}_0^{\mathrm{T}}\begin{bmatrix}\boldsymbol{\phi}_{rr}(t)\\\boldsymbol{\phi}_{rv}(t)\end{bmatrix}[\boldsymbol{\phi}_{rr}(t)\quad\boldsymbol{\phi}_{rv}(t)]\boldsymbol{\xi}_0 \tag{6.63}$$

$$y(t)^2=[y_0\quad\dot{y}_0]\begin{bmatrix}\boldsymbol{\phi}_{rr}(t)\\\boldsymbol{\phi}_{rv}(t)\end{bmatrix}[\boldsymbol{\phi}_{rr}(t)\quad\boldsymbol{\phi}_{rv}(t)]\begin{bmatrix}y_0\\\dot{y}_0\end{bmatrix} \tag{6.64}$$

为了简化，引入矩阵 $\boldsymbol{M}$ 和矩阵 $\boldsymbol{N}$，有

$$\boldsymbol{M}=\begin{bmatrix}\boldsymbol{\phi}_{rr}(t)\\\boldsymbol{\phi}_{rv}(t)\end{bmatrix}[\boldsymbol{\phi}_{rr}(t)\quad\boldsymbol{\phi}_{rv}(t)]=\begin{bmatrix}\boldsymbol{\phi}_{rr}(t)\boldsymbol{\phi}_{rr}(t) & \boldsymbol{\phi}_{rr}(t)\boldsymbol{\phi}_{rv}(t)\\\boldsymbol{\phi}_{rv}(t)\boldsymbol{\phi}_{rr}(t) & \boldsymbol{\phi}_{rv}(t)\boldsymbol{\phi}_{rv}(t)\end{bmatrix}\in\boldsymbol{R}^{4\times4}\tag{6.65}$$

$$\boldsymbol{N}=\begin{bmatrix}\boldsymbol{\phi}_{rr}(t)\\\boldsymbol{\phi}_{rv}(t)\end{bmatrix}[\boldsymbol{\phi}_{rr}(t)\quad\boldsymbol{\phi}_{rv}(t)]=\begin{bmatrix}\boldsymbol{\phi}_{rr}(t)\boldsymbol{\phi}_{rr}(t) & \boldsymbol{\phi}_{rr}(t)\boldsymbol{\phi}_{rv}(t)\\\boldsymbol{\phi}_{rv}(t)\boldsymbol{\phi}_{rr}(t) & \boldsymbol{\phi}_{rv}(t)\boldsymbol{\phi}_{rv}(t)\end{bmatrix}\in\boldsymbol{R}^{2\times2}\tag{6.66}$$

则式（6.61）可以写为

$$\rho(t)^2=\boldsymbol{\xi}_0^{\mathrm{T}}\boldsymbol{M}\boldsymbol{\xi}_0+[y_0\quad\dot{y}_0]\boldsymbol{N}\begin{bmatrix}y_0\\\dot{y}_0\end{bmatrix}\tag{6.67}$$

设模糊轨道状态初值$\tilde{\boldsymbol{X}}_0=[\tilde{\boldsymbol{r}}_0;\tilde{\boldsymbol{v}}_0]$，基于CW动力学模型，它与真实相对运动轨道在任意时刻都具有相同的相对距离信息，因此满足如下的等式约束：

$$\tilde{\boldsymbol{r}}(t)=\boldsymbol{\Phi}_{rr}(t)\tilde{\boldsymbol{r}}_0+\boldsymbol{\Phi}_{rv}(t)\tilde{\boldsymbol{v}}_0\tag{6.68}$$

$$\sqrt{\tilde{\boldsymbol{r}}^{\mathrm{T}}\tilde{\boldsymbol{r}}}=\sqrt{\boldsymbol{r}^{\mathrm{T}}\boldsymbol{r}}\tag{6.69}$$

等式（6.69）根据真实相对运动状态$\boldsymbol{X}=[\boldsymbol{r};\boldsymbol{v}]$可以求得到模糊轨道状态初值，根据模糊轨道状态初值和CW方程则可以唯一确定模糊轨道。将等式（6.67）代入等式（6.69）后得到

$$\boldsymbol{\xi}_0^{\mathrm{T}}\boldsymbol{M}\boldsymbol{\xi}_0+[\tilde{y}_0\quad\dot{\tilde{y}}_0]\boldsymbol{N}\begin{bmatrix}\tilde{y}_0\\\dot{\tilde{y}}_0\end{bmatrix}=\boldsymbol{\xi}_0^{\mathrm{T}}\boldsymbol{M}\boldsymbol{\xi}_0+[y_0\quad\dot{y}_0]\boldsymbol{N}\begin{bmatrix}y_0\\\dot{y}_0\end{bmatrix}\tag{6.70}$$

注意到$\boldsymbol{M}$是一个4×4且秩为2的对称半正定矩阵，$\boldsymbol{N}$是一个2×2且秩为1的对称半正定矩阵，显然有

$$\begin{cases}(-\boldsymbol{\xi}_0^{\mathrm{T}})\boldsymbol{M}(-\boldsymbol{\xi}_0)=\boldsymbol{\xi}_0^{\mathrm{T}}\boldsymbol{M}\boldsymbol{\xi}_0\\[-y_0\quad-\dot{y}_0]\boldsymbol{N}\begin{bmatrix}-y_0\\-\dot{y}_0\end{bmatrix}=[y_0\quad\dot{y}_0]\boldsymbol{N}\begin{bmatrix}y_0\\\dot{y}_0\end{bmatrix}\end{cases}\tag{6.71}$$

即轨道平面内和轨道平面外各有两组模糊轨道解：

$$\xi_0=\xi_0\text{或}-\xi_0\qquad\begin{bmatrix}\tilde{y}_0\\\dot{\tilde{y}}_0\end{bmatrix}=-\begin{bmatrix}y_0\\\dot{y}_0\end{bmatrix}\text{或}\begin{bmatrix}y_0\\\dot{y}_0\end{bmatrix}\tag{6.72}$$

因此，等式（6.70）有如下四组模糊轨道状态初值解

$$\tilde{\boldsymbol{X}}_0=\begin{bmatrix}x_0\\y_0\\z_0\\v_{x0}\\v_{y0}\\v_{z0}\end{bmatrix}\text{或}\begin{bmatrix}-x_0\\y_0\\-z_0\\-v_{x0}\\v_{y0}\\-v_{z0}\end{bmatrix}\text{或}\begin{bmatrix}x_0\\-y_0\\z_0\\v_{x0}\\-v_{y0}\\v_{z0}\end{bmatrix}\text{或}\begin{bmatrix}-x_0\\-y_0\\-z_0\\-v_{x0}\\-v_{y0}\\-v_{z0}\end{bmatrix}\tag{6.73}$$

四组模糊轨道正是轨道平面内两组模糊解和轨道平面外两组模糊解的组合，其中第一组模糊解对应的是真实相对运动状态初值。当然，这四组模糊轨道只是等式（6.70）关于$\tilde{\boldsymbol{X}}_0$解的一部分，其他的模糊轨道还需要将CW方程的解析解代入到测距模型中分析推导得到，

这里不再赘述，请感兴趣的读者自行分析。

类似的方法可以分析得出周期相对运动轨道有八组轨道解（其中七组是模糊轨道），如表 6－2 所示。如图 6－16 和图 6－17 所示分别是周期和非周期相对运动的仅测距镜像轨道仿真图，其中粗实线为真实的相对轨道。镜像轨道与真实轨道的形状、尺寸一致，但其在 LVLH 系下不同坐标轴的投影分量的符号不同。此外，航天器进行周期相对运动时还可能存在仅测距的变形模糊轨道，如图 6－18 所示。与镜像轨道不同，变形模糊轨道在 xy 平面的投影、xz 平面的投影和 yz 平面的投影在形状和大小上都和真实相对轨道不同。但是，四种变形模糊轨道之间却存在镜像性，即形状和大小相同。

表 6－2　周期相对运动仅测距模糊轨道状态参数

模糊轨道类型		相对位置			相对速度		
真实轨道	(t)	x_0	y_0	z_0	v_{x0}	v_{y0}	v_{z0}
镜像模糊轨道	(a)	x_0	$-y_0$	z_0	v_{x0}	$-v_{y0}$	v_{z0}
	(b)	$-x_0$	y_0	$-z_0$	$-v_{x0}$	v_{y0}	$-v_{z0}$
	(c)	$-x_0$	$-y_0$	$-z_0$	$-v_{x0}$	$-v_{y0}$	$-v_{z0}$
变形模糊轨道	(d)	$\bar{x}_0$	$\bar{y}_0$	$\bar{z}_0$	$\bar{v}_{x0}$	$\bar{v}_{y0}$	$\bar{v}_{z0}$
	(e)	$\bar{x}_0$	$-\bar{y}_0$	$\bar{z}_0$	$\bar{v}_{x0}$	$-\bar{v}_{y0}$	$\bar{v}_{z0}$
	(f)	$-\bar{x}_0$	$\bar{y}_0$	$-\bar{z}_0$	$-\bar{v}_{x0}$	$\bar{v}_{y0}$	$-\bar{v}_{z0}$
	(g)	$-\bar{x}_0$	$-\bar{y}_0$	$-\bar{z}_0$	$-\bar{v}_{x0}$	$-\bar{v}_{y0}$	$-\bar{v}_{z0}$

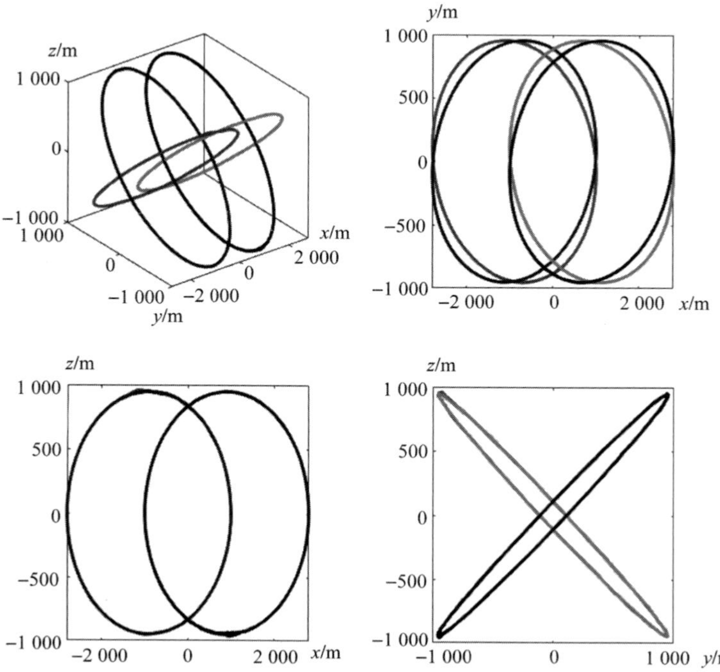

图 6－16　周期相对运动的仅测距镜像轨道（粗实线为真实轨道，其他线为镜像轨道）（书后附彩插）

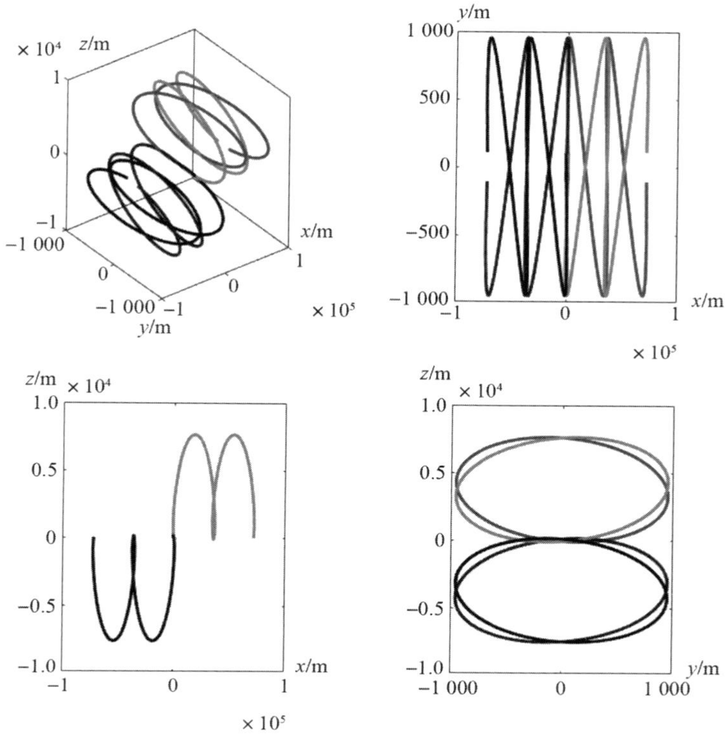

图 6－17　非周期相对运动的仅测距镜像轨道（书后附彩插）

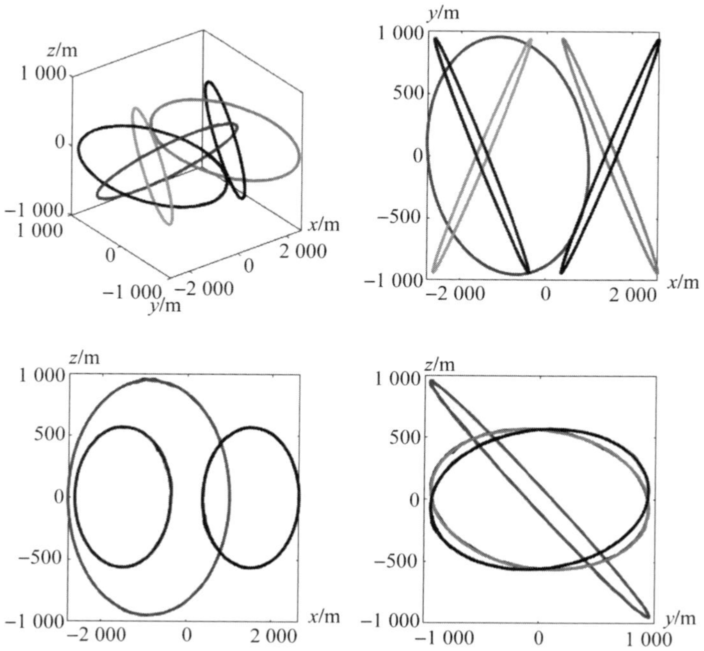

图 6－18　周期相对运动的仅测距变形模糊轨道（书后附彩插）

6.4.3 四类解决方案

和仅测角相对导航问题类似，仅测距相对导航系统状态不可观测的原因也集中在四个方面：①线性化的相对运动动力学；②仅有单一敏感器测距信息；③编队航天器没有轨道机动；④测距敏感器质心安装。可以证明，在这四个条件下，无论测量多少组相对距离，相对轨道状态依然是不可观测的。因此，目前致力于解决仅测距相对导航可观测性问题的研究基本上都是从改变这四个条件入手，通过动力学模型的非线性、多敏感器协同、特殊轨道机动或引入测距敏感器偏心安装杆臂效应的方式解决仅测距系统状态可观测性问题，这与仅测角相对导航解决状态可观测性问题的原理是一致的。限于篇幅，本书中不过多介绍，请感兴趣的读者参阅相关文献。

6.5 编队集群的仅测角/距相对导航原理

当包含有三个或更多数量的航天器进行编队/集群飞行时，成员之间的几何拓扑信息可以用于对其相对轨道状态进行约束。从可观测性理论的角度来讲，额外的物理约束可以提升系统状态的可观测性。因此，很多学者引入编队成员之间的一致性约束来在一定程度上解决仅测角或仅测距条件下的相对导航可观测性问题。下面简要介绍基于几何拓扑的一致性约束建模和一致性扩增卡尔曼滤波算法，并以仅测距相对导航为例分析一致性约束对状态可观测性的提升作用。

6.5.1 几何拓扑约束一致性建模

图 6－19 所示是四颗卫星编队的几何拓扑关系。假设卫星 k 可以对卫星 i 进行测量，令在卫星 k 的 LVLH 坐标系下卫星 i 的相对轨道状态为 $\boldsymbol{X}_{ki}=[\boldsymbol{r}_{ki}^{\mathrm{T}},\boldsymbol{v}_{ki}^{\mathrm{T}}]^{\mathrm{T}}$。那么，由卫星 i、j 和 k 之间的相对位置构成的三角形矢量闭环满足

$$\boldsymbol{r}_{ij}+\boldsymbol{C}_j^i\boldsymbol{r}_{jk}+\boldsymbol{C}_k^i\boldsymbol{r}_{ki}=\boldsymbol{0} \tag{6.74}$$

其中，$\boldsymbol{C}_k^i$ 是卫星 k 的 LVLH 坐标系到卫星 i 的 LVLH 坐标系的转换矩阵。

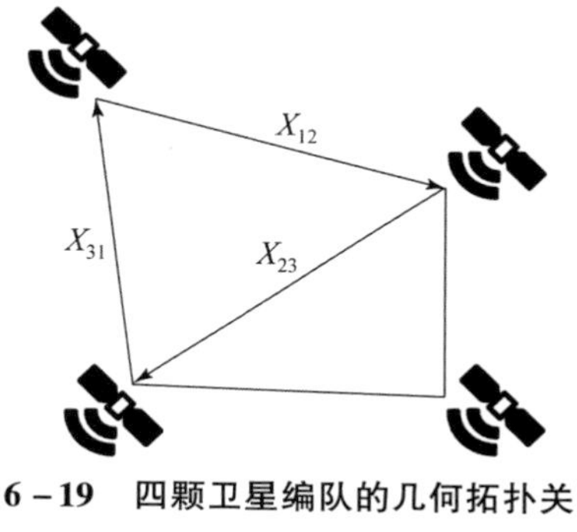

图 6－19 四颗卫星编队的几何拓扑关系

式（6.74）对时间求导得到相对速度的一致性约束方程：

$$\boldsymbol{v}_{ij}+\boldsymbol{C}_j^i\boldsymbol{v}_{jk}-\boldsymbol{C}_j^i(\boldsymbol{C}_i^j\boldsymbol{\omega}_i-\boldsymbol{\omega}_j)^{\times}\boldsymbol{r}_{jk}+\boldsymbol{C}_k^i\boldsymbol{v}_{ki}-\boldsymbol{C}_k^i(\boldsymbol{C}_i^k\boldsymbol{\omega}_i-\boldsymbol{\omega}_k)^{\times}\boldsymbol{r}_{ki}=\boldsymbol{0} \tag{6.75}$$

其中，上标 × 表示取反对称矩阵，$\boldsymbol{\omega}_i=[0,-n_i,0]^{\mathrm{T}}$ 是卫星 i 的轨道角速度在自身轨道坐标系下的投影。

将等式（6.74）和等式（6.75）写成矩阵形式：

$$\boldsymbol{X}_{ij}+\boldsymbol{J}_j^i\boldsymbol{X}_{jk}+\boldsymbol{J}_k^i\boldsymbol{X}_{ki}=\boldsymbol{0} \tag{6.76}$$

其中，$\boldsymbol{J}_k^i$ 可以理解为广义旋转矩阵，定义如下

$$\boldsymbol{J}_k^i = \begin{bmatrix} \boldsymbol{C}_k^i & \boldsymbol{0}_{3\times3} \\ -\boldsymbol{C}_k^i(\boldsymbol{C}_i^k\boldsymbol{\omega}_i - \boldsymbol{\omega}_k)^\times & \boldsymbol{C}_k^i \end{bmatrix} \tag{6.77}$$

由此，构建了由式（6.76）所示的卫星编队相对轨道状态的一致性约束模型，该模型将被融入滤波算法中，用于提升系统状态可观测性。这里需要说明的是，式（6.76）的广义旋转矩阵不是单位正交矩阵，即$(\boldsymbol{J}_k^i)^{\mathrm{T}} \neq \boldsymbol{J}_i^k$，这与常规意义下的坐标转换矩阵不同。

6.5.2　一致性扩展卡尔曼滤波算法

一致性扩展卡尔曼滤波（Consensus Extended Kalman Filter，CEKF）计算流程如图 6－20 所示。该算法与常规的 EKF 算法的不同之处在于状态的测量更新过程，该过程中引入了一致性状态约束确定的先验估计。

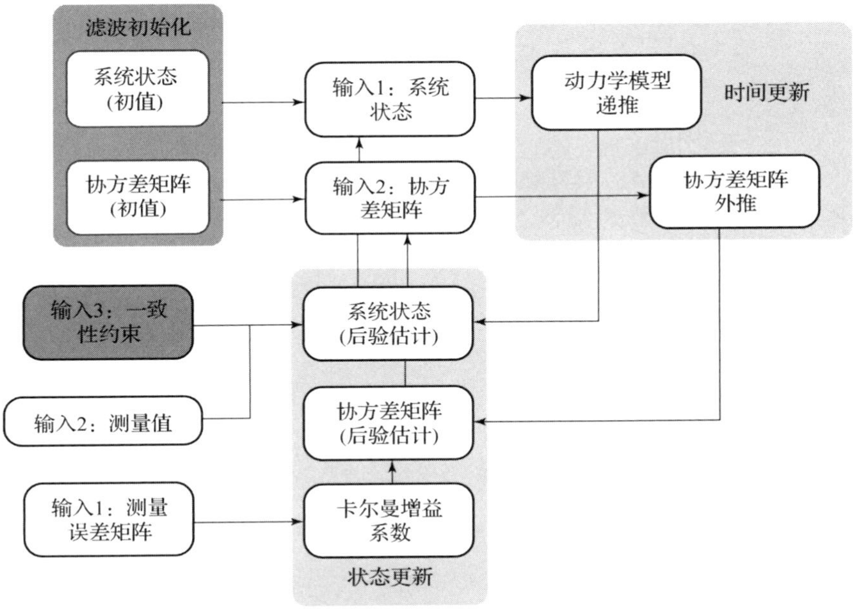

图 6－20　一致性扩展卡尔曼滤波计算流程

CEKF 算法时间更新过程：

$$\hat{\boldsymbol{x}}_k^- = \boldsymbol{f}(\hat{\boldsymbol{x}}_{k-1}, \boldsymbol{u}_{k-1}, 0) \tag{6.78}$$

$$\boldsymbol{P}_k^- = \boldsymbol{A}_k\boldsymbol{P}_{k-1}\boldsymbol{A}_k^{\mathrm{T}} + \boldsymbol{W}_k\boldsymbol{Q}_{k-1}\boldsymbol{W}_k^{\mathrm{T}} \tag{6.79}$$

CEKF 算法测量更新过程：

$$\boldsymbol{K}_k = \boldsymbol{P}_k^-\boldsymbol{H}_k^{\mathrm{T}}(\boldsymbol{H}_k\boldsymbol{P}_k^-\boldsymbol{H}_k^{\mathrm{T}} + \boldsymbol{V}_k\boldsymbol{R}_k\boldsymbol{V}_k^{\mathrm{T}})^{-1} \tag{6.80}$$

$$\hat{\boldsymbol{x}}_k = \hat{\boldsymbol{x}}_k^- + \boldsymbol{K}_k[z_k - \boldsymbol{h}(\hat{\boldsymbol{x}}_k^-, 0)] - \gamma\frac{\boldsymbol{P}_i^-}{1 + \|\boldsymbol{P}_i^-\|_{\mathrm{F}}}(\hat{\boldsymbol{x}}_k^- - \boldsymbol{x}_k^-) \tag{6.81}$$

$$\boldsymbol{P}_k = (\boldsymbol{I} - \boldsymbol{K}_k\boldsymbol{H}_k)\boldsymbol{P}_k^- \tag{6.82}$$

其中，$\gamma > 0$ 表示一致性反馈系数；$\|\ \|_{\mathrm{F}}$ 表示取 Frobenius 范数，$\boldsymbol{x}_k^-$ 表示通过一致性约束得到的先验估计。

6.5.3 可观测性增强作用分析

在航天器仅测距相对导航算法中，其计算方法为

$$\boldsymbol{X}_{ij}^{-} = -\boldsymbol{J}_j^i\boldsymbol{X}_{jk}^{-} - \boldsymbol{J}_k^i\boldsymbol{X}_{ki}^{-} \tag{6.83}$$

一致性滤波算法只有在$\hat{\boldsymbol{x}}_k^- = \boldsymbol{x}_k^-$ 时才能收敛。另外，反馈系数的值必须选择得足够小，以此来保证 CEKF 的收敛，但是这可能会影响收敛速度。假设 CEKF 收敛于表 6－2 中的模糊轨道，那么模糊状态$\tilde{\boldsymbol{X}}_{ij}$，$\tilde{\boldsymbol{X}}_{jk}$，$\tilde{\boldsymbol{X}}_{ki}$应该满足如下等式：

$$\tilde{\boldsymbol{X}}_{ij} + \boldsymbol{J}_j^i\tilde{\boldsymbol{X}}_{jk} + \boldsymbol{J}_k^i\tilde{\boldsymbol{X}}_{ki} = 0 \tag{6.84}$$

对比表 6－2 中列出的七种模糊轨道，发现只有 c 类镜像模糊轨道能够满足等式（6.84）所示的一致性约束，此时

$$\begin{gathered}\tilde{\boldsymbol{X}}_{ij} = -\tilde{\boldsymbol{X}}_{ij}\\ \tilde{\boldsymbol{X}}_{jk} = -\tilde{\boldsymbol{X}}_{jk}\\ \tilde{\boldsymbol{X}}_{ki} = -\tilde{\boldsymbol{X}}_{ki}\end{gathered} \tag{6.85}$$

从理论上来说，其他类型的模糊轨道并不会长久存在，因为它们不能满足等式（6.84）。但是对于某些特殊的航天器轨道配置，a 类和 b 类模糊轨道依然存在。例如，假设 b 类模糊轨道存在，这意味着

$$\tilde{\boldsymbol{X}}_{ij}(t) = \begin{bmatrix} -x_{ij}\\ y_{ij}\\ -z_{ij}\\ -v_{x,ij}\\ v_{y,ij}\\ -v_{z,ij}\end{bmatrix} \quad \tilde{\boldsymbol{X}}_{jk}(t) = \begin{bmatrix} -x_{jk}\\ y_{jk}\\ -z_{jk}\\ -v_{x,jk}\\ v_{y,jk}\\ -v_{z,jk}\end{bmatrix} \quad \tilde{\boldsymbol{X}}_{ki}(t) = \begin{bmatrix} -x_{ki}\\ y_{ki}\\ -z_{ki}\\ -v_{x,ki}\\ v_{y,ki}\\ -v_{z,ki}\end{bmatrix} \tag{6.86}$$

对于前三个变量，有

$$\begin{bmatrix} -x_{ij}\\ y_{ij}\\ -z_{ij}\end{bmatrix} = -\boldsymbol{C}_j^i\begin{bmatrix} -x_{jk}\\ y_{jk}\\ -z_{jk}\end{bmatrix} - \boldsymbol{C}_k^i\begin{bmatrix} -x_{ki}\\ y_{ki}\\ -z_{ki}\end{bmatrix} \tag{6.87}$$

注意到真实相对轨道满足等式

$$\begin{bmatrix} x_{ij}\\ y_{ij}\\ z_{ij}\end{bmatrix} = -\boldsymbol{C}_2^1\begin{bmatrix} x_{jk}\\ y_{jk}\\ z_{jk}\end{bmatrix} - \boldsymbol{C}_3^1\begin{bmatrix} x_{ki}\\ y_{ki}\\ z_{ki}\end{bmatrix} \tag{6.88}$$

将等式（6.87）和等式（6.88）相加得到

$$\begin{bmatrix} 0\\ y_{ij}\\ 0\end{bmatrix} = -\boldsymbol{C}_2^1\begin{bmatrix} 0\\ y_{jk}\\ 0\end{bmatrix} - \boldsymbol{C}_3^1\begin{bmatrix} 0\\ y_{ki}\\ 0\end{bmatrix} \tag{6.89}$$

等式（6.89）的物理意义是三个航天器的相对位置矢量的 y 投影形成矢量环。这是一

个非常特殊的约束，一般来说它是不容易满足的。一方面，很明显每个航天器轨道坐标系中的 y 方向是相应航天器轨道的角动量的反方向。因此，如果三个航天器惯性轨道的角动量矢量不在同一平面内，则这三个 z 投影矢量就不会形成矢量环。另一方面，即使三个角动量矢量在同一平面内，它们也不太可能构成一个矢量环，特别是在任意时间内。

思 考 题

1. 初始相对轨道确定和实时相对导航在数据处理上有什么区别和联系？
2. 实现航天器仅测角相对导航的关键是解决什么问题？有什么方法可以解决？
3. 实现航天器仅测距相对导航的关键是解决什么问题？有什么方法可以解决？
4. 为什么引入编队航天器的几何拓扑一致性可以提升仅测角/距导航系统的可观测性？
5. 一致性扩展卡尔曼滤波（CEKF）在状态更新和测量更新两个过程中与扩展卡尔曼滤波（EKF）有什么异同？

第 7 章　脉冲推力相对轨道控制方法

通常，航天器相对轨道运动的脉冲控制算法是在预定的时刻对追踪航天器施加预设的脉冲推力，使追踪飞行器按照预定的轨迹运行，以满足设计的交会目标。而脉冲推力是对推力较大、持续时间较短机动的很好近似，其对速度的改变是瞬间完成的。基于脉冲推力进行相对轨道控制有其自身独特的规律，学习并掌握这些客观规律是有效展开航天器交会对接等相对轨道控制的重要前提。

本章重点对基于 CW 方程的二脉冲制导、基于 TH 方程的多脉冲滑移制导以及基于速度增益制导的有限推力制导与控制等内容进行讲解。

7.1　经典脉冲式相对轨道控制问题描述

航天器相对轨道转移过程中的脉冲推力施加策略如图 7－1 所示，其中横坐标为时间，刻度单位为采样时间 τ（即脉冲的持续时间），一个脉冲周期 T 为 n 个采样时间，纵坐标为控制推力。在脉冲推力作用之后，航天器进入惯性飞行阶段［持续时间为$(n-1)\tau$］。每个脉冲推力施加阶段与随后的惯性飞行阶段均构成一个脉冲周期。

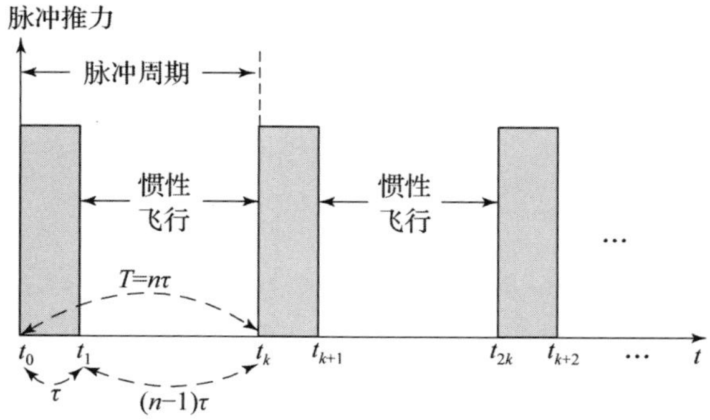

图 7－1　脉冲推力施加策略

以交会对接为例，整个相对交会过程可以看作一系列的脉冲推力阶段和惯性飞行阶段的切换过程。脉冲推力阶段和惯性飞行阶段的持续时间都可以通过调节采样时间 τ 和采样次数 n 来实现。在实际工程中，两次轨道机动脉冲之间的时间间隔不一定设定为常值，可以根据相关约束和指标来设计。为了便于初学者理解，本章假定 n 为固定值。

对相对运动模型进行离散化（解析或数值离散方式），可以得到航天器相对运动动力学模型的离散表达式：

$$\boldsymbol{x}(k+1)=\boldsymbol{A}_{\mathrm{d}}\boldsymbol{x}(k)+\boldsymbol{B}_{\mathrm{d}}\boldsymbol{u}(k) \tag{7.1}$$

其中，$k=0$，1，2，…，是采样时刻；$\boldsymbol{x}(k)$ 是 t_k 时刻的采样得到的相对轨道状态（包括相对位置和速度）；$\boldsymbol{u}(k)$ 是 t_k 时刻的控制输入。

当系统没有控制输入，即 $\boldsymbol{u}(k)=0$ 时，相对轨道状态由初值进行状态转移或积分形式演化得到，即

$$\boldsymbol{x}(k+1)=\boldsymbol{A}_{\mathrm{d}}\boldsymbol{x}(k) \tag{7.2}$$

因此，结合式（7.1）和式（7.2）可以得到第 i 次脉冲推力作用下的相对轨道状态的分段状态方程：

$$\begin{cases}\boldsymbol{x}(ik+1)=\boldsymbol{A}_{\mathrm{d}}\boldsymbol{x}(ik)+\boldsymbol{B}_{\mathrm{d}}\boldsymbol{u}(ik) & (i=0,1,2,\cdots)\\ \boldsymbol{x}(ik+\lambda)=\boldsymbol{A}_{\mathrm{d}}\boldsymbol{x}(ik+\lambda-1) & (\lambda=2,3,\cdots,n)\end{cases} \tag{7.3}$$

由式（7.3）可知，只要给定初始相对轨道 $\boldsymbol{x}(0)$ 和脉冲推力 $\boldsymbol{u}$ 序列，就可以演化出相应的相对轨道。反过来，如果给定初始相对轨道 $\boldsymbol{x}(0)$ 和目标轨道 $\boldsymbol{x}(t)$，是否可以计算出所需要的脉冲推力序列 $\boldsymbol{u}$ 呢？答案是肯定的。这个反问题求解的本质就是 Lambert 问题，但是相对轨道动力学又因为其固有的特点给求解带来了一定的便利。

7.2　基于 CW 方程的二脉冲制导原理

基于 CW 方程的圆目标轨道交会制导方法因具有形式简单、计算快速等优点，无论在理论研究还是工程应用中都被广泛采用，下面简要介绍基于 CW 方程的二脉冲制导律。

由 3.1.1 节中相对动运动动力学建模可知，当交会的目标轨道是圆轨道或者近圆轨道时，追踪器与目标器之间的相对运动动力学方程可写成如式（3.8）所示的 CW 方程的形式，即

$$\begin{aligned}&\ddot{x}-2n\dot{z}=f_x\\&\ddot{y}+n^2y=f_y\\&\ddot{z}+2n\dot{x}-3n^2z=f_z\end{aligned} \tag{7.4}$$

当无摄动力和主动力时，可有如式（3.9）所示的状态转移方程，即

$$\begin{bmatrix}\boldsymbol{r}(t)\\ \boldsymbol{v}(t)\end{bmatrix}=\begin{bmatrix}\boldsymbol{\phi}_{rr}(t) & \boldsymbol{\phi}_{rv}(t)\\ \boldsymbol{\phi}_{vr}(t) & \boldsymbol{\phi}_{vv}(t)\end{bmatrix}\begin{bmatrix}\boldsymbol{r}(0)\\ \boldsymbol{v}(0)\end{bmatrix} \tag{7.5}$$

对式（7.5）进行变换，可得：

$$\begin{bmatrix}\boldsymbol{v}(0)\\ \boldsymbol{v}(t)\end{bmatrix}=\begin{bmatrix}\boldsymbol{G}_{11}(t) & \boldsymbol{G}_{12}(t)\\ \boldsymbol{G}_{21}(t) & \boldsymbol{G}_{22}(t)\end{bmatrix}\begin{bmatrix}\boldsymbol{r}(0)\\ \boldsymbol{r}(t)\end{bmatrix} \tag{7.6}$$

其中，$\boldsymbol{G}_{11}=-\boldsymbol{\phi}_{rv}^{-1}\boldsymbol{\phi}_{rr}$，$\boldsymbol{G}_{12}=\boldsymbol{\phi}_{rv}^{-1}$，$\boldsymbol{G}_{21}=\boldsymbol{\phi}_{vr}-\boldsymbol{\phi}_{vv}\boldsymbol{\phi}_{rv}^{-1}\boldsymbol{\phi}_{rr}$，$\boldsymbol{G}_{22}=\boldsymbol{\phi}_{vv}\boldsymbol{\phi}_{rv}^{-1}$。式（7.6）就是 CW 制导算法的基础，CW 二脉冲固定时间制导的基本原理：给定初始时刻 t_0 的状态 $\boldsymbol{X}_0=[\boldsymbol{r}_0^{\mathrm{T}}\quad \boldsymbol{v}_0^{\mathrm{T}}]^{\mathrm{T}}$ 和瞄准的终端时刻 t_{f} 的状态 $\boldsymbol{X}_{\mathrm{f}}=[\boldsymbol{r}_{\mathrm{f}}^{\mathrm{T}}\quad \boldsymbol{v}_{\mathrm{f}}^{\mathrm{T}}]^{\mathrm{T}}$，在 t_0 和 t_{f} 时刻施加两个脉冲 $\Delta\boldsymbol{v}=[\Delta\boldsymbol{v}_0^{\mathrm{T}}\quad \Delta\boldsymbol{v}_{\mathrm{f}}^{\mathrm{T}}]^{\mathrm{T}}$，使航天器从初始状态 $\boldsymbol{X}_0$ 转移到终端状态 $\boldsymbol{X}_{\mathrm{f}}$，具体如下。

通过式（7.6）可由初始位置和终端位置求得转移开始时所需达到的速度和转移到终端位置时的速度，那么速度增量脉冲为

$$\Delta\boldsymbol{v}=\begin{bmatrix}\Delta\boldsymbol{v}_1\\ \Delta\boldsymbol{v}_2\end{bmatrix}=\begin{bmatrix}\boldsymbol{v}(t_0)-\boldsymbol{v}_0\\ \boldsymbol{v}_{\mathrm{f}}-\boldsymbol{v}(t_{\mathrm{f}})\end{bmatrix}=\begin{bmatrix}\boldsymbol{G}_{11}\boldsymbol{r}_0+\boldsymbol{G}_{12}\boldsymbol{r}_{\mathrm{f}}-\boldsymbol{v}_0\\ \boldsymbol{v}_{\mathrm{f}}-\boldsymbol{G}_{21}\boldsymbol{r}_0-\boldsymbol{G}_{22}\boldsymbol{r}_{\mathrm{f}}\end{bmatrix} \tag{7.7}$$

从式（7.7）可以看出，在给定初始和终端条件时，交会特征速度 $v_{ch} = |\Delta v_1| + |\Delta v_2|$ 只与交会时间间隔（$\tau = t_f - t_0$）有关，因此可以选择最优交会时间间隔，使特征速度最小，即燃料最省，可令燃料消耗指标函数为

$$J = (\Delta v)^T \Delta v = (\Delta v_1)^T \Delta v_1 + (\Delta v_2)^T \Delta v_2 \tag{7.8}$$

显然，在给定初始和终端条件时，J 只是转移时间间隔 τ 的函数，所以可以将 J 对时间求导并令其等于 0 就可以求得使 J 最小的时间间隔 τ。

$$\frac{dJ}{d\tau} = 2(\Delta v_1)^T \frac{d\Delta v_1}{d\tau} + 2(\Delta v_2)^T \frac{d\Delta v_2}{d\tau} = 0 \tag{7.9}$$

类似地，CW 多脉冲制导可在二脉冲制导的基础上进行扩展得到。图 7－2 所示是基于 CW 二脉冲和四脉冲制导的相对轨迹，从初始相对位置为［－35 0 10］km，经半个轨道周期转移到相对位置为［－5 0 1.3］km。对于两脉冲制导施加的特征速度分别为 $\Delta v_1 = [14.424 \quad 0 \quad 1.198]\,\mathrm{m \cdot s^{-1}}$，$\Delta v_2 = [1.006 \quad 0 \quad 0.798]\,\mathrm{m \cdot s^{-1}}$，可见脉冲的量值较大，对于发动机推力有限的情况可能无法实现。而在边值相同情况下，多脉冲制导即“蛙跳式”制导通过分段多次施加机动脉冲，能有效降低单次脉冲的数值大小，易于工程实现。

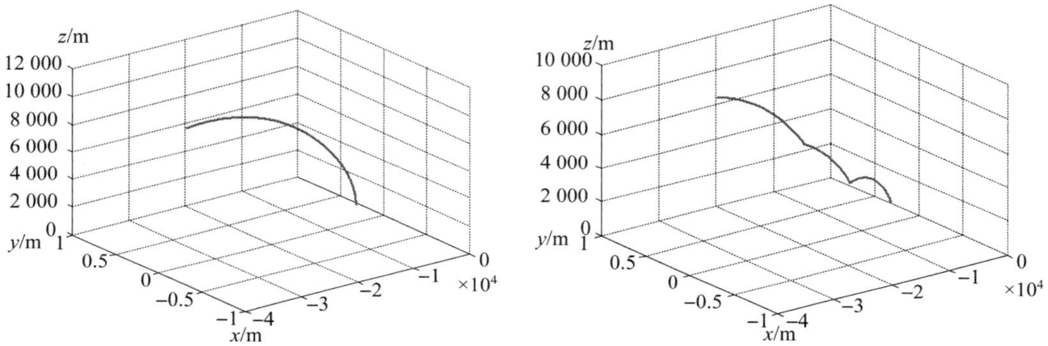

图 7－2　基于 CW 二脉冲和四脉冲制导的相对轨迹

7.3　基于 TH 方程的多脉冲滑移制导

上一节中介绍的 CW 制导只能适用于目标航天器运行在圆轨道或近圆轨道的情况，在这一节将介绍基于 TH 方程的适用于目标航天器运行在圆轨道或椭圆轨道相对轨道的多脉冲滑移制导律，进行近距离导引。下面介绍一种常用的多脉冲滑移轨道制导律设计原理。

如图 7－3 所示是多脉冲滑移的接近轨道示意图，其中 t_0 时刻的初始相对位置、相对速度分别为 r_0 和 $\dot{r}_0$，要求追踪航天器在时间 T 内作用 N 次，速度脉冲从初始相对位置 r_0 到达终端相对位置 r_T。由 r_T 指向 r_0 的矢量 ρ 为规划轨迹。矢量 ρ 可表示为

$$\rho = \|\rho\| u_\rho \tag{7.10}$$

其中，u_ρ 为 ρ 的单位矢量。在脉冲作用点，实际轨迹与规划轨迹重合。在两次速度脉冲之间的实际相对运动轨迹和规划轨迹不重合，其运动规律满足相对运动方程式（3.4）。如果脉冲作用次数 $N \to \infty$，则实际轨迹与规划轨迹重合。

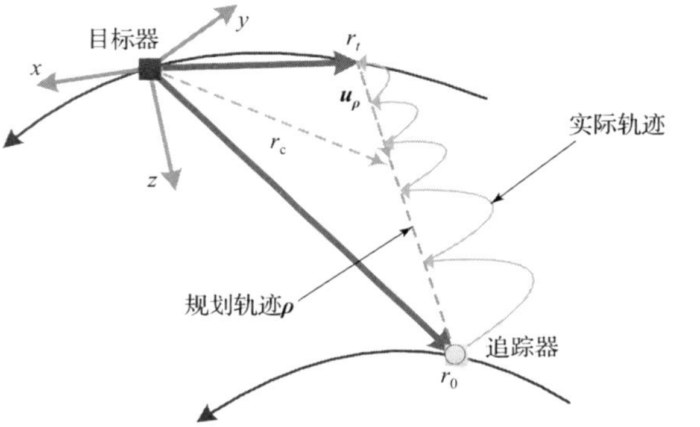

图 7-3　多脉冲滑移的接近轨道示意图

设 $\boldsymbol{r}_c(t)$ 为追踪器在任意时刻 t 在相对轨迹上某点处的位置矢量，在 t 时刻有

$$\boldsymbol{\rho}(t)=\boldsymbol{r}_c(t)-\boldsymbol{r}_T \tag{7.11}$$

又 $\boldsymbol{r}_0=[x_0\quad y_0\quad z_0]^{\mathrm{T}}$，$\boldsymbol{r}_T=[x_T\quad y_T\quad z_T]^{\mathrm{T}}$，可以得到矢量 $\boldsymbol{\rho}$ 在轨道坐标系中的方向余弦为

$$\cos\alpha=\frac{x_0-x_T}{\rho_0}\quad \cos\beta=\frac{y_0-y_T}{\rho_0}\quad \cos\gamma=\frac{z_0-z_T}{\rho_0} \tag{7.12}$$

其中，$\rho_0=\|\boldsymbol{\rho}_0\|$。这样就得到了关于矢量 $\boldsymbol{\rho}$ 的单位矢量 $\boldsymbol{u}_{\boldsymbol{\rho}}=[\cos\alpha\quad \cos\beta\quad \cos\gamma]^{\mathrm{T}}$。

假设 $\dot{\rho}_0$ 和 $\dot{\rho}_T$ 为初始和终端时刻沿 $\boldsymbol{\rho}$ 方向的相对速度，$\dot{\rho}_T$ 是一个预先设定好的安全接近速度，且 $\dot{\rho}_T<0$。$\dot{\rho}$ 随着距离 ρ 的减小而减小，即 $\dot{\rho}_0<\dot{\rho}_T<0$。对于接近轨道，存在以下边界条件

$$\begin{aligned} &t=0:\quad \rho(0)=\rho_0,\quad \dot{\rho}(0)=\dot{\rho}_0<0\\ &t=T:\quad \rho(T)=0,\quad \dot{\rho}(T)=\dot{\rho}_T<0 \end{aligned} \tag{7.13}$$

在任意时刻 $t<T$，对于接近轨道，两航天器之间的相对位置可以表示为

$$\boldsymbol{r}(t)=\boldsymbol{r}_T+\rho(t)\boldsymbol{u}_\rho \tag{7.14}$$

采用多脉冲滑移制导方式，作用 N 次速度脉冲使得追踪航天器在时间 T 内从初始位置 $\boldsymbol{r}_0$ 转移到终端位置 $\boldsymbol{r}_T$，即整个相对轨迹分为 N 段，每段的开始和结束分别施加一次速度脉冲，这里假设任意两次脉冲作用的时间间隔是相同的，即 $\Delta t=\dfrac{T}{N}$。为了不失一般性，设在某个时刻 $t_m=m\Delta t(m=0,1,\cdots,N-1)$，经过第 m 次速度脉冲后，追踪航天器在相对轨道上的位置从 $\boldsymbol{r}_m[\rho(t_m)=\rho_m]$（相对速度为 $\dot{\boldsymbol{r}}_m^-$）转移到 $\boldsymbol{r}_{m+1}[\rho(t_{m+1})=\rho_{m+1}]$

$$\boldsymbol{r}_m=\boldsymbol{r}_T+\rho_m\boldsymbol{u}_{\boldsymbol{\rho}} \tag{7.15}$$

$$\boldsymbol{r}_{m+1}=\boldsymbol{r}_T+\rho_{m+1}\boldsymbol{u}_{\boldsymbol{\rho}} \tag{7.16}$$

使用第 3 章中建立的相对运动状态转移矩阵，需要利用式（3.19）对相对位置 $\boldsymbol{r}_m$ 和 $\boldsymbol{r}_{m+1}$ 进行变换，得到 $\tilde{\boldsymbol{r}}_m$ 和 $\tilde{\boldsymbol{r}}_{m+1}$。根据相对运动状态转移方程式（3.9）以及式（3.18），有

$$\dot{\tilde{\boldsymbol{r}}}_m^+=\boldsymbol{\Phi}_{r\dot{r}}^{-1}(\Delta t)[\tilde{\boldsymbol{r}}_{m+1}-\boldsymbol{\Phi}_{rr}(\Delta t)\tilde{\boldsymbol{r}}_m] \tag{7.17}$$

利用式（3.20）对相对速度 $\dot{\tilde{\boldsymbol{r}}}_m^+$ 进行变换得到 $\dot{\boldsymbol{r}}_m^+$，则需要的速度增量为

$$\Delta\boldsymbol{v}_m=\dot{\boldsymbol{r}}_m^+-\dot{\boldsymbol{r}}_m^- \tag{7.18}$$

到达 $\boldsymbol{r}_{m+1}$ 时，有

$$\dot{\tilde{\boldsymbol{r}}}_{m+1}^-=\boldsymbol{\Phi}_{\dot{r}r}(\Delta t)\tilde{\boldsymbol{r}}_m+\boldsymbol{\Phi}_{\dot{r}\dot{r}}(\Delta t)\dot{\tilde{\boldsymbol{r}}}_m^+ \tag{7.19}$$

利用式（3.20）对 $\dot{\boldsymbol{r}}_{m+1}^{-}$进行变换可以得到相对位置 $\boldsymbol{r}_{m+1}$处的相对速度 $\dot{\boldsymbol{r}}_{m+1}^{-}$。

计算

$$\tilde{\boldsymbol{r}}(t)=\boldsymbol{\Phi}_{rr}(t-t_m)\tilde{\boldsymbol{r}}_m+\boldsymbol{\Phi}_{r\dot{r}}(t-t_m)\dot{\tilde{\boldsymbol{r}}}_m^{+} \tag{7.20}$$

利用式（3.20）对 $\tilde{\boldsymbol{r}}(t)$进行变换得到 $\boldsymbol{r}(t)$，即两次速度脉冲之间的相对轨道。

通过上面的分析可以看出，进行多脉冲滑移轨道设计最关键的是设计 $\rho(t)$ 的变化规律。从 A 点到 B 点之间最简单的轨线就是如图 7－4 所示的直线。对接近轨道，ρ 和 $\dot{\rho}$ 之间的线性关系可以表示为

$$\dot{\rho}=k\rho+\lambda \tag{7.21}$$

其中，k 和 λ 是待定常数。

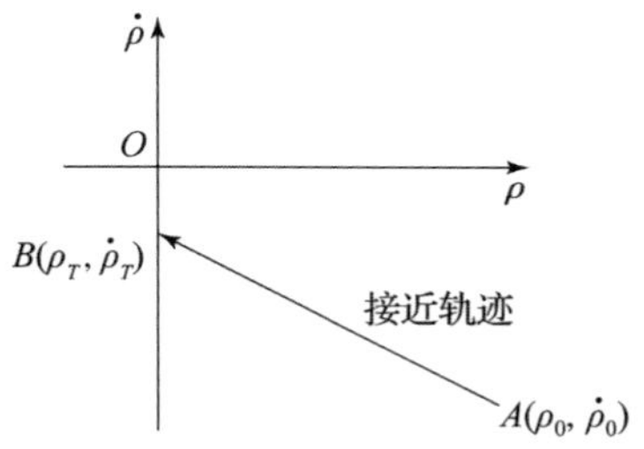

图 7－4　直线接近轨迹

ρ 的解是

$$\rho=c_1e^{c_2t}+c_3 \tag{7.22}$$

其中，c_1、c_2 和 c_3 是与 k 和 λ 相关的积分常数。如果转移时间 T 也被当作未知常数，那么这四个未知量可以通过式（7.13）的边界条件来确定；如果指定了转移时间 T，则放宽了边界条件 $\dot{\rho}_T$，可以选择或指定初始速率 $\dot{\rho}_0$ 来实现特定的轨迹要求。

当施加的脉冲次数较少时，单次脉冲的数值相对较大，发动机推力有限时可能无法实现，因此在实际工程中采用多脉冲制导方式，随着脉冲次数的增加，相对接近轨迹趋近于直线。图 7－5 所示是十脉冲滑移制导的相对轨迹。

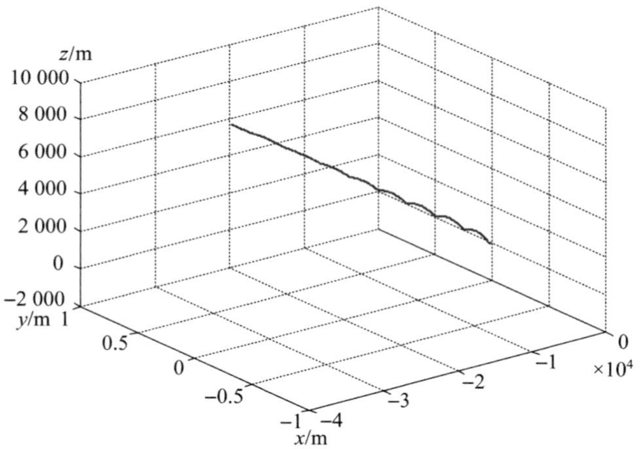

图 7－5　十脉冲滑移制导的相对轨迹

7.4　基于速度增益制导的有限推力制导与控制

前述两个小节的制导律都是基于发动机冲量假设的，即认为发动机推力作用时间无穷小，忽略了发动机工作的过程，而实际工程中必须考虑发动机的有限推力。因此，本节简要介绍采用由制导系统产生制导指令，通过控制发动机的开和关完成轨道控制的速度增益制导基本原理。

7.4.1　速度增益制导基本原理

速度增益制导基本原理是利用 t_0 时刻的位置、速度及 t_f 时刻的预定位置确定出增益速度，逐步使追踪航天器达到需要速度，并在 t_f 时刻通过预定交会点。增益速度可以表示为

$$\boldsymbol{v}_g = \boldsymbol{v}_d - \boldsymbol{v} \tag{7.23}$$

其中，$\boldsymbol{v}_d$ 为目标速度；$\boldsymbol{v}$ 为追踪航天器当前速度。将式（7.23）对时间求导可得

$$\frac{\mathrm{d}\boldsymbol{v}_g}{\mathrm{d}t} = \frac{\mathrm{d}\boldsymbol{v}_d}{\mathrm{d}t} - \frac{\mathrm{d}\boldsymbol{v}}{\mathrm{d}t} \tag{7.24}$$

同时，在只考虑地球引力和推力加速度，忽略太阳光压、大气阻力等摄动力时，有

$$\frac{\mathrm{d}^2\boldsymbol{r}}{\mathrm{d}t^2} = \boldsymbol{g} + \boldsymbol{f}_c \tag{7.25}$$

将式（7.25）代入式（7.24）可得

$$\frac{\mathrm{d}\boldsymbol{v}_g}{\mathrm{d}t} = \frac{\mathrm{d}\boldsymbol{v}_d}{\mathrm{d}t} - \boldsymbol{g} - \boldsymbol{f}_c \tag{7.26}$$

当确定时刻 t 和下一制导时刻 $t+\Delta t$ 的目标速度后，$\frac{\mathrm{d}\boldsymbol{v}_d}{\mathrm{d}t}$可以由星载计算机近似地计算：

$$\frac{\mathrm{d}\boldsymbol{v}_d}{\mathrm{d}t} = \frac{[\boldsymbol{v}_d(t+\Delta t) - \boldsymbol{v}_d(t)]}{\Delta t} \tag{7.27}$$

确定 $\boldsymbol{f}_c$ 的原则是要求$\frac{\mathrm{d}\boldsymbol{v}_g}{\mathrm{d}t}$有效地消除 $\boldsymbol{v}_g$，这就要求 $\boldsymbol{f}_c$ 满足如下必要条件：

$$\frac{\mathrm{d}\boldsymbol{v}_g}{\mathrm{d}t} \cdot \boldsymbol{v}_g < 0 \tag{7.28}$$

令 $b = \frac{\mathrm{d}\boldsymbol{v}_d}{\mathrm{d}t} - g$，并将式（7.26）代入式（7.28），则有

$$\boldsymbol{f}_c \cdot \boldsymbol{e}_g > \boldsymbol{b} \cdot \boldsymbol{e}_g \tag{7.29}$$

其中，$\boldsymbol{e}_g$ 为 $\boldsymbol{v}_g$ 的单位矢量。下面给出确定 $\boldsymbol{f}_c$ 的方法，即 $\boldsymbol{f}_c$ 应满足

$$(\gamma \boldsymbol{b} - \boldsymbol{f}_c) \times \boldsymbol{e}_g = 0 \tag{7.30}$$

其中，γ 为可调系数。当推力加速度矢量满足式（7.30）时，称为速度增益制导。通常简单地取 $\gamma=0$，此时发动机推力方向与增益速度方向一致。

7.4.2　开关机策略

在冲量假设下进行规划，可以得到每次冲量作用时刻、冲量大小及方向。令推力沿速度增量方向，则发动机连续点火工作时间为

$$\Delta t = m_0 I_{sp} \frac{[1 - e^{-\Delta v / I_{sp}}]}{U} \tag{7.31}$$

其中，U 为发动机常值推力；I_{sp}为发动机比冲；Δv 为速度增量大小。

若冲量假设下轨道机动时刻为 t_c，则开机时刻可取为

$$t_k = t_c - \frac{\Delta t}{2} \tag{7.32}$$

严格的关机条件应该是增益速度为零，实际中可令其绝对值小于某门限值 ε，即

$$|\boldsymbol{v}_g| < \varepsilon \tag{7.33}$$

当发动机开始工作后，在每一个时间步长内，由当前的目标速度及当前的状态计算出当前的增益速度，追踪航天器则通过施加推力加速度 $\boldsymbol{f}_c$，当满足式（7.33）的关机条件时，关闭发动机，制导结束。

思 考 题

1. 基于 CW 方程的两脉冲制导和 Lambert 问题在原理上有何异同?
2. 在采用多脉冲滑移制导时，是否脉冲数越多越好、越容易实现?

第8章　连续推力相对轨道控制方法

通常，传统的大推力脉冲式轨道交会制导属于开环式控制，多用于中远程交会的轨道转移，而采用对轨控安全、噪声鲁棒性要求更高的近程交会则会采用基于连续推力的相对轨道闭环控制的方式完成。近程交会的相对轨道控制方案会依据测量方式、目标轨道、交会时长等相关约束进行设计和调整，那么学习并掌握常用的连续推力相对轨道控制方法则是从事空间攻防、在轨服务等包含相对轨道机动控制任务 GNC 系统设计的重要前提。

本章将首先给出相对轨道闭环控制的基本框架，然后简要介绍常用的控制方法，最后重点讲解基于笛卡儿坐标系和视线坐标系下不同相对动力学模型的相对轨道控制律设计。

8.1　基本框架

从本质上讲，相对运动控制的任务就是依据偏差生成控制指令，驱动追踪航天器的执行机构产生控制力，以尽可能消除偏差。

假设目标器不施加控制，在 $t_0 \sim t_f$ 时间内，追踪器相对目标器运动的状态为 $\boldsymbol{\rho}(t)$ 和 $\dot{\boldsymbol{\rho}}(t)$，设计或规划的终端相对运动状态为 $\boldsymbol{\rho}^*(t)$ 和 $\dot{\boldsymbol{\rho}}^*(t)$，那么相对偏差为

$$\begin{cases}\boldsymbol{e}(t)=\boldsymbol{\rho}(t)-\boldsymbol{\rho}^*(t)\\ \dot{\boldsymbol{e}}(t)=\dot{\boldsymbol{\rho}}(t)-\dot{\boldsymbol{\rho}}^*(t)\end{cases} \tag{8.1}$$

通过对追踪器施加控制 $\boldsymbol{u}_c$，使相对偏差在容许的误差范围内。

带有负反馈的控制系统结构框图如图 8-1 所示。假设追踪器各个方向均安装有推力器，通过推力器的组合，可以提供任意矢量方向的推力，施加推力前不需要建立点火姿态。这样，问题就转化为如何依据状态偏差推导出连续偏差控制 $\boldsymbol{u}_c$（控制器设计），即

$$\boldsymbol{u}_c=\boldsymbol{f}[\boldsymbol{e}(t),\dot{\boldsymbol{e}}(t)] \tag{8.2}$$

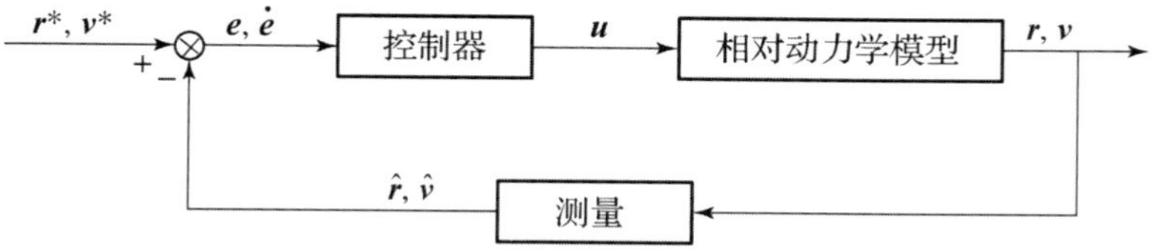

图8-1　带有负反馈的控制系统结构框图

接下来将围绕图 8-1 所示的控制系统结构框图展开介绍，针对笛卡儿坐标系下适用于圆轨道的 CW 模型和适用于椭圆轨道的二阶非线性模型，以及视线球坐标系下的相对视线运动模型设计不同的控制器。

8.2 典型控制方法

在交会对接控制中，实际工程中常用的控制方法有 PID 控制、滑模控制、Lyapunov 稳定性理论控制法，而目前热门研究的最优控制、次优控制等方法对系统参数精度要求高且对系统扰动非常敏感，控制性能可能急剧下降，在目前的工程实际中应用较少。本节对前三种工程中常用的基本控制算法进行简要介绍。

1. PID 控制

PID 控制具有动态跟踪性能好、稳态精度高和鲁棒性好等优良特性，至今仍然在工业过程控制和航空航天控制等领域被广泛使用。PID 控制器可以分为连续形式和离散形式，对于连续形式的 PID 控制器，其表达式为

$$\boldsymbol{U}(t)=\boldsymbol{K}_{\mathrm{P}}\boldsymbol{e}(t)+\boldsymbol{K}_{\mathrm{I}}\int_0^t\boldsymbol{e}(t)\mathrm{d}t+\boldsymbol{K}_{\mathrm{D}}\frac{\mathrm{d}\boldsymbol{e}(t)}{\mathrm{d}t} \tag{8.3}$$

式中，$\boldsymbol{e}(t)=\boldsymbol{x}(t)-\boldsymbol{x}^*(t)$ 为系统状态偏差；$\boldsymbol{U}(t)$ 为控制输入；$\boldsymbol{K}_{\mathrm{P}}$ 为比例控制系数；$\boldsymbol{K}_{\mathrm{I}}$ 为积分控制系数；$\boldsymbol{K}_{\mathrm{D}}$ 为微分控制系数。而对于离散形式的 PID 控制器，其表达式为

$$\boldsymbol{U}(k)=\boldsymbol{K}_{\mathrm{P}}\boldsymbol{e}(k)+\boldsymbol{K}_{\mathrm{I}}\sum_{i=1}^{k}\boldsymbol{e}(i)+\boldsymbol{K}_{\mathrm{D}}\Delta\boldsymbol{e}(k) \tag{8.4}$$

在进行 PID 控制器设计时，对 $\boldsymbol{K}_{\mathrm{P}}$、$\boldsymbol{K}_{\mathrm{I}}$、$\boldsymbol{K}_{\mathrm{D}}$ 三个控制系数进行设计和选取非常关键。其中，$\boldsymbol{K}_{\mathrm{P}}$ 体现系统状态当前偏差大小对控制输入量的影响；$\boldsymbol{K}_{\mathrm{I}}$ 体现系统状态历史偏差情况对控制量的影响；$\boldsymbol{K}_{\mathrm{D}}$ 体现系统状态当前偏差变化率对控制输入量的影响。

2. 滑模控制

滑模控制（Sliding Mode Control，SMC）是一种应用范围十分广泛的鲁棒控制方法，它本质上是一类特殊的非线性控制，主要表现为控制的不连续性。在该控制策略作用下，系统根据当前的状态偏差及其倒数不断变化，从而使系统按照预定滑动模态的状态轨迹运动，该过程可分为两个阶段：第一阶段是趋近模态（趋近运动）或称非滑动模态；第二阶段是滑动模态（滑动运动）。滑模控制具有抗干扰能力强、响应速度快和物理实现简单等优点，其主要缺点是系统状态轨迹到达滑模面后，系统状态会在滑模面两侧来回抖动，针对滑模控制的抖动现象，常采用自适应滑模控制器设计的方法，或采用滑模控制与 PID 控制相结合的方法来克服。

下面对滑模控制的一般形式进行表述，设有如下控制系统

$$\dot{\boldsymbol{X}}=\boldsymbol{f}(\boldsymbol{X},\boldsymbol{U},t) \tag{8.5}$$

式中，$\boldsymbol{X}\in\mathbf{R}^n$，为系统状态；$\boldsymbol{U}\in\mathbf{R}^m$，为控制输入量；$t\in\mathbf{R}$，为时间量。定义切换函数表达式如下

$$\boldsymbol{s}=\boldsymbol{\Psi}(\boldsymbol{X}) \tag{8.6}$$

式中，$\boldsymbol{s}\in\mathbf{R}^m$。控制函数为

$$\boldsymbol{U}=\begin{cases}\boldsymbol{U}_i^+(\boldsymbol{X}) & (\boldsymbol{s}>0)\\ \boldsymbol{U}_i^-(\boldsymbol{X}) & (\boldsymbol{s}<0)\end{cases} \tag{8.7}$$

其中，$\boldsymbol{U}_i^+(\boldsymbol{X}) \neq \boldsymbol{U}_i^-(\boldsymbol{X})$。在进行控制函数（8.7）设计时，要保证滑动模态的存在，并保证控制器的可达性和滑模运动的稳定性。滑模变结构控制系统框图如图 8－2 所示。

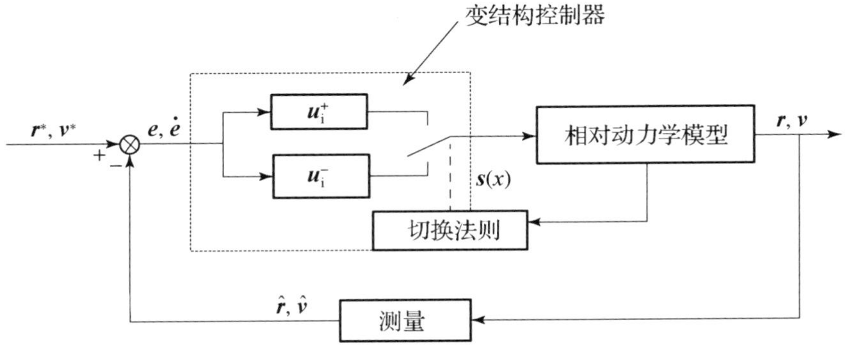

图 8－2　滑模变结构控制系统框图

滑模变结构控制可以简单分为以下两步：设计切换函数，保证滑动模态稳定；利用到达条件求解变结构控制。

其到达条件有两种：①对趋近运动不加刻画的趋近到达，即

$$s_i \dot{s}_i < 0 \quad (i = 1, \cdots, m) \tag{8.8}$$

②按规定趋近律的趋近到达，可以设计出各种趋近律，如等速趋近律、指数趋近律或幂次趋近律。其中，应用比较广泛的指数趋近律表示为

$$\dot{\boldsymbol{s}} = -\boldsymbol{\varepsilon} \operatorname{sgn} \boldsymbol{s} - \boldsymbol{k}\boldsymbol{s} \tag{8.9}$$

式中，$\boldsymbol{\varepsilon} = \operatorname{diag}[\varepsilon_1 \quad \cdots \quad \varepsilon_m]$，$\varepsilon_i > 0$；$\boldsymbol{k} = \operatorname{diag}[k_1 \quad \cdots \quad k_m]$，$k_i > 0$。参数 $\boldsymbol{k}$ 和 $\boldsymbol{\varepsilon}$ 称为控制参数，增大 $\boldsymbol{k}$，减小 $\boldsymbol{\varepsilon}$，可以加速趋近过程，减小抖振。

3. Lyapunov 稳定性理论控制法

Lyapunov 稳定性理论是俄国学者 Lyapunov 建立的基于状态空间描述的稳定性理论，适用于单变量/多变量、线性/非线性、定常系统/时变系统等，在现代控制系统分析与综合设计中得到广泛应用与发展。

设有如下控制系统

$$\dot{\boldsymbol{X}} = \boldsymbol{f}(\boldsymbol{X}, \boldsymbol{U}, t) \tag{8.10}$$

式中，$\boldsymbol{X} \in \mathbf{R}^n$，为系统状态；$\boldsymbol{U} \in \mathbf{R}^m$，为控制输入量；$t \in \mathbf{R}$，为时间量。

对于如式（8.10）表示的系统，可寻找适当的 $\boldsymbol{U}$ 使系统稳定。寻找 $\boldsymbol{U}$ 的过程可依据 Lyapunov 稳定性直接判别法进行。Lyapunov 稳定性直接判别法是通过构造 Lyapunov 能量函数 $\boldsymbol{V}(\boldsymbol{x}, \boldsymbol{u}, t)$ 进行判别的。如果 $\boldsymbol{V}(\boldsymbol{x}, \boldsymbol{u}, t)$ 是正定的，并且 $\dot{\boldsymbol{V}}(\boldsymbol{x}, \boldsymbol{u}, t)$ 负定，则系统是渐近稳定的。因此，可通过构造 $\boldsymbol{V}(\boldsymbol{x}, \boldsymbol{u}, t)$，寻找满足 $\dot{\boldsymbol{V}}(\boldsymbol{x}, \boldsymbol{u}, t)$ 负定的控制 $\boldsymbol{U}$ 来确定控制律。

8.3　基于线性和非线性二阶相对运动模型的控制

在交会对接测量系统能够直接给出满足精度的相对位置和相对速度信息时，可以直接根据这两类信息进行交会对接控制，控制系统框图如图 8－3 所示，对追踪器实施控制，使 $\boldsymbol{e}$

和 $\dot{\boldsymbol{e}}\to\boldsymbol{0}$。基于不同的相对动力学模型和控制方法会有不同的控制器设计，本节重点讲解基于 CW 线性模型和非线性二阶模型的相对运动控制设计问题。

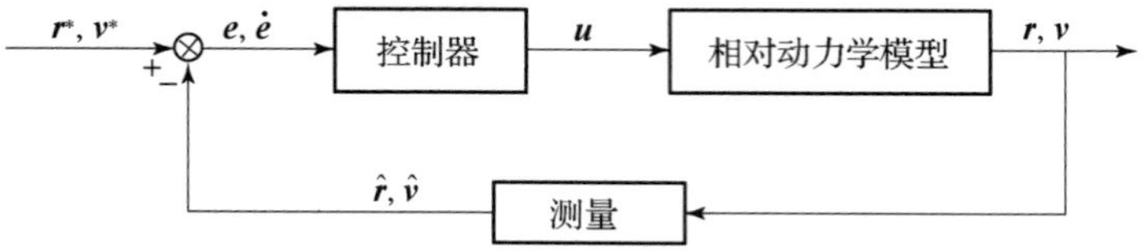

图 8-3　基于相对位置和相对速度的控制系统框图

8.3.1　基于 CW 线性模型的控制律设计

当交会的两个航天器在近圆轨道飞行时，二者之间的相对运动可以通过 CW 方程进行建模。本节讲解在 CW 线性相对运动假设下，基于滑模变结构控制律设计和基于 Lyapunov 稳定性理论的 PD 交会控制律设计，以及系统稳定性分析。

1. 基于滑模变结构控制律设计

将式（3.8）表示的 CW 方程改写成如下形式

$$\ddot{\boldsymbol{r}}=\boldsymbol{A}_1\dot{\boldsymbol{r}}+\boldsymbol{A}_2\boldsymbol{r}+\boldsymbol{f} \tag{8.11}$$

其中，

$$\boldsymbol{A}_1=\begin{bmatrix}0&0&2n\\0&0&0\\-2n&0&0\end{bmatrix}\qquad \boldsymbol{A}_2=\begin{bmatrix}0&0&0\\0&0&0\\0&0&3n^2\end{bmatrix} \tag{8.12}$$

由于 $\boldsymbol{e}=\boldsymbol{r}-\boldsymbol{r}^*$，$\dot{\boldsymbol{e}}=\dot{\boldsymbol{r}}-\dot{\boldsymbol{r}}^*$，所以

$$\ddot{\boldsymbol{e}}=\ddot{\boldsymbol{r}}-\ddot{\boldsymbol{r}}^*=\boldsymbol{A}_1\dot{\boldsymbol{r}}+\boldsymbol{A}_2\boldsymbol{r}+\boldsymbol{f}-\ddot{\boldsymbol{r}}^* \tag{8.13}$$

（1）切换函数设计。设计如下形式的切换函数：

$$\boldsymbol{s}=\dot{\boldsymbol{e}}+\boldsymbol{\lambda}\boldsymbol{e} \tag{8.14}$$

式中，$\boldsymbol{\lambda}$ 为 3×3 的正定对称常值矩阵。

当系统状态在切换面 $\boldsymbol{s}=0$ 时，有 $\dot{\boldsymbol{e}}=-\boldsymbol{\lambda}\boldsymbol{e}$，此时系统进入滑动模态区。

为分析滑动模态的稳定性，定义 Lyapunov 函数：

$$\boldsymbol{V}_1=\frac{1}{2}\boldsymbol{e}^{\mathrm{T}}\boldsymbol{e} \tag{8.15}$$

对 $\boldsymbol{V}_1$ 求导可得

$$\dot{\boldsymbol{V}}_1=\boldsymbol{e}^{\mathrm{T}}\dot{\boldsymbol{e}}=-\boldsymbol{e}^{\mathrm{T}}\boldsymbol{\lambda}\boldsymbol{e}\leqslant 0 \tag{8.16}$$

依据 Lyapunov 稳定性理论可知，滑动模态渐近稳定。

（2）控制律推导。采用趋近律到达条件，选取指数趋近律：

$$\dot{\boldsymbol{s}}=-\boldsymbol{\varepsilon}\operatorname{sgn}\boldsymbol{s}-\boldsymbol{k}\boldsymbol{s} \tag{8.17}$$

式中，$\boldsymbol{\varepsilon}$ 和 $\boldsymbol{k}$ 为三阶正定对角阵。

对式（8.14）求导可得

$$\dot{\boldsymbol{s}}=\ddot{\boldsymbol{e}}+\boldsymbol{\lambda}\dot{\boldsymbol{e}} \tag{8.18}$$

联立式（8.13）、式（8.14）、式（8.17）和式（8.18）可得控制量

$$\boldsymbol{f}=-\boldsymbol{A}_1\dot{\boldsymbol{r}}-\boldsymbol{A}_2\boldsymbol{r}+\ddot{\boldsymbol{r}}^*-(\boldsymbol{\lambda}+\boldsymbol{k})\dot{\boldsymbol{e}}-\boldsymbol{\lambda}\boldsymbol{k}\boldsymbol{e}-\boldsymbol{\varepsilon}\operatorname{sgn}\boldsymbol{s} \tag{8.19}$$

式中，$\boldsymbol{\lambda}$、$\boldsymbol{k}$、$\boldsymbol{\varepsilon}$ 为控制参数；$\boldsymbol{k}$ 越大，趋近速度越快；$\boldsymbol{\varepsilon}$ 越小，抖振越小。

为验证控制律的渐近稳定性，定义 Lyapunov 函数：

$$\boldsymbol{V}_2 = \frac{1}{2}\boldsymbol{s}^{\mathrm{T}}\boldsymbol{s} \tag{8.20}$$

对 $\boldsymbol{V}_2$ 求导，并将控制律（8.19）代入其中，可得

$$\begin{aligned} \dot{\boldsymbol{V}}_2 &= \boldsymbol{s}^{\mathrm{T}}\dot{\boldsymbol{s}} = \boldsymbol{s}^{\mathrm{T}}(\ddot{\boldsymbol{e}} + \boldsymbol{\lambda}\dot{\boldsymbol{e}}) \\ &= \boldsymbol{s}^{\mathrm{T}}(\boldsymbol{A}_1\dot{\boldsymbol{r}} + \boldsymbol{A}_2\boldsymbol{r} + \boldsymbol{f} - \ddot{\boldsymbol{r}}^* + \boldsymbol{\lambda}\dot{\boldsymbol{e}}) \\ &= \boldsymbol{s}^{\mathrm{T}}(-\boldsymbol{k}\boldsymbol{s} - \boldsymbol{\varepsilon}\operatorname{sgn}\boldsymbol{s}) \\ &\leqslant -\boldsymbol{s}^{\mathrm{T}}\boldsymbol{k}\boldsymbol{s} \leqslant 0 \end{aligned} \tag{8.21}$$

根据 Lyapunov 稳定性理论，控制律（8.19）可以保证系统全局渐近稳定，但在实现过程中会存在抖振。在选取控制参数时，应增大 $\boldsymbol{k}$，减小 $\boldsymbol{\varepsilon}$，这样既可以加快收敛速度，又可以削弱抖振。

2. 基于 Lyapunov 稳定性理论的 PD 交会控制律设计

将式（3.8）表示的 CW 方程写成同式（8.11）一样的二阶动力学方程形式，即

$$\ddot{\boldsymbol{r}} = \boldsymbol{A}_1\dot{\boldsymbol{r}} + \boldsymbol{A}_2\boldsymbol{r} + \boldsymbol{f} \tag{8.22}$$

定义实际相对状态和预期的相对状态之间的位置误差和速度误差向量分别为

$$\boldsymbol{e} = \boldsymbol{r} - \boldsymbol{r}^* \qquad \dot{\boldsymbol{e}} = \dot{\boldsymbol{r}} - \dot{\boldsymbol{r}}^* \tag{8.23}$$

定义 Lyapunov 函数

$$\boldsymbol{V} = \frac{1}{2}\boldsymbol{e}^{\mathrm{T}}\boldsymbol{P}_1\boldsymbol{e} + \frac{1}{2}\dot{\boldsymbol{e}}^{\mathrm{T}}\boldsymbol{e} \tag{8.24}$$

式中，$\boldsymbol{P}_1 = \operatorname{diag}[k_1 \quad k_2 \quad k_3]$ 为正定矩阵，即参数 k_1、k_2、k_3 均大于零。根据 Lyapunov 原理，只要 $\dot{\boldsymbol{V}} < 0$，则 $\boldsymbol{e}$ 和 $\dot{\boldsymbol{e}}$ 都能趋近于零。所以，对 $\boldsymbol{V}$ 求导可得

$$\begin{aligned} \dot{\boldsymbol{V}} &= \dot{\boldsymbol{e}}^{\mathrm{T}}\boldsymbol{P}_1\boldsymbol{e} + \dot{\boldsymbol{e}}^{\mathrm{T}}\ddot{\boldsymbol{e}} = \dot{\boldsymbol{e}}^{\mathrm{T}}(\boldsymbol{P}_1\boldsymbol{e} + \ddot{\boldsymbol{e}}) \\ &= (\dot{\boldsymbol{r}} - \dot{\boldsymbol{r}}^*)^{\mathrm{T}}[\boldsymbol{P}_1(\boldsymbol{r} - \boldsymbol{r}^*) + (\ddot{\boldsymbol{r}} - \ddot{\boldsymbol{r}}^*)] \\ &= (\dot{\boldsymbol{r}} - \dot{\boldsymbol{r}}^*)^{\mathrm{T}}[\boldsymbol{P}_1(\boldsymbol{r} - \boldsymbol{r}^*) + (\boldsymbol{A}_1\dot{\boldsymbol{r}} + \boldsymbol{A}_2\boldsymbol{r} + \boldsymbol{f} - \ddot{\boldsymbol{r}}^*)] \end{aligned} \tag{8.25}$$

要使 $\dot{\boldsymbol{V}} < 0$，可以选取

$$\begin{aligned} \boldsymbol{f} &= -\boldsymbol{P}_2(\dot{\boldsymbol{r}} - \dot{\boldsymbol{r}}^*) - \boldsymbol{P}_1(\boldsymbol{r} - \boldsymbol{r}^*) - \boldsymbol{A}_1\dot{r} - \boldsymbol{A}_2\boldsymbol{r} + \ddot{\boldsymbol{r}}^* \\ &= -\boldsymbol{P}_1\boldsymbol{e} - \boldsymbol{P}_2\dot{\boldsymbol{e}} - \boldsymbol{A}_1\dot{\boldsymbol{r}} - \boldsymbol{A}_2\boldsymbol{r} + \ddot{\boldsymbol{r}}^* \end{aligned} \tag{8.26}$$

式中，$\boldsymbol{P}_2 = \operatorname{diag}[j_1 \quad j_2 \quad j_3]$ 为正定矩阵。

将式（8.26）代入式（8.25），可得

$$\dot{\boldsymbol{V}} = -(\dot{\boldsymbol{r}} - \dot{\boldsymbol{r}}^*)^{\mathrm{T}}\boldsymbol{P}_2(\dot{\boldsymbol{r}} - \dot{\boldsymbol{r}}^*) \leqslant 0 \tag{8.27}$$

因此，系统是 Lyapunov 稳定的。很明显，当 $\dot{\boldsymbol{e}} = 0$ 时，$\dot{\boldsymbol{V}} = 0$。为了进一步证明系统是渐近稳定的，将式（8.26）代入式（8.22）化简后可得

$$\ddot{\boldsymbol{e}} = -\boldsymbol{P}_1\boldsymbol{e} - \boldsymbol{P}_2\dot{\boldsymbol{e}} \tag{8.28}$$

如果 $\dot{\boldsymbol{e}} = 0$，$\ddot{\boldsymbol{e}} = 0$，则根据上式可知 $\boldsymbol{e} = 0$。根据 LaSalle 不变集原理可以证明

$$\lim_{t\to\infty}\boldsymbol{e} = \lim_{t\to\infty}\dot{\boldsymbol{e}} = 0 \tag{8.29}$$

即证明了系统是渐近稳定的。

8.3.2 基于非线性二阶相对运动模型的控制律设计

下面针对二阶非线性相对运动模型设计相应的滑模变结构控制律和基于 Lyapunov 稳定性理论的 PD 控制律，并且对所设计的控制律进行系统稳定性分析。

1. 滑模变结构控制律

将式（3.7）表示的二阶非线性相对运动方程写成如下形式：

$$\ddot{\boldsymbol{\rho}}=\boldsymbol{A}_1\dot{\boldsymbol{\rho}}+\boldsymbol{A}_2\boldsymbol{\rho}+\boldsymbol{g}(\boldsymbol{\rho})+\boldsymbol{f} \tag{8.30}$$

其中，

$$\boldsymbol{A}_1=\begin{bmatrix}0&0&2n\\0&0&0\\-2n&0&0\end{bmatrix}\quad \boldsymbol{A}_2=\begin{bmatrix}n^2-\dfrac{\mu}{r_{\mathrm{T}}^3}&0&\dot{n}\\0&-\dfrac{\mu}{r_{\mathrm{T}}^3}&0\\-\dot{n}&0&n^2+\dfrac{2\mu}{r_{\mathrm{T}}^3}\end{bmatrix}\quad \boldsymbol{g}(\boldsymbol{\rho})=\begin{bmatrix}-\dfrac{3\mu}{r_{\mathrm{T}}^4}xz\\-\dfrac{3\mu}{r_{\mathrm{T}}^4}yz\\\dfrac{\mu}{r_{\mathrm{T}}^3}\left(-\dfrac{3}{2}\dfrac{x^2}{r_{\mathrm{T}}}-\dfrac{3}{2}\dfrac{y^2}{r_{\mathrm{T}}}+3\dfrac{z^2}{r_{\mathrm{T}}}\right)\end{bmatrix} \tag{8.31}$$

由于 $\boldsymbol{e}=\boldsymbol{\rho}-\boldsymbol{\rho}^*$，$\dot{\boldsymbol{e}}=\dot{\boldsymbol{\rho}}-\dot{\boldsymbol{\rho}}^*$，所以

$$\ddot{\boldsymbol{e}}=\ddot{\boldsymbol{\rho}}-\ddot{\boldsymbol{\rho}}^*=\boldsymbol{A}_1\dot{\boldsymbol{\rho}}+\boldsymbol{A}_2\boldsymbol{\rho}+\boldsymbol{g}(\rho)+\boldsymbol{f}-\ddot{\boldsymbol{\rho}}^* \tag{8.32}$$

接下来的切换函数设计与控制律推导过程基本同上节中基于 CW 模型的滑模变结构算法，最终的切换函数同式（8.14），控制量为

$$\boldsymbol{f}=-\boldsymbol{A}_1\dot{\boldsymbol{\rho}}-\boldsymbol{A}_2\boldsymbol{\rho}-\boldsymbol{g}(\boldsymbol{\rho})+\ddot{\boldsymbol{\rho}}^*-(\boldsymbol{\lambda}+\boldsymbol{k})\dot{\boldsymbol{e}}-\boldsymbol{\lambda}\boldsymbol{k}\boldsymbol{e}-\boldsymbol{\varepsilon}\,\mathrm{sgn}\,\boldsymbol{s} \tag{8.33}$$

2. 基于 Lyapunov 稳定性理论的 PD 控制律

将式（3.7）表示的二阶非线性相对运动方程写成同式（8.30）一样的二阶动力学方程形式，即

$$\ddot{\boldsymbol{\rho}}=\boldsymbol{A}_1\dot{\boldsymbol{\rho}}+\boldsymbol{A}_2\boldsymbol{\rho}+\boldsymbol{g}(\boldsymbol{\rho})+\boldsymbol{f} \tag{8.34}$$

定义实际相对状态和预期的相对状态之间的位置误差和速度误差向量分别为

$$\boldsymbol{e}=\boldsymbol{\rho}-\boldsymbol{\rho}^*\qquad \dot{\boldsymbol{e}}=\dot{\boldsymbol{\rho}}-\dot{\boldsymbol{\rho}}^* \tag{8.35}$$

定义 Lyapunov 函数

$$\boldsymbol{V}=\frac{1}{2}\boldsymbol{e}^{\mathrm{T}}\boldsymbol{P}_1\boldsymbol{e}+\frac{1}{2}\dot{\boldsymbol{e}}^{\mathrm{T}}\boldsymbol{e} \tag{8.36}$$

可以证明，当选取如下控制律 $\boldsymbol{f}$ 时，系统是渐近稳定的，证明过程同前述。

$$\boldsymbol{f}=-\boldsymbol{P}_2(\dot{\boldsymbol{\rho}}-\dot{\boldsymbol{\rho}}^*)-\boldsymbol{P}_1(\boldsymbol{\rho}-\boldsymbol{\rho}^*)-\boldsymbol{A}_1\dot{\boldsymbol{\rho}}-\boldsymbol{A}_2\boldsymbol{\rho}-\boldsymbol{g}(\boldsymbol{\rho})+\ddot{\boldsymbol{\rho}}^* \tag{8.37}$$

应用实例 8－1：以两个航天器交会为例，假设目标星的初始轨道采用空间站的轨道，两星之间的初始相对位置为 [－400，0，0] m，相对速度为 [0，0，0] $\mathrm{m\cdot s^{-1}}$，期望终端相对位置为 [－140，0，0] m，相对速度为 [0，0，0] $\mathrm{m\cdot s^{-1}}$，相对导航的位置和速度误差分别为 0.5 m 和 0.01 $\mathrm{m\cdot s^{-1}}$，并设置仿真结束条件：相对位置圆误差 1 m，同时相对速度误差 0.1 $\mathrm{m\cdot s^{-1}}$。

（1）PD 连续推力控制。设置如式（8.38）所示的 PD 系数，仿真结果如图 8－4 所示。

仿真结束时间为第 550.7 s，仿真结束时追踪航天器到达相对位置为 [−141，0，0.000 2] m，相对速度为 [0.0125，0，0] $m \cdot s^{-1}$，特征速度约为 3.3 $m \cdot s^{-1}$。

不同的 K_P 和 K_D 参数会得到不同的控制性能。具体地，放大比例系数 K_P 或者减小微分系数 K_D 会加速控制收敛到目标状态，但是燃料消耗也会显著增加；反之，收敛速度会降低，达到期望状态的时间会增加。读者可以自行仿真验证。

$$\boldsymbol{K}_P = \begin{bmatrix} 0.000\,1 & 0 & 0 \\ 0 & 0.000\,1 & 0 \\ 0 & 0 & 0.000\,1 \end{bmatrix} \quad \boldsymbol{K}_D = \begin{bmatrix} 0.028\,3 & 0 & 0 \\ 0 & 0.028\,3 & 0 \\ 0 & 0 & 0.028\,3 \end{bmatrix} \tag{8.38}$$

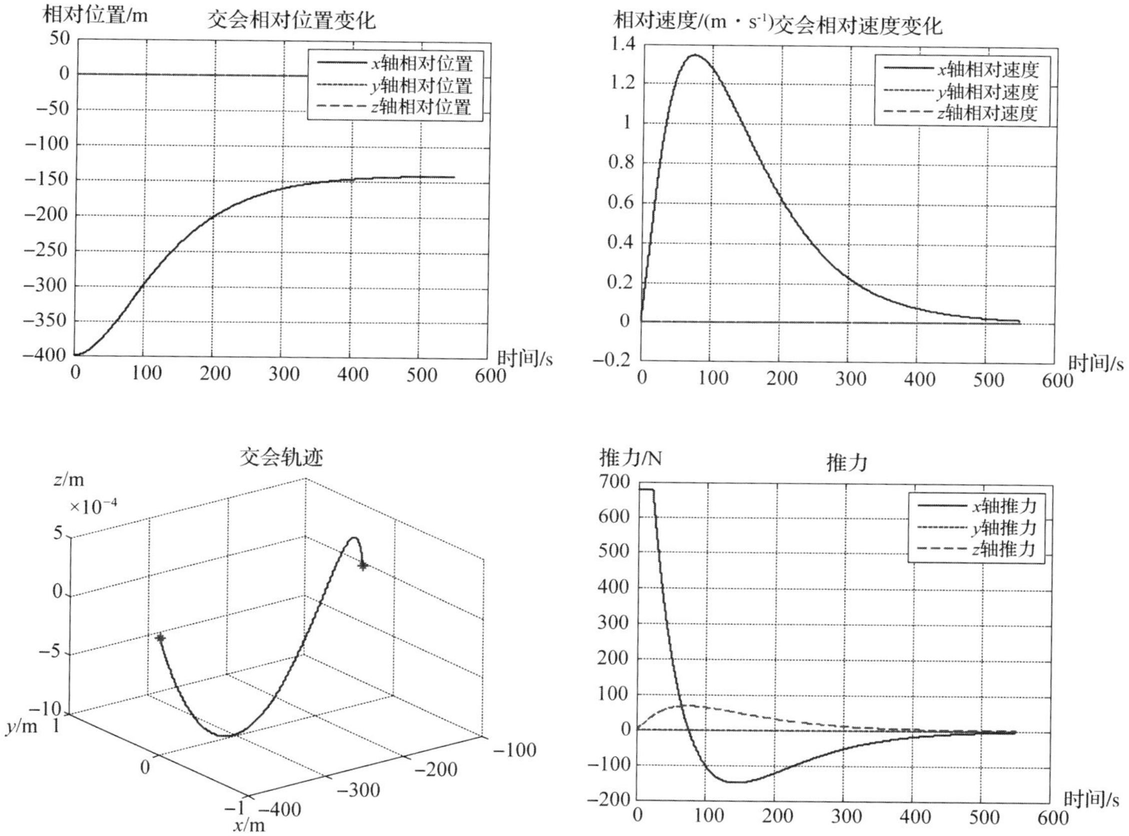

图 8-4　PD 连续推力控制结果（书后附彩插）

（2）有限常值推力的滑模变结构控制。其仿真结果如图 8-5 所示，仿真结束时间为第 593.5 s，结束时追踪航天器到达相对位置为 [−140.9，0，−0.298 5] m，相对速度为 [0.063，0，0.004] $m \cdot s^{-1}$，特征速度约为 3.075 6 $m \cdot s^{-1}$。

三个控制参数 $\boldsymbol{\lambda}$、$\boldsymbol{k}$、$\boldsymbol{\varepsilon}$ 的取值如下：

$$\boldsymbol{\lambda} = \begin{bmatrix} 1 & 0 & 0 \\ 0 & 1 & 0 \\ 0 & 0 & 1 \end{bmatrix} \times 0.064\,5 \quad \boldsymbol{k} = \begin{bmatrix} 1 & 0 & 0 \\ 0 & 1 & 0 \\ 0 & 0 & 1 \end{bmatrix} \times 6.2 \times 10^{-3} \quad \boldsymbol{\varepsilon} = \begin{bmatrix} 1 & 0 & 0 \\ 0 & 1 & 0 \\ 0 & 0 & 1 \end{bmatrix} \times 10^{-4} \tag{8.39}$$

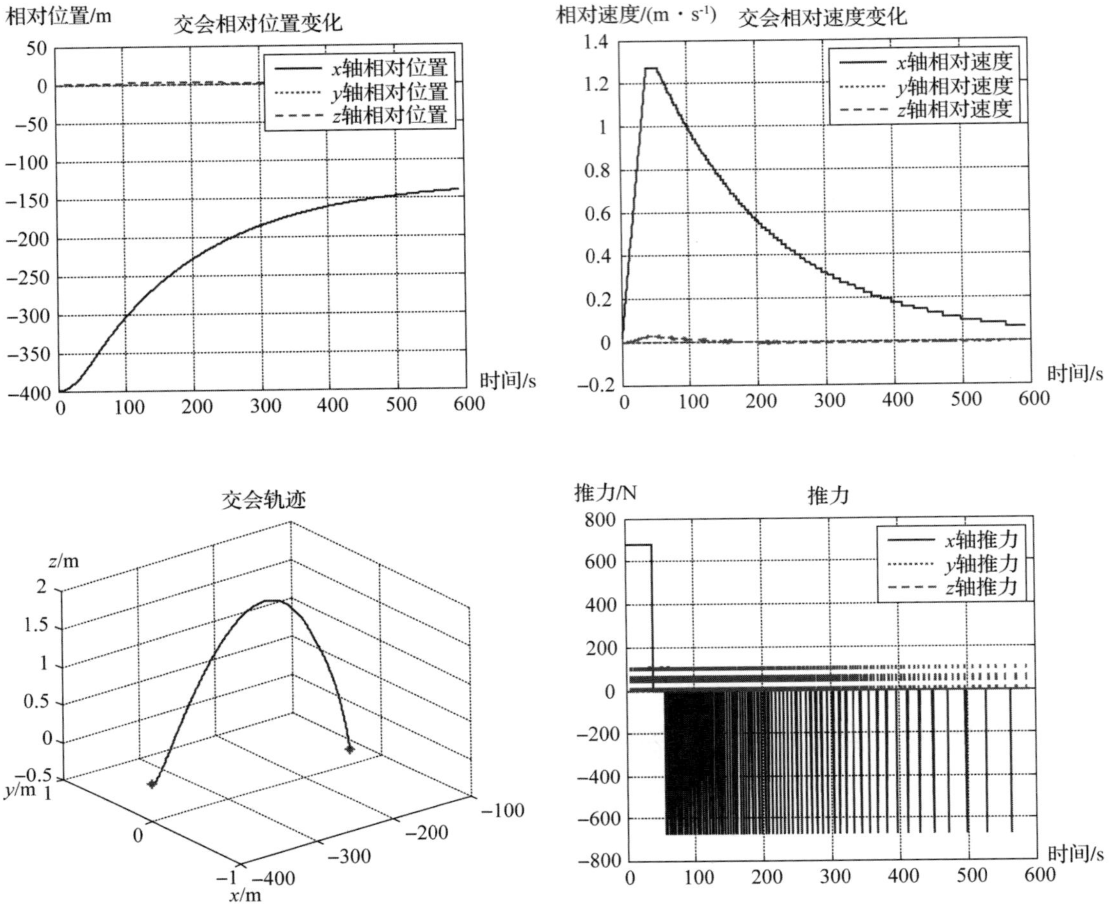

图 8-5　有限常值推力的滑模变结构控制结果（书后附彩插）

8.4　基于视线相对运动模型的控制

8.4.1　视线控制概念

自主交会视线控制方法实质上是围绕视线组建交会运动的测量和控制系统。测量是指测量视线的方位角和俯仰角以及视线的长度（相对距离）和变化率（相对速度）；控制是指改变这些视线参量以便达到交会的目的。改变视线参量是一种强制性做法，较费燃料，但是视线参量完全可由传感器测量值直接获取，无须复杂的相对导航滤波算法，且最终控制精度很高，适于近程交会。

平行交会是视线控制最常用的方式。平行交会是指两个航天器在交会过程中，视线的转动角速度在某一确定的坐标系为零，也就是说两个航天器之间视线在交会过程保持平行。在保证视线平行的条件下，两个航天器的相对速度就可以沿着视线方向靠近目标，数值为负，从而达到交会的目的。平行交会有两种方式：一种是惯性坐标系下的平行，即空间平行交会，如图 8-6 所示；另一种是目标器轨道坐标系下的平行，即当地平行交会，如图 8-7 所示。

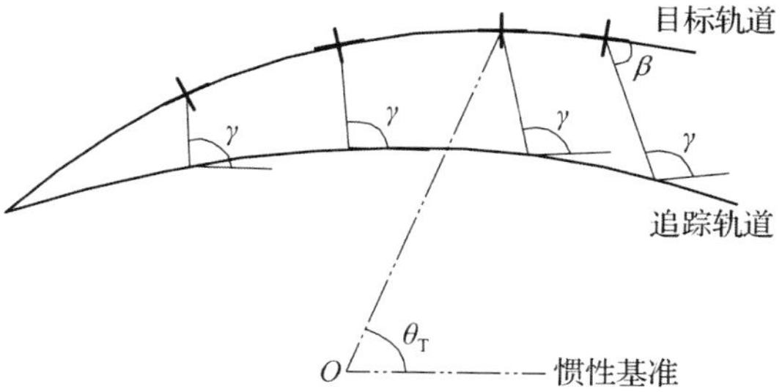

图 8－6　空间平行交会

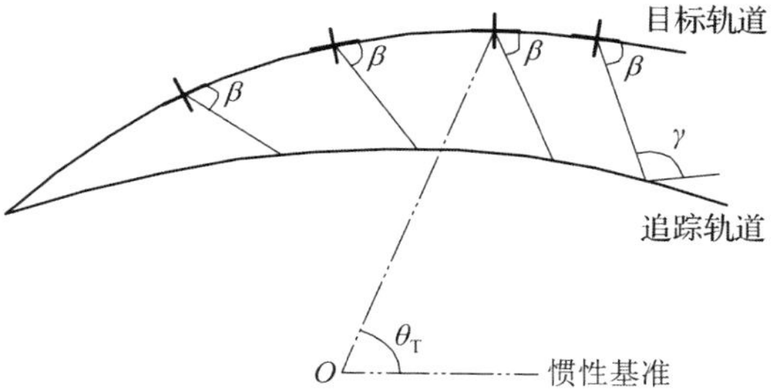

图 8－7　当地平行交会

考虑到在近距离范围内追踪器轨道坐标系近似平行于目标器轨道坐标系，同时追踪器上的相对测量敏感器比较容易获得追踪器轨道坐标系下的视线信息，这里选择当地平行交会。

8.4.2　视线坐标系下相对运动建模

采用目标器视线球坐标系，对于共面交会，在近距离情况下，目标航天器与追踪航天器的引力差非常小，可以略去不计，因此，无论是椭圆目标轨道还是圆目标轨道，可以有如下的视线球坐标系下的近距离交会相对运动方程

$$\begin{cases}\ddot{\rho}-\rho\dot{\theta}^2+2n\rho\dot{\theta}-3n^2\rho\sin^2\theta=f_\rho\\ \rho\theta+2\dot{\rho}\dot{\theta}-2n\dot{\rho}-\dfrac{3}{2}n^2\rho\sin 2\theta=f_\theta\end{cases}\tag{8.40}$$

其中，θ 为视线方位角；ρ 为视线距离。如果轨道角速度小于其他量，则上式可以简化为

$$\begin{cases}\ddot{\rho}-\rho\dot{\theta}^2=f_\rho\\ \rho\ddot{\theta}+2\dot{\rho}\dot{\theta}=f_\theta\end{cases}\tag{8.41}$$

令 $\boldsymbol{X}=[\rho,\theta,\dot{\rho},\rho\dot{\theta}]^{\mathrm{T}}$，则式（8.39）可以写成状态空间的形式：

$$\begin{cases}\dot{X}_1=X_3\\ \dot{X}_2=\dfrac{X_4}{X_1}\\ \dot{X}_3=\dfrac{X_4^2}{X_1}+2nX_4+3n^2X_1\sin^2(X_2)+f_\rho\\ \dot{X}_4=-\dfrac{X_3X_4}{X_1}+2nX_3+1.5n^2X_1\sin(2X_2)+f_\theta\end{cases}\tag{8.42}$$

即

$$\dot{\boldsymbol{X}}=\boldsymbol{f}(\boldsymbol{X})+\boldsymbol{U} \tag{8.43}$$

其中，$\boldsymbol{U}=[0,0,f_\rho,f_\theta]^{\mathrm{T}}$。

若作用在追踪器上的推力加速度在视线球坐标系为 $\boldsymbol{a}_s=[f_\rho,f_\theta]^{\mathrm{T}}$，将其转换至轨道坐标系下为 $\boldsymbol{a}_o=[f_x,f_z]^{\mathrm{T}}$，相应转换关系为

$$\boldsymbol{a}_o=\begin{bmatrix}\cos\theta & -\sin\theta\\ \sin\theta & \cos\theta\end{bmatrix}\boldsymbol{a}_s \tag{8.44}$$

这三个参数都是视线与目标器轨道坐标系的度量，而追踪器的传感器测量的参数 ρ'、ε' 和 θ' 是在追踪器轨道坐标系下的（假设测量坐标系与轨道坐标系重合），因此，与实际测量参数存在一个变换关系，如图 8 – 8 所示。

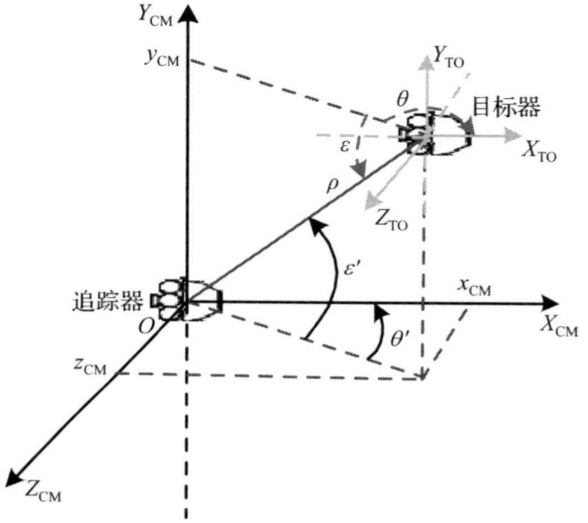

图 8 – 8　测量坐标系下输出信息

在近距离交会的情况下，变化关系可近似如下：

$$\begin{bmatrix}\rho\\ \varepsilon\\ \theta\end{bmatrix}=\begin{bmatrix}1 & 0 & 0\\ 0 & -1 & 0\\ 0 & 0 & -1\end{bmatrix}\begin{bmatrix}\rho'\\ \varepsilon'\\ \theta'\end{bmatrix}+\begin{bmatrix}0\\ 0\\ \pi\end{bmatrix} \tag{8.45}$$

由式（8.39）、式（8.43）和式（8.44）就构成了近距离交会的视线控制动力学模型。下面就基于该动力学模型设计不同的控制器。

8.4.3　控制律设计

根据相关理论研究和实验的结果，能够简单有效且满足控制系统要求的最适合的交会视线控制方法是采用发动机开关控制的平行接近法，该方法被成功用于“联盟号”飞船的接近控制系统中，因此本节采用开关控制的平行接近法。平行交会一般由横向和纵向控制手段来实现，根据横向与纵向控制的同步性分为两类：横向与纵向分时控制、横向与纵向同时控制。

1. 横向与纵向分时控制

（1）横向控制。横向控制的任务是将视线转动速率限制在给定的范围内。令上限为 $\dot{\theta}_{\mathrm{p}}$，

下限为 $\dot{\theta}_{\mathrm{d}}$，在此范围内，横向不控制。当视线转动速率增加到 $\dot{\theta}_{\mathrm{p}}$，横向控制；当视线速率下降到 $\dot{\theta}_{\mathrm{d}}$，横向以相反方向控制。横向开关式控制，保持视线速率范围为 $\dot{\theta}_{\mathrm{d}} \leqslant \dot{\theta} \leqslant \dot{\theta}_{\mathrm{p}}$，控制律为

$$f_{\theta}=\begin{cases}-F & (\dot{\theta} \leqslant \dot{\theta}_{\mathrm{d}}) \\ 0 & (\dot{\theta}_{\mathrm{d}}<\dot{\theta}<\dot{\theta}_{\mathrm{p}}) \\ F & (\dot{\theta}_{\mathrm{p}} \leqslant \dot{\theta})\end{cases} \tag{8.46}$$

（2）纵向控制。纵向控制即视线距离和视线速率（$\rho-\dot{\rho}$）相平面控制，采用非线性滑模控制。令 $e=\rho-\rho^{*}$，$\dot{e}=\dot{\rho}-\dot{\rho}^{*}$，取切换函数为

$$s_{\rho}=\dot{e}+k_{3} e \tag{8.47}$$

式中，k_3 为正常数。

当系统状态在切换面 $s_{\rho}=0$ 时，有 $\dot{e}=-k_{3} e$，此时系统处于滑动模态区。

为分析滑动模态的稳定性，定义 Lyapunov 函数：

$$V_{1}=e^{2} \tag{8.48}$$

对 V_1 求导可得

$$\dot{V}_{1}=2 e \dot{e}=-2 k_{3} e^{2} \leqslant 0 \tag{8.49}$$

依据 Lyapunov 稳定性理论可知，滑动模态渐近稳定。

采用趋近律到达条件，选取指数趋近律：

$$\dot{s}_{\rho}=-k_{1} \operatorname{sgn} s_{\rho}-k_{2} s_{\rho} \tag{8.50}$$

式中，k_1 和 k_2 为正常数。

对式（8.46）求导可得

$$\dot{s}_{\rho}=\ddot{e}+k_{3} \dot{e} \tag{8.51}$$

联立式（8.39）、式（8.46）、式（8.49）和式（8.50）可得控制量

$$f_{\rho}=-(k_{3}+k_{2}) \dot{e}-k_{2} k_{3} e-k_{1} \operatorname{sgn} s_{\rho}+\ddot{\rho}^{*}-\rho \dot{\theta}^{2}-2 n \rho \dot{\theta}-3 n^{2} \rho \sin ^{2} \theta \tag{8.52}$$

式中，k_1、k_2 和 k_3 为控制参数；k_2 越大，趋近速度越快；k_1 越小，抖振越小。

为验证控制律的渐近稳定性，定义 Lyapunov 函数：

$$V_{2}=\frac{1}{2} s_{\rho}^{2} \tag{8.53}$$

对 V_2 求导，并将控制律代入（8.51）中，可得

$$\begin{aligned} \dot{V}_{2} & =s_{\rho} \dot{s}_{\rho}=s_{\rho}(\ddot{e}+k_{3} \dot{e}) \\ & =s_{\rho}(\rho \dot{\theta}^{2}+2 n \rho \dot{\theta}+3 n^{2} \rho \sin ^{2} \theta-\ddot{\rho}^{*}+f_{\rho}+k_{3} \dot{e}) \\ & =s_{\rho}(-k_{2} s_{\rho}-k_{1} \operatorname{sgn} s_{\rho}) \\ & \leqslant-k_{2} s_{\rho}^{2} \leqslant 0\end{aligned} \tag{8.54}$$

根据 Lyapunov 稳定性理论，控制律（8.51）可以保证系统全局渐近稳定，但在实现过程中会存在抖振。在选取控制参数时，应增大 k_2，减小 k_1，这样既可以加快收敛速度，又可以削弱抖振。

2. 横向与纵向同时控制

（1）横向控制。横向控制采用变结构控制。令 $e_{\varepsilon}=\theta-\theta^{*}$，$\dot{e}_{\varepsilon}=\dot{\theta}-\dot{\theta}^{*}$，考虑到视线距

离 ρ 对视线方位角 θ 的耦合作用，设计视线仰角控制通道切换函数为

$$s_\theta = \rho\dot{e}_\theta + k_3 e_\theta \tag{8.55}$$

式中，k_3 为正常数。

当系统状态在切换面 $s_\varepsilon = 0$ 时，有 $\rho\dot{e}_\theta = -k_3 e_\theta$，此时系统出去滑动模态区。

为分析滑动模态的稳定性，定义 Lyapunov 函数：

$$V_1 = e_\theta^2 \tag{8.56}$$

对 V_1 求导可得

$$\dot{V}_1 = 2e_\theta\dot{e}_\theta = -\frac{2k_3}{\rho}e_\theta^2 \leqslant 0 \tag{8.57}$$

依据 Lyapunov 稳定性理论可知，滑动模态渐近稳定。

采用趋近律到达条件，选取指数趋近律：

$$\dot{s}_\theta = -k_1 \operatorname{sgn} s_\theta - k_2 s_\theta \tag{8.58}$$

式中，k_1 和 k_2 为正常数。

对式（8.54）求导可得

$$\dot{s}_\theta = \dot{\rho}\dot{e}_\theta + \rho\ddot{e}_\theta + k_3\dot{e}_\theta \tag{8.59}$$

联立式（8.39）、式（8.54）、式（8.57）和式（8.58）可得控制量

$$f_\theta = -(\dot{\rho} + k_2\rho + k_3)\dot{e}_\theta - k_1 \operatorname{sgn} s_\theta - k_2 k_3 e_\theta + \ddot{\theta}^* + 2\dot{\rho}\dot{\theta} - 2n\dot{\rho} - \frac{3}{2}n^2\rho\sin 2\theta \tag{8.60}$$

为验证控制律的渐近稳定性，定义 Lyapunov 函数：

$$V_2 = \frac{1}{2}s_\theta^2 \tag{8.61}$$

对 V_2 求导，并将控制律代入式（8.59）中，可得

$$\begin{aligned}\dot{V}_2 &= s_\theta\dot{s}_\theta = s_\theta(\dot{\rho}\dot{e}_\theta + \rho\ddot{e}_\theta + k_3\dot{e}_\theta)\\ &= s_\theta\left(-2\dot{\rho}\dot{\theta} + 2n\dot{\rho} + \frac{3}{2}n^2\rho\sin 2\theta + \ddot{\theta}^* + f_\theta + \dot{\rho}\dot{e}_\theta + k_3\dot{e}_\theta\right)\\ &= s_\theta(-k_2 s_\theta - k_1 \operatorname{sgn} s_\theta)\\ &\leqslant -k_2 s_\theta^2 \leqslant 0\end{aligned} \tag{8.62}$$

根据 Lyapunov 稳定性理论，控制律式（8.60）可以保证系统全局渐近稳定，但在实现过程中会存在抖振。在选取控制参数时，应增大 k_2，减小 k_1，这样既可以加快收敛速度，又可以削弱抖振。

（2）纵向控制。纵向控制与分时控制中的视线距离与视线距离速率相平面控制律相同。

应用实例 8-2：以两个航天器交会的近程段为例，假设出时刻追踪器在 V-bar 方向对目标站位保持，初始相对位置和速度分别为 [-400, 0, 0] m、[0, 0, 0] m·s^{-1}，即相对距离 400 m，视线方位角 180°；令期望的终端相对位置和速度分布 [-140, 0, 0] m、[0, 0, 0] m·s^{-1}，即相对距离 140 m，视线方位角 180°。设置仿真结束条件为相对距离偏差 0.1 m，视线角偏差 1°。

采用上述两种控制律进行仿真，主要结果如下。

（1）横向和纵向分时控制。取视线转动速率的上限为 $\dot{\theta}_{\mathrm{p}} = 1°/\mathrm{s}$，下限为 $\dot{\theta}_{\mathrm{d}} = -1°/\mathrm{s}$，横向控制加速度 $\boldsymbol{F} = 0.1\ \mathrm{m\cdot s^{-2}}$，纵向滑模控制参数 $k_1 = 4\times10^{-7}$，$k_2 = 0.1$，$k_3 = 0.01$，仿真

结果如图 8 -9 所示，仿真结束时间为第 823 s，仿真结束时相对距离约为 140. 1 m，视线方位角 180°，目标轨道坐标系下追踪器到达相对位置［ -140. 1，0，-0. 039］m，速度增量 5. 66 m/s。从图 8 -9 中可知，控制视线转动速率的方法，无法对视线角进行有效控制，从而导致了目标轨道系下 z 轴方向坐标的变化，即追踪器可能位于以目标器为中心目标视线距离为半径的圆周上，如图 8 -10 所示，即形成一种强制绕飞状态。

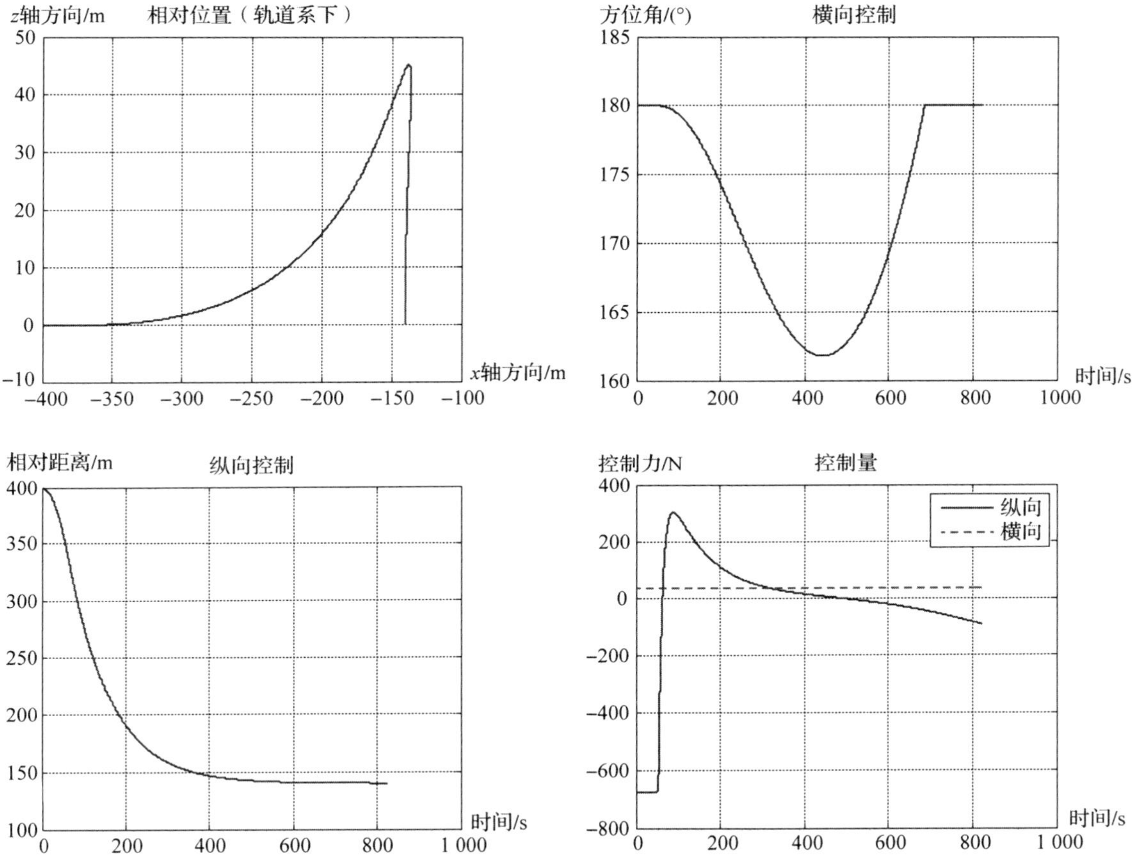

图 8 -9　横向纵向分时控制曲线

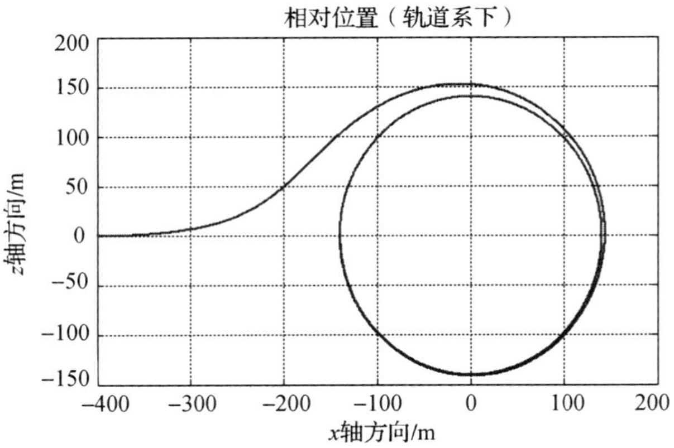

图 8 -10　强制绕飞示例

（2）横向和纵向同时控制。横向和纵向的滑模控制参数均设置为 $k_1=4\times10^{-7}$，$k_2=0.1$，$k_3=0.01$，仿真结果如图 8－11 所示。仿真结束时间为第 823 s，仿真结束时相对距离约为 140.1 m，视线方位角为 180°，目标轨道坐标系下追踪器到达相对位置为［－140.1，0，0］m，速度增量为 3.61 $m\cdot s^{-1}$。

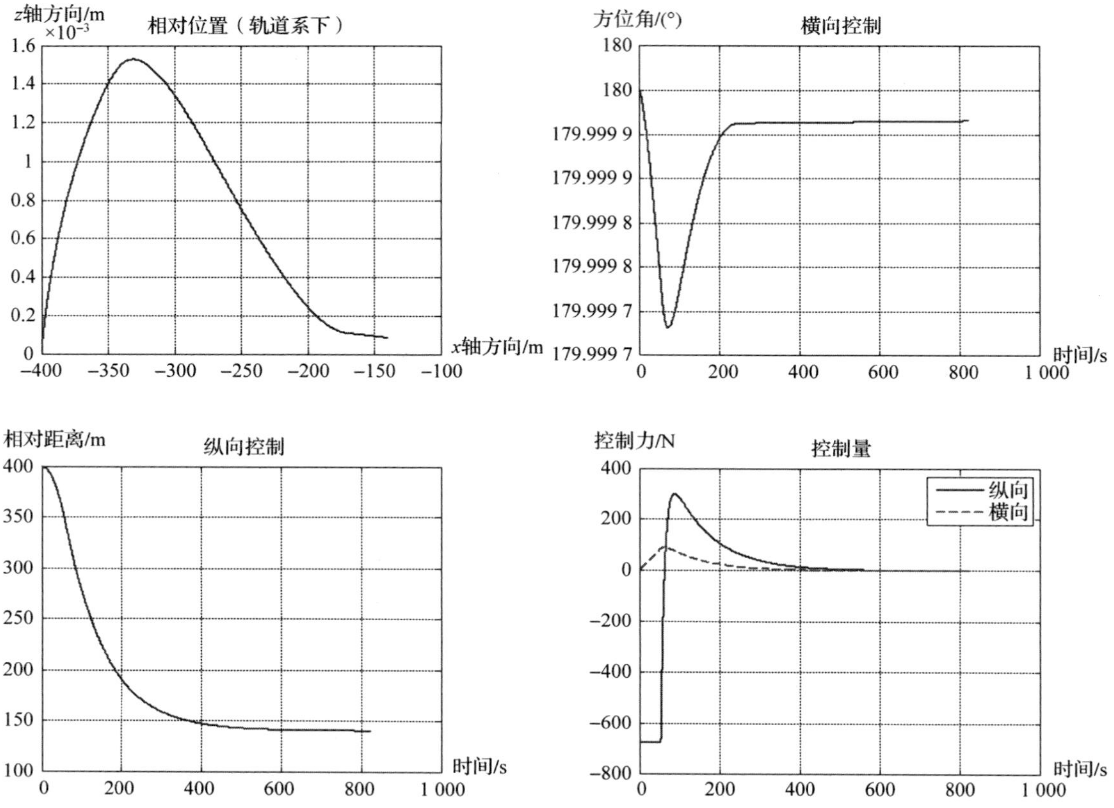

图 8－11　横向和纵向同时控制曲线

思　考　题

1. 8.3 节中介绍的滑模变结构控制律和基于 Lyapunov 稳定性的 PD 控制律形式上有何异同？说明了什么？

2. 基于直角坐标系动力学模型和基于视线动力学模型的相对轨道控制各有什么优缺点？

3. 编程复现应用实例 8－1 和 8－2，调节控制参数，分析控制性能敏感性。

第9章 直线迫近与姿轨联合控制方法

经过中远程轨道转移制导、近程轨道交会之后，两个航天器之间的距离已经进入到百米范围，也就是进入了常说的交会最终逼近段。由于航天器的太能帆板、通信天线等大型附件的影响，在该段内进行的绕飞、交会对接或抓捕等任务对安全性要求非常突出，进而对相对控制精度要求更高。因此，了解和掌握最终逼近段常用的姿轨控制方法是有效展开相关设计工作的重要前提。

通常，交会对接最终比较段的控制策略分成两种：一种是在停泊点调整好姿态之后利用轨控直线往前推，通过弱撞击方式完成对接；另一种是通过姿态和轨道联合控制完成对接。本章内容将重点讲解这两种不同策略的接近控制方案和方法。

9.1 直线迫近制导

在最终逼近过程中，对接口的指向决定了最终逼近段的方案设置，对接口常见的分布方向有 + V - bar、 - V - bar 和 + R - bar，根据对接口方向的不同，对接走廊也对应不同的指向。这样为实现最后对接必须要在对接走廊前端设置平移靠拢段的起点，而通过设置绕飞段或者通过接近段来实现近距离段与平移靠拢段的拼接，如图 9 - 1 所示。

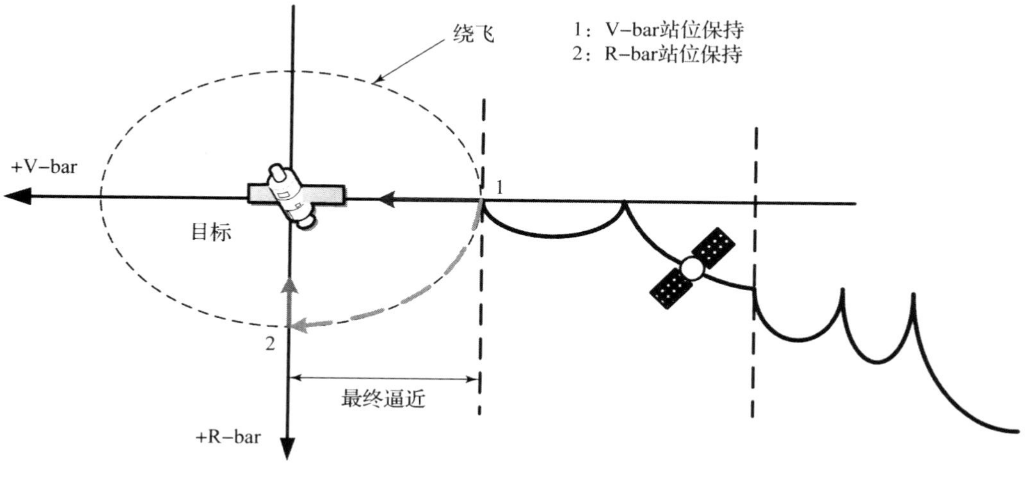

图 9 - 1　最终逼近段接近示意图

受地球引力影响，V - bar 和 R - bar 位置的轨道特性不同，对应的直线迫近制导的实现过程和特征都有区别，下面分别介绍 V - bar 和 R - bar 直线接近进行制导律的设计分析。

9.1.1 V-bar接近制导

假设追踪器在V-bar停泊点停泊，计划沿着V-bar方向直线接近目标器，即追踪器只在轨道系X轴方向有速度，而在Y轴和Z轴方向速度为零，这里根据X轴方向速度V_x的特点分成匀速接近和变速接近两种制导方案。

1. 匀速接近

追踪器沿V-bar方向以速度V_x匀速接近目标器，那么最简单的运动情况就是对X轴方向两脉冲制导，在起始位置X_0处施加脉冲ΔV_{x_1}使追踪器获得速度V_x，在终端位置X_d处施加与ΔV_{x_1}同样大小的反向脉冲ΔV_{x_2}，同时为了使Z轴方向不产生运动需要给Z轴连续施加作用力，如图9-2所示。

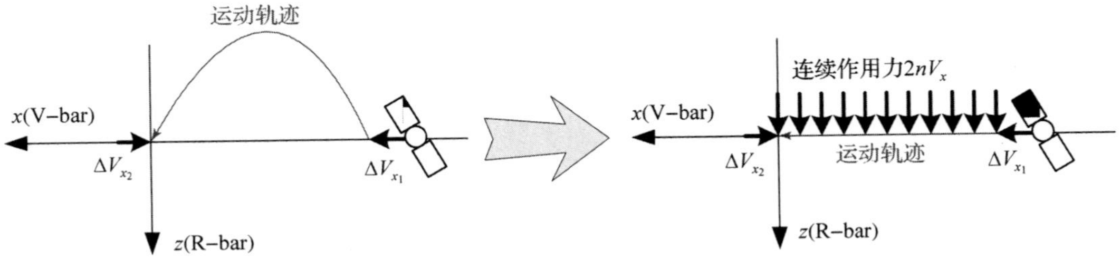

图9-2　直线V-bar接近控制示意图

取在停泊点X_0处的追踪器施加速度脉冲ΔV_{x_1}后系统的初始条件为

$$\begin{aligned} &x_0=X_0 \quad \dot{x}_0=\Delta V_{x_1}=V_x \\ &y_0,z_0=0 \quad \dot{y}_0,\dot{z}_0=0 \quad f_x,f_y=0 \end{aligned} \tag{9.1}$$

在X轴方向$x(t)\in[X_0,X_\mathrm{d}]$范围内的运动方程为

$$x(t)=X_0+V_x\cdot t \tag{9.2}$$

那么根据CW方程可知，在上述初始条件下，只需要Z轴方向作用加速度f_z满足如下条件就可以使Z轴方向无相对运动：

$$f_z=2nV_x \tag{9.3}$$

因此，从位置X_0直线转移到位置X_d所需耗费的总的速度脉冲为

$$\Delta V_{\text{total}}=|\Delta V_{x_1}|+|f_z\cdot\Delta t|+|\Delta V_{x_2}| \tag{9.4}$$

其中，Δt为转移时间，计算如下：

$$\Delta t=\frac{\Delta x}{V_x} \tag{9.5}$$

将式（9.1）、（9.3）和（9.5）代入式（9.6）可得

$$\Delta V_{\text{total}}=\frac{2\Delta x}{\Delta t}+2n\Delta x \tag{9.6}$$

由式（9.6）可知，V-bar匀速接近的燃料消耗随转移时间增加而快速减小，极限情况下最小燃料消耗为$2n\Delta x$，如图9-3所示。

2. 变速接近

对于有限推力情况，追踪器的速度不会突变，会有加速或减速的过程，因此对于同样的V-bar接近则是变速的，下面给出有限常值推力时的变速接近制导律。

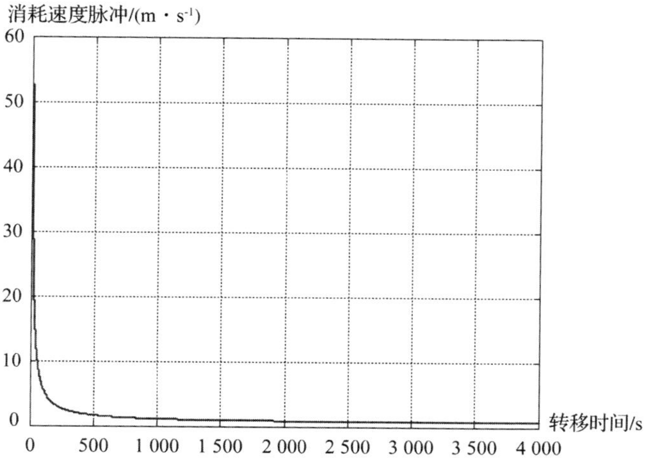

图 9 – 3　V – bar 匀速接近燃料消耗与转移时间的关系曲线

假设初始条件为

$$
\begin{aligned}
&x_0 = X_0 \quad \dot{x}_0 = 0 \\
&y_0, z_0 = 0 \quad \dot{y}_0, \dot{z}_0 = 0 \quad f_x, f_y, f_z = 0
\end{aligned}
\tag{9.7}
$$

则在 X 轴方向 $x(t) \in [X_0, X_d]$ 范围内的运动方程为

$$
x(t) = X_0 + \int_{t_0}^{t_1} V_x(t)\,\mathrm{d}t \tag{9.8}
$$

其中，$V_x(t)$ 满足如下关系：

$$
V_x(t) = \begin{cases} \dfrac{F_x}{M} \cdot t & (t_0 < t \leqslant t_1) \\ V & (t_1 \leqslant t \leqslant t_2) \\ V - \dfrac{F_x}{M} \cdot (t - t_2) & (t_2 \leqslant t \leqslant t_2 + t_1) \end{cases} \tag{9.9}
$$

其中，F_x 为推进器推力；M 为追踪器的质量；V 是中间匀速接近过程速度；t_1 是加速的时间终点；t_2 是减速的时间起点。t_1 可由 F_x、M 和 V 计算：

$$
t_1 = \frac{VM}{F_x} \tag{9.10}
$$

根据位移量 Δx 和 t_1 可计算出 t_2：

$$
t_2 = \frac{\Delta x}{V} \tag{9.11}
$$

同样作用在 Z 轴方向的控制力 f_z 为

$$
f_z = 2nV_x(t) \tag{9.12}
$$

因此，从位置 X_0 直线转移到位置 X_d 所需耗费的总速度脉冲为

$$
\Delta V_{\text{total}} = |\Delta V_{x_1}| + \int_0^{t_1+t_2} |f_z|\,\mathrm{d}t + |\Delta V_{x_2}| = 2|V| + 2n\int_0^{t_1+t_2} |V_x(t)|\,\mathrm{d}t \tag{9.13}
$$

将式（9.9）和式（9.12）代入式（9.13）并化简可得

$$
\Delta V_{\text{total}} = 2V + 2n\Delta x \tag{9.14}
$$

由式（9.14）可知，耗费的总速度脉冲 ΔV_{total} 是关于 V 线性增长的，关系曲线如图 9－4 所示，极限情况下最小燃料消耗为 $2n\Delta x$，这与前一小节中匀速接近的结论一致。

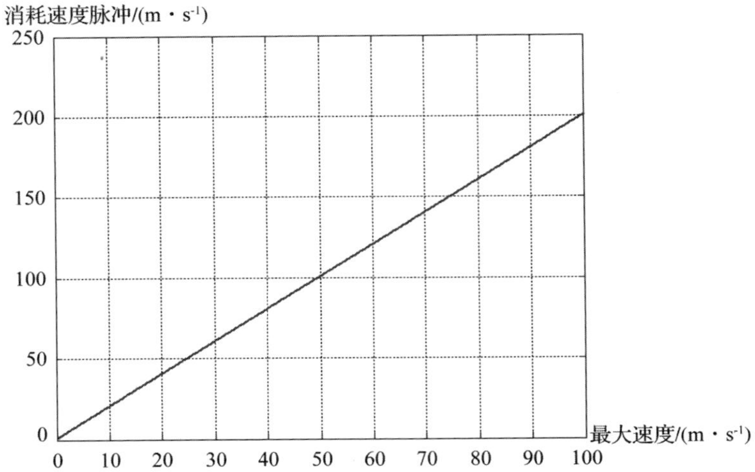

图 9－4　V－bar 变速接近燃料消耗与最大速度的关系曲线

V－bar 变速接近制导与匀速接近制导相比，在 Z 轴方向推力相同时两种制导方式的燃料消耗基本相同，但变速接近的转移时间会大幅增加，也就是说用增加转移接近时间的代价来降低对瞬时速度脉冲增量大小的要求。这个结论，读者可以自行进行仿真验证。

9.1.2　R－bar 接近制导

假设追踪器在 R－bar 停泊点停泊，计划沿着 R－bar 方向接近目标器，即追踪器只在轨道系 Z 轴方向有速度，而在 X 轴和 Y 轴方向速度为零，这里根据 Z 轴方向速度 V_z 的特点分成匀速接近和变速接近两种制导方案。

1. 匀速接近

追踪器沿 R－bar 方向以速度 V_z 匀速接近目标器，那么最简单的运动情况就是对 Z 轴方向两脉冲制导，在起始位置 Z_0 处施加脉冲 ΔV_{z_1} 使追踪器获得速度 V_z，在终端位置 Z_d 处施加与 ΔV_{z_1} 同样大小的反向脉冲 ΔV_{z_2}，同时为了使 X 轴方向不产生运动需要给 X 轴连续施加作用力，如图 9－5 所示。

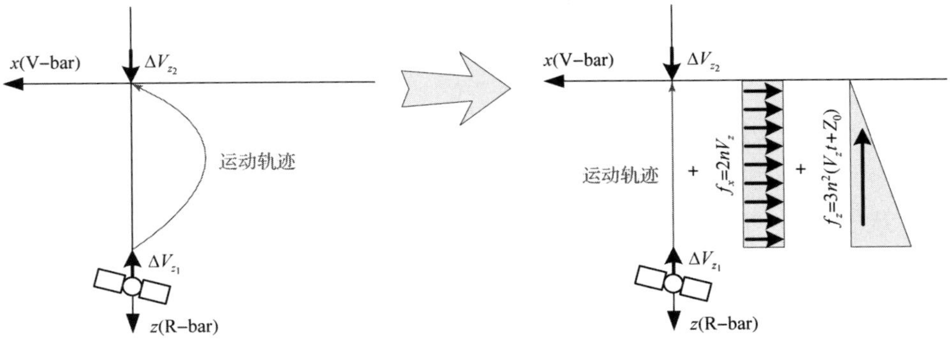

图 9－5　直线 R－bar 接近

取给在停泊点 Z_0 处的追踪器施加速度脉冲 ΔV_{z_1} 后系统的初始条件为

$$\begin{aligned} x_0, y_0 = 0 \quad \dot{x}_0, \dot{y}_0 = 0 \quad f_y = 0 \\ z_0 = Z_0 \quad \dot{z}_0 = \Delta V_z \end{aligned} \tag{9.15}$$

在 Z 轴方向 $z(t) \in [Z_0, Z_d]$ 范围内的运动方程为

$$z(t) = Z_0 + V_z \cdot t \tag{9.16}$$

那么根据 CW 方程可知，在上述初始条件下，只需要 X 轴和 Z 轴方向作用力 f_x、f_z 满足如下条件就可以使 X 轴方向无相对运动：

$$\begin{aligned} f_x &= -2nV_z \\ f_z &= -3n^2(V_z t + Z_0) \end{aligned} \tag{9.17}$$

因此，从位置 Z_0 直线转移到位置 Z_d 所需耗费的总速度脉冲为

$$\Delta V_{\text{total}} = |\Delta V_{z_1}| + |f_x \cdot \Delta t| + |f_z \cdot \Delta t| + |\Delta V_{z_2}| \tag{9.18}$$

整理可得

$$\Delta V_{\text{total}} = \frac{2\Delta z}{\Delta t} + 3n^2(0.5\Delta z + Z_0)\Delta t + 2n\Delta z \tag{9.19}$$

由式（9.6）可知，R－bar 匀速接近的燃料消耗随转移时间增加而呈现先减小后增大的趋势，如图 9－6 所示。

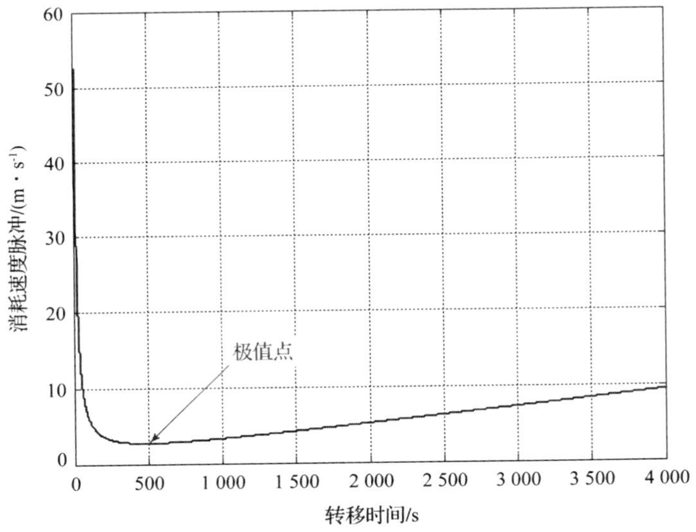

图 9－6　R－bar 匀速接近燃料消耗与转移时间的关系曲线

为了求得对应的最小燃料消耗的转移时间，对式（9.6）求导并令导数为零可得

$$\Delta t = \sqrt{\frac{2\Delta z}{3n^2(0.5\Delta z + Z_0)}} \tag{9.20}$$

对应的燃料消耗为

$$\Delta V_{\text{total}} = 2n(\sqrt{3\Delta z^2 + 6z_0\Delta z} + \Delta z) \tag{9.21}$$

2. 变速接近

与 V－bar 接近类似，下面给出有限推力时的 R－bar 变速接近制导律。

假设初始条件为

$$
\begin{gathered}
x_0, y_0 = 0 \quad \dot{x}_0, \dot{y}_0 = 0 \quad f_y = 0 \\
z_0 = Z_0 \quad \dot{z}_0 = 0
\end{gathered} \tag{9.22}
$$

则在 Z 轴方向 $z(t) \in [Z_0, Z_d]$ 范围内的运动方程为

$$
z(t) = Z_0 + \int_{t_0}^{t_1} V_z(t)\mathrm{d}t \tag{9.23}
$$

其中，$V_z(t)$ 满足如下关系：

$$
V_z(t) = \begin{cases}
\dfrac{F_z}{M} \cdot t & (t_0 < t \leqslant t_1) \\
V & (t_1 \leqslant t \leqslant t_2) \\
V - \dfrac{F_z}{M} \cdot (t - t_2) & (t_2 \leqslant t \leqslant t_2 + t_1)
\end{cases} \tag{9.24}
$$

其中，F_z 为推进器沿 Z 轴方向的推力；M 为追踪器的质量；V 为中间匀速接近过程速度；t_1 为加速的时间终点；t_2 为减速的时间起点。t_1 可由 F_z、M 和 V 计算：

$$
t_1 = \frac{VM}{F_z} \tag{9.25}
$$

根据位移量 Δz 和 t_1 可计算出 t_2：

$$
t_2 = \frac{\Delta z}{V} \tag{9.26}
$$

同样，只需要 X 轴和 Z 轴方向作用力 f_x、f_z 满足如下条件就可以使 X 轴方向无相对运动：

$$
\begin{aligned}
f_x &= -2nV_z \\
f_z &= -3n^2(V_z t + Z_0)
\end{aligned} \tag{9.27}
$$

因此，从位置 Z_0 直线转移到位置 Z_d 所需耗费的总速度脉冲为

$$
\Delta V_{\text{total}} = |\Delta V_{z_1}| + \int_0^{t_1+t_2} |f_x| \mathrm{d}t + \int_0^{t_1+t_2} |f_z| \mathrm{d}t + |\Delta V_{z_2}| \tag{9.28}
$$

将式（9.24）、式（9.25）、式（9.26）和式（9.27）代入式（9.28）并化简可得

$$
\Delta V_{\text{total}} = \left[\frac{3n^2 M}{F_z}\left(\frac{\Delta z}{2} + Z_0\right) + 2 \right] V + \frac{3n^2 \Delta z \left(\dfrac{\Delta z}{2} + Z_0\right)}{V} + 2n\Delta z \tag{9.29}
$$

由式（9.29）可知，耗费的总速度脉冲 ΔV_{total} 会随着 V 的增长呈现先减小后增大的趋势，曲线如图 9-7 所示。为了求得 ΔV_{total} 的极小值点，对式（9.29）求导并令其等于零可得

$$
V = \sqrt{\frac{3n^2 \Delta z \left(\dfrac{\Delta z}{2} + Z_0\right)}{\dfrac{3n^2 M}{F_z}\left(\dfrac{\Delta z}{2} + Z_0\right) + 2}} \tag{9.30}
$$

对应的燃料消耗为

$$
\Delta V_{\text{total}} = 2n\left(\sqrt{3\Delta z\left(\frac{\Delta z}{2} + z_0\right)\left(\frac{3n^2 M}{F_z}\left(\frac{\Delta z}{2} + z_0\right) + 2\right)} + \Delta z \right) \tag{9.31}
$$

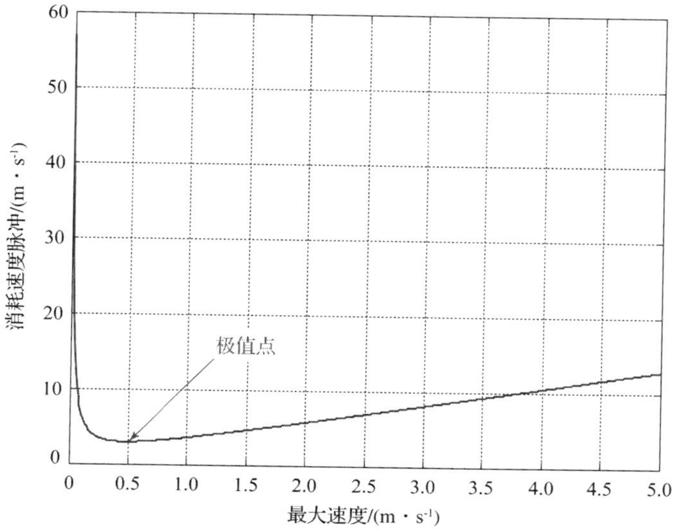

图 9 –7　R – bar 变速接近燃料消耗与最大速度的关系曲线

9.2　六自由度姿轨联合控制

9.2.1　6DOF 相对运动动力学建模

6DOF（DOF，Degrees of Freedom）相对运动控制包括对相对轨道和相对姿态的控制，下面先分别建立相对轨道动力学模型和相对姿态动力学模型，然后通过这两者建立起 6DOF 相对运动动力学模型。

1. 相对轨道动力学模型

将式（3.7）表示非线性的二阶相对运动方程改写成状态空间的形式

$$\begin{cases} \dot{\boldsymbol{r}} = \boldsymbol{v} \\ \dot{\boldsymbol{v}} = A_1\boldsymbol{v} + D_2\boldsymbol{r} + \boldsymbol{g}(r) + \boldsymbol{f} \end{cases} \tag{9.32}$$

式中，

$$\boldsymbol{A}_1 = \begin{bmatrix} 0 & 0 & 2n \\ 0 & 0 & 0 \\ -2n & 0 & 0 \end{bmatrix} \quad \boldsymbol{D}_2 = \begin{bmatrix} n^2 - \dfrac{\mu}{r_{\mathrm{T}}^3} & 0 & \dot{n} \\ 0 & -\dfrac{\mu}{r_{\mathrm{T}}^3} & 0 \\ -\dot{n} & 0 & n^2 + \dfrac{2\mu}{r_{\mathrm{T}}^3} \end{bmatrix} \quad \boldsymbol{g}(\boldsymbol{\rho}) = \begin{bmatrix} -\dfrac{3\mu}{r_{\mathrm{T}}^4}xz \\ -\dfrac{3\mu}{r_{\mathrm{T}}^4}yz \\ \dfrac{\mu}{r_{\mathrm{T}}^3}\left(-\dfrac{3}{2}\dfrac{x^2}{r_{\mathrm{T}}} - \dfrac{3}{2}\dfrac{y^2}{r_{\mathrm{T}}} + 3\dfrac{z^2}{r_{\mathrm{T}}}\right) \end{bmatrix} \tag{9.33}$$

2. 相对姿态动力学模型

假设航天器为刚体，则航天器的姿态动力学方程如下：

$$\boldsymbol{J}\dot{\boldsymbol{\omega}}_{\mathrm{b}} + \tilde{\boldsymbol{\omega}}_{\mathrm{b}}\boldsymbol{J}\boldsymbol{\omega}_{\mathrm{b}} = \boldsymbol{\tau}_{\mathrm{c}} + \boldsymbol{\tau}_{\mathrm{g}} + \boldsymbol{\tau}_{\mathrm{d}} \tag{9.34}$$

式中，$\tilde{\boldsymbol{\omega}}_{\mathrm{b}}$ 是 $\boldsymbol{\omega}_{\mathrm{b}}$ 构造的叉乘矩阵；$\boldsymbol{\tau}_{\mathrm{c}}$ 是控制力矩；$\boldsymbol{\tau}_{\mathrm{g}}$ 是引力梯度力矩；$\boldsymbol{\tau}_{\mathrm{d}}$ 为干扰力矩

$$\tilde{\boldsymbol{\omega}}_{\mathrm{b}}=\begin{bmatrix}0 & -\omega_{\mathrm{b}3} & -\omega_{\mathrm{b}2}\\ \omega_{\mathrm{b}3} & 0 & -\omega_{\mathrm{b}1}\\ -\omega_{\mathrm{b}2} & \omega_{\mathrm{b}1} & 0\end{bmatrix}$$

$$\boldsymbol{M}_{\mathrm{g}}=\frac{3\mu(\boldsymbol{R}_{\mathrm{B}}\boldsymbol{J}\boldsymbol{R}_{\mathrm{B}})}{R_{\mathrm{B}}^{3}}$$

其中，$\boldsymbol{R}_{\mathrm{B}}$ 为器体坐标系中的单位地心矢量；R_{B} 为器的地心距大小。

设 $\boldsymbol{q}$ 为追踪器当前姿态四元数，$\boldsymbol{q}_{\mathrm{d}}$ 为追踪器期望的姿态四元数，$\boldsymbol{q}_{\mathrm{e}}$ 为追踪器姿态误差四元数，则有

$$\boldsymbol{q}_{\mathrm{e}}=\begin{bmatrix}q_{\mathrm{d}4}\boldsymbol{I}_{3\times3}-\bar{\boldsymbol{q}}_{\mathrm{d}}^{\times} & -\bar{\boldsymbol{q}}_{\mathrm{d}}\\ \bar{\boldsymbol{q}}_{\mathrm{d}}^{\mathrm{T}} & q_{\mathrm{d}4}\end{bmatrix}\boldsymbol{q}\tag{9.35}$$

式中，$q_{\mathrm{d}4}$ 和 $\bar{\boldsymbol{q}}_{\mathrm{d}}$ 分别为期望姿态四元数 $\boldsymbol{q}_{\mathrm{d}}$ 的标部和矢部。误差四元数对应的姿态矩阵

$$\boldsymbol{A}_{\mathrm{e}}=(q_{\mathrm{e}4}^{2}-\bar{\boldsymbol{q}}_{\mathrm{e}}^{\mathrm{T}}\bar{\boldsymbol{q}}_{\mathrm{e}})\boldsymbol{I}_{3\times3}+2\bar{\boldsymbol{q}}_{\mathrm{e}}\bar{\boldsymbol{q}}_{\mathrm{e}}^{\mathrm{T}}-2q_{\mathrm{e}4}\bar{\boldsymbol{q}}_{\mathrm{e}}^{\times}\tag{9.36}$$

式中，$q_{\mathrm{e}4}$ 和 $\bar{\boldsymbol{q}}_{\mathrm{e}}$ 分别为误差四元数 $\boldsymbol{q}_{\mathrm{e}}$ 的标部和矢部。设追踪器在当前体坐标系的角速度矢量为 $\boldsymbol{\omega}_{\mathrm{b}}$，在期望姿态对应的体坐标系中的姿态角速度矢量为 $\boldsymbol{\omega}_{\mathrm{d}}$，则当前体坐标系中的角速度误差矢量为 $\boldsymbol{\omega}_{\mathrm{e}}$，有

$$\boldsymbol{\omega}_{\mathrm{e}}=\boldsymbol{\omega}_{\mathrm{b}}-\boldsymbol{A}_{\mathrm{e}}\boldsymbol{\omega}_{\mathrm{d}}\tag{9.37}$$

所以姿态误差四元数变化率

$$\dot{\boldsymbol{q}}_{\mathrm{e}}=\frac{1}{2}\begin{bmatrix}-\tilde{\boldsymbol{\omega}}_{\mathrm{e}} & \boldsymbol{\omega}_{\mathrm{e}}\\ -\boldsymbol{\omega}_{\mathrm{e}}^{\mathrm{T}} & 0\end{bmatrix}\boldsymbol{q}_{\mathrm{e}}\tag{9.38}$$

对式（9.38）两边求导有

$$\ddot{\boldsymbol{q}}_{\mathrm{e}}=\frac{1}{2}\begin{bmatrix}-\dot{\tilde{\boldsymbol{\omega}}}_{\mathrm{e}} & \dot{\boldsymbol{\omega}}_{\mathrm{e}}\\ -\dot{\boldsymbol{\omega}}_{\mathrm{e}}^{\mathrm{T}} & 0\end{bmatrix}\boldsymbol{q}_{\mathrm{e}}+\frac{1}{2}\begin{bmatrix}-\tilde{\boldsymbol{\omega}}_{\mathrm{e}} & \boldsymbol{\omega}_{\mathrm{e}}\\ -\boldsymbol{\omega}_{\mathrm{e}}^{\mathrm{T}} & 0\end{bmatrix}\dot{\boldsymbol{q}}_{\mathrm{e}}\tag{9.39}$$

对式（9.39）两边求导并将式（9.34）代入可得

$$\begin{aligned}\dot{\boldsymbol{\omega}}_{\mathrm{e}}&=\dot{\boldsymbol{\omega}}_{\mathrm{b}}-\boldsymbol{A}_{\mathrm{e}}\dot{\boldsymbol{\omega}}_{\mathrm{d}}+\tilde{\boldsymbol{\omega}}_{\mathrm{e}}\boldsymbol{A}_{\mathrm{e}}\omega_{\mathrm{d}}\\&=\boldsymbol{J}^{-1}(\boldsymbol{\tau}_{\mathrm{g}}+\boldsymbol{\tau}_{\mathrm{d}}-\tilde{\boldsymbol{\omega}}_{\mathrm{b}}\boldsymbol{J}\boldsymbol{\omega}_{\mathrm{b}})-\boldsymbol{A}_{\mathrm{e}}\dot{\boldsymbol{\omega}}_{\mathrm{d}}+\tilde{\boldsymbol{\omega}}_{\mathrm{e}}\boldsymbol{A}_{\mathrm{e}}\omega_{\mathrm{d}}+\boldsymbol{J}^{-1}\boldsymbol{\tau}_{\mathrm{c}}\\&=\boldsymbol{h}_{\mathrm{e}}+\boldsymbol{J}^{-1}\boldsymbol{\tau}_{\mathrm{c}}\end{aligned}\tag{9.40}$$

其中，

$$\boldsymbol{h}_{\mathrm{e}}=\boldsymbol{J}^{-1}(\boldsymbol{\tau}_{\mathrm{g}}+\boldsymbol{\tau}_{\mathrm{d}}-\tilde{\boldsymbol{\omega}}\boldsymbol{J}\boldsymbol{\omega})-\boldsymbol{A}_{\mathrm{e}}\boldsymbol{\omega}_{\mathrm{d}}+\tilde{\boldsymbol{\omega}}_{\mathrm{e}}\boldsymbol{A}_{\mathrm{e}}\boldsymbol{\omega}_{\mathrm{d}}\tag{9.41}$$

将式（9.40）代入式（9.39）可得

$$\ddot{\bar{\boldsymbol{q}}}_{\mathrm{e}}=\boldsymbol{A}_{2}\dot{\boldsymbol{q}}_{\mathrm{e}}+\boldsymbol{D}_{2}\boldsymbol{q}_{\mathrm{e}}+[q_{\mathrm{e}4}\boldsymbol{I}_{3\times3}+\tilde{\bar{\boldsymbol{q}}}_{\mathrm{e}}]\boldsymbol{J}^{-1}\boldsymbol{\tau}_{\mathrm{c}}\tag{9.42}$$

其中，$\boldsymbol{D}_{2}=\frac{1}{2}[-\tilde{\boldsymbol{h}}_{\mathrm{e}}\quad \boldsymbol{h}_{\mathrm{e}}]$，$\boldsymbol{A}_{2}=\frac{1}{2}[-\tilde{\boldsymbol{\omega}}_{\mathrm{e}}\quad \boldsymbol{\omega}_{\mathrm{e}}]$。

至此，就建立了如式（9.42）所示的基于误差四元数的相对姿态动力学方程。

3. DOF 相对运动动力学模型

将相对位置和相对姿态四元数状态合并，即令姿轨联合状态量 $\boldsymbol{x}=[\boldsymbol{r}^{\mathrm{T}}\quad \bar{\boldsymbol{q}}_{\mathrm{e}}^{\mathrm{T}}]^{\mathrm{T}}$，联合控

制量 $\boldsymbol{u}=[\boldsymbol{f}^{\mathrm{T}}\quad \boldsymbol{\tau}_{\mathrm{c}}^{\mathrm{T}}]^{\mathrm{T}}$，并忽略各种外界干扰，则可得 6DOF 非线性动力学模型

$$\ddot{\boldsymbol{x}}=\boldsymbol{\xi}(\boldsymbol{x},\dot{\boldsymbol{x}},t)+\boldsymbol{B}_1\boldsymbol{u} \tag{9.43}$$

式中，

$$\boldsymbol{\xi}=\begin{bmatrix}\boldsymbol{A}_1\dot{\boldsymbol{r}}+\boldsymbol{D}_2\boldsymbol{r}+\boldsymbol{g}(\boldsymbol{r})\\ \boldsymbol{A}_2\dot{\boldsymbol{q}}_{\mathrm{e}}+\boldsymbol{D}_2\boldsymbol{q}_{\mathrm{e}}\end{bmatrix}\qquad \boldsymbol{B}_1=\begin{bmatrix}\boldsymbol{I}_{3\times3} & \\ & [q_{\mathrm{e}4}\boldsymbol{I}_{3\times3}+\tilde{\tilde{\boldsymbol{q}}}_{\mathrm{e}}]\boldsymbol{J}^{-1}\end{bmatrix}$$

9.2.2　滑模变结构控制律设计

定义误差矢量 $\boldsymbol{e}=\boldsymbol{x}-\boldsymbol{x}_{\mathrm{d}}$，则有

$$\dot{\boldsymbol{e}}=\dot{\boldsymbol{x}}-\dot{\boldsymbol{x}}_{\mathrm{d}}\qquad \ddot{\boldsymbol{e}}=\ddot{\boldsymbol{x}}-\ddot{\boldsymbol{x}}_{\mathrm{d}} \tag{9.44}$$

选取如下形式的切换函数

$$\dot{\boldsymbol{s}}=\dot{\boldsymbol{e}}+\boldsymbol{\lambda}\boldsymbol{e} \tag{9.45}$$

式中，$\boldsymbol{\lambda}$ 为六阶正定对称常值矩阵。

当系统状态处于滑动平面 $\boldsymbol{s}=0$ 时，系统处于滑动模态，且滑动模态稳定。

引入趋近律刻画趋近运动（非滑动模态），选择指数趋近律：

$$\dot{\boldsymbol{s}}=-\boldsymbol{k}\boldsymbol{s}-\boldsymbol{\varepsilon}\operatorname{sgn}\boldsymbol{s} \tag{9.46}$$

式中，$\boldsymbol{k}$ 和 $\boldsymbol{\varepsilon}$ 为对角阵；$\boldsymbol{k}=\operatorname{diag}[k_1\quad\cdots\quad k_6]$（$k_i>0$）；$\boldsymbol{\varepsilon}=\operatorname{diag}[\varepsilon_1\quad\cdots\quad\varepsilon_6]$（$\varepsilon_i>0$）；$\operatorname{sgn}s=[\operatorname{sgn}s_1\quad\cdots\quad\operatorname{sgn}s_6]^{\mathrm{T}}$。

联立式（9.43）~式（9.46），可得

$$\boldsymbol{u}=\boldsymbol{B}_1^{-1}[-\xi(\boldsymbol{x},\dot{\boldsymbol{x}},t)+\ddot{\boldsymbol{x}}_d-(\boldsymbol{\lambda}+\boldsymbol{k})\dot{\boldsymbol{e}}-\boldsymbol{k}\boldsymbol{\lambda}\boldsymbol{e}-\boldsymbol{\varepsilon}\operatorname{sgn}\boldsymbol{s}] \tag{9.47}$$

式中，$\boldsymbol{\lambda}$、$\boldsymbol{k}$ 和 $\boldsymbol{\varepsilon}$ 为控制参数。$\boldsymbol{k}$ 越大，趋近速度越快；$\boldsymbol{\varepsilon}$ 越大，抖振越大。

系统稳定性证明。定义 Lyapunov 函数：

$$\boldsymbol{V}=\frac{1}{2}\boldsymbol{s}^{\mathrm{T}}\boldsymbol{s} \tag{9.48}$$

求导可得

$$\dot{\boldsymbol{V}}=\boldsymbol{s}^{\mathrm{T}}\dot{\boldsymbol{s}}=\boldsymbol{s}^{\mathrm{T}}(\ddot{\boldsymbol{e}}+\boldsymbol{\lambda}\dot{\boldsymbol{e}})=\boldsymbol{s}^{\mathrm{T}}[\xi(\boldsymbol{x},\dot{\boldsymbol{x}},t)+\boldsymbol{B}_1\boldsymbol{u}+\boldsymbol{\lambda}\dot{\boldsymbol{e}}] \tag{9.49}$$

将式（9.47）代入式（9.49）可得

$$\dot{\boldsymbol{V}}=\boldsymbol{s}^{\mathrm{T}}[-\boldsymbol{k}\boldsymbol{s}-\boldsymbol{\varepsilon}\operatorname{sgn}\boldsymbol{s}]\leqslant-\boldsymbol{s}^{\mathrm{T}}\boldsymbol{k}\boldsymbol{s}\leqslant0 \tag{9.50}$$

根据 Lyapunov 稳定性理论可知，该闭环系统全局渐近稳定。

思　考　题

1. 直线迫近制导中，V－bar 变速接近制导与匀速接近制导各自有什么优势和代价？

2. 尝试利用 TH 方程推导适用于椭圆轨道的直线迫近制导律。

3. 如式（9.43）所示建立的六自由度姿轨联合动力学模型，把解耦的相对轨道动力学模型和相对姿态动力学模型联合在一个矢量方程下，实际上这是一种简化的模型。请尝试建立姿轨耦合的相对运动模型。

第 10 章　典型航天器相对导航与控制系统案例分析

自 20 世纪 60 年代美国双子星座 8 号飞船与阿金纳号火箭在世界上首次实现空间交会对接至今，全球一共进行了超过 500 次的空间交会对接。合作目标的交会对接相对导航与控制技术发展最为完整，而对非合作目标的交会对接技术目前还在高速发展。了解已经完成的典型交会对接项目采用的相对导航与控制系统设计可以借鉴成功经验，是后续进行航天器交会对接相对导航与控制系统设计实践的重要基础。本章以欧空局的自动转移飞行器和美国的轨道快车项目作为案例，分别分析对合作目标与非合作目标的相对导航与控制系统。尽管这两个项目涉及的航天器自发射入轨至今已将近 15 年，但是其所研发的技术和标准依然被后续的型号计划所采用、改进。

10.1　自动转移飞行器

10.1.1　项目背景与目的

早在 20 世纪 80 年代，欧洲航天局（ESA）就为赫尔墨斯 – 哥伦布（Hermes Columbus）舱规划研发交会对接技术。Columbus 是“有人照料的自由飞行体”（Man – Tended Free – Flyer，MTFF），计划与美国“自由”（Freedom）空间站对接；而 Hermes 是欧洲空间飞机（Space Plane），计划访问 MTFF。Hermes – Columbus 是一个庞大而复杂的空间规划，它激发了欧洲人对载人航天的热情与活力。然而，进入 20 世纪 90 年代后，受欧洲政治变化的影响，MTFF 与 Hermes 项目被中止，东西方空间站规划合并为“国际空间站”（ISS）。于是，ESA 开始研发自动转移飞行器（ATV），计划与“国际空间站（ISS）”交会对接，提供货运服务。

2008 年 2 月，欧洲哥伦布实验舱和 ISS 成功对接，从此在 ISS 这个国际合作项目中，ESA 将从一个建设 ISS 的合作伙伴逐步变为 ISS 的操作、运行方，这也意味着 ESA 需要负责 ISS 的正常运作，而且要承担 ISS 运行费用的 8.3%。ESA 需承担的这一部分责任将通过向 ISS 提供服务来实现，它会给 ISS 运输干货、水、气体和推进器的补给燃料，也会给 ISS 提供一定的推力，提供的这些推力不仅能进行 ISS 的姿态控制，进行空间碎片的规避机动，也能再推升 ISS 以补偿由大气阻力（对于轨道高度是 340 km 的大型国际空间站，大气阻力的作用还是很重要的）造成的轨道衰减。这些服务都是借助 ATV 实现的。

ATV 是 ESA 投资 25 亿欧元研制的不载人飞行器，其货运能力是俄罗斯“进步号”货运飞船的 3 倍，是迄今为止欧洲研制的最复杂、最大的飞行器。ATV 共规划 7 次飞行，第 6 次飞行时演示验证飞行器，其他的 6 次为每 18 个月发射 1 次，或者按 ISS 需求发射。

目前，ATV 已经成功发射 3 次，这里重点讨论第 1 次。第一艘 ATV 是以法国著名科幻作家 Jules Verne 命名的，于 2008 年 3 月 9 日用阿里安 –5 航天器发射成功。Verne 入轨后经历了调相段、停泊段、与 ISS 对接飞行段和最后的再入烧毁阶段。

从大方向来讲，ATV – JV 演示验证的主要项目和关键技术有：①传感器技术验证；②交会对接的制导、导航与控制（GNC）技术；③智能自主运行管理与安全保障技术；④对接后的在轨服务操作技术；⑤分离和再入技术。具体地讲，分不同飞行阶段演示验证不同的技术：①调相段，主要演示姿态控制技术、星载 GPS 在轨导航能力、轨道机动技术、防碰撞机动能力；②接近和靠拢段，主要演示相对导航技术（测试视频测量仪 VDM 和无线电测向仪 TGM）、相对 GPS 导航能力、安全逃逸机动能力、在轨停泊；③对接后，主要演示验证燃料传输技术、组合体轨道推升和姿态控制等；④分离段，主要演示 ATV 与 ISS 自动分离、轨道机动等。

10.1.2　GNC 方案和飞行程序

1. GNC 方案

ATV 的 GNC 系统框图如图 10 – 1 所示。该 GNC 系统覆盖了所有任务段并能进行各种机动，每种飞行情况都有对应的 GNC 配置和工作模式，也采用了不同的 GNC 算法，其主要特点如下。

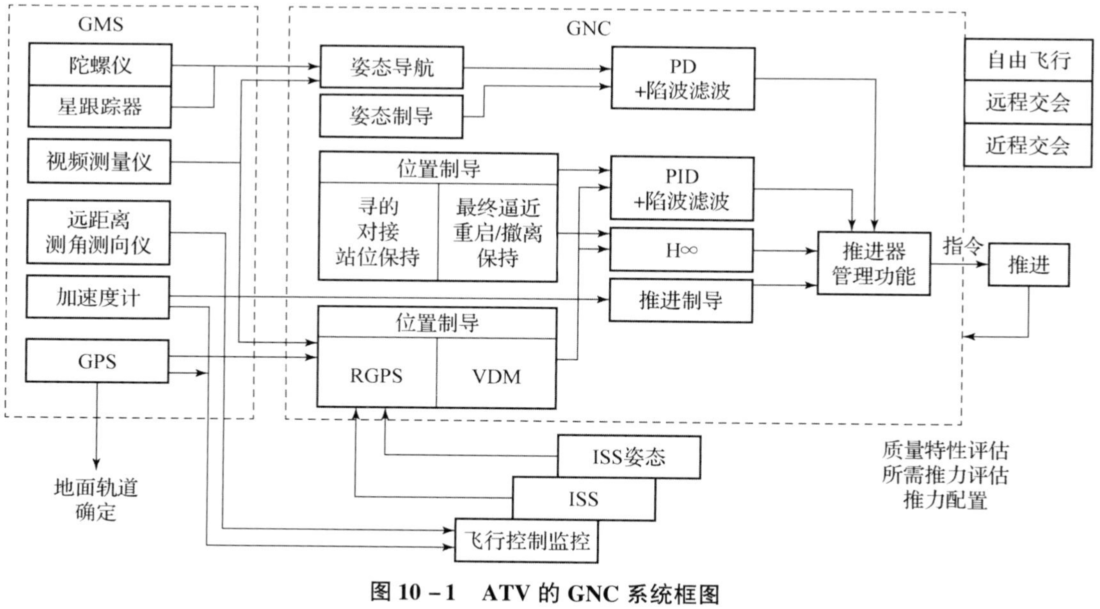

图 10 – 1　ATV 的 GNC 系统框图

（1）陀螺/恒星姿态导航，采用了离散 PD 姿态控制器，包含针对弯曲模式的陷波滤波器和估计干扰力矩的 Kalman 滤波器。

（2）相对 GPS Kalman 滤波器，利用 ATV 和 ISS 的 GPS 接收机原始测量数据之差驱动滤波器，远程制导律由固定时间的 CW 线性化相对运动方程导出。

（3）近程交会导航（含轨道和姿态信息），利用可照亮 ISS 目标点的光学传感器，采用可高精度处理保持/恢复/撤离请求的近程交会 H ∞最优鲁棒控制器和制导方案。

（4）基于分类编目的推力器管理功能，能选择和驱动恰当的推力器，将力和力矩请求转换成适当的点火指令。

由于可控性的原因，控制频率选择 1 Hz。推进器指令必须在每 1 s 周期内尽快地传送给推进系统。算法执行的时序取决于 GNC 所执行的具体计算。在依据传感器测量参数计算点火指令时，仅有必要的算法在控制开始阶段被调用，其他算法则在点火指令发出后的周期内被调用。这种独特的任务和算法分割对于满足难以解决的实时限制是非常必要的。

交会过程中的回转、推进、接近等机动的持续时间取决于各种各样的参数，而这些参数事先并不知道，因此 GNC 需要在机动结束时发送当前的事件驱动标识，作为下一个 GNC 模式被执行的必要条件。GNC 也有助于飞行器的故障检测、隔离与恢复。检测到异常后，GNC 向任务和飞行器管理功能模块（MVM）发出报警信号，并对 MVM 返回的修复请求做出响应。某些 GNC 重要参数通过遥测系统送往地面，允许 ATV 指挥控制中心监控飞行。

ATV 的 GNC 系统的测量敏感器和执行机构的配置如表 10 – 1 所示。

表 10 – 1　ATV 交会对接的 GNC 系统配置

类别	配置	功能
测量敏感器	陀螺组件（GYRA）	惯性测量
	加速度计组件（ACCA）	
	星敏感器（STR）2 个	绝对定姿
	GPS 接收机 2 台	绝对导航和远程段相对导航
	无线电测距仪（TGM）2 台	相对距离和视线角测量
	视频测量仪（VDM）2 台	逼近段相对导航
	无线电测量系统（KURS）1 台	相对距离及变化率测量
执行机构	490 N 发动机 4 台；220 N 发动机，服务舱 20 台（分 4 组），货舱 8 台（分 4 组）	姿轨控

（1）陀螺组件（GYRA），由 4 个两轴“干式调谐陀螺仪”（DTG）组成，成棱锥型几何构型。GYRA 提供 ATV 惯性姿态信息，容许 2 个 DTG 失效。

（2）加速度计组件（ACCA），由 3 个两轴加速度组成，提供 ATV 非引力加速度测量信息，容许 1 个失效，且可探测第 2 故障。ACCA 在平稳飞行期间进行校准。

（3）星敏感器（STR），由带有遮光板的冷 CCD 阵列组成，通过对照星上恒星表的星空目标图形识别，提供 ATV 惯性姿态。在交会阶段，2 个 STR 处于热备份的工作状态；除此之外，2 个 STR 一起处于冷备份状态，用于自由飞行。

（4）GPS 接收机，测量信息在整个使命期间用于地面轨道测定，提供空间绝对位置与时间；在远程交会阶段，也用于 ATV 相对位置测量。

（5）视频测量仪（VDM），主要由 2 个安装在 ATV 上的 VDM 和安装在 ISS 上的交会目标（反射器）组成，是基于视觉传感器技术开发的敏感器。在最终逼近段，用一激光源照亮服务模块上的交会目标。VDM 的 CCD 产生的图像经处理后可获得距离、视线角和相对姿态的测量信息。

（6）无线电测距（TGM），由激光二极管与带有电子盒的旋转镜组成，是一个基于激光测量的主动光电测量系统，在最终逼近段内提供测距、测距率及视线的测量信息。

（7）无线电测量系统（KURS）即微波雷达，提供测距和测距率信息。

（8）推进系统包含两类推力器：一类由 4 台“轨道控制系统”主推力器组（每台推力 490 N）组成，用于大推力轨道转移（机动速度超过 5 $m \cdot s^{-1}$），安装在飞行器尾部；另一类是 28 台姿控推力器（每台推力 220 N），用于姿态控制和小推力轨道机动和交会（机动速度小于 5 $m \cdot s^{-1}$），其中 8 台安装在 ATV 前缘货舱外，另 20 台安装在 ATV 后缘服务舱外。

在 ATV 入轨到与空间站交会对接过程中，不同距离应用不同的测量敏感器，测量范围重合的敏感器互为备份，如图 10－2 所示。

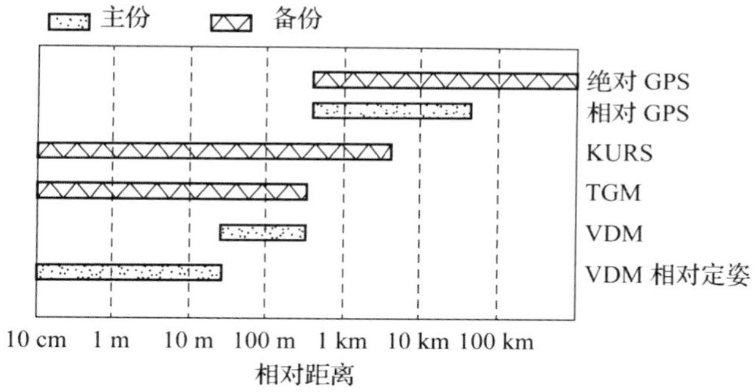

图 10－2　GNC 测量敏感器使用方案

ATV 姿态控制要应对所有飞行阶段的大量的姿态机动和轨道机动，因此，在整个使命期间 ATV 绝对姿态与角速率估计值要以很高的可靠性自主、连续地获得。调相机动时 ATV 接收到的绝对数据传到地面 ATV－CC，由 ATV－CC 估计 ATV 的绝对位置和速度。在邻近运作期间，相对状态矢量在 ATV 上获得。远距离交会，选择相对 GPS 导航，直到 ATV 距 ISS 600 m 为止。整个远距离交会段绝对 GPS 作为冗余备份，部分阶段 KURS 系统作为冗余备份。近距离交会应用光学敏感器相对导航，600 m 以内使用 VDM 作为主敏感器，TGM 和 KURS 作为冗余备份。

2. 飞行程序

整个 ATV 飞行任务的飞行阶段划分以及各阶段采用的 GNC 如图 10－3 所示。

ATV 的飞行流程主要可分为：发射和早期运行段，从起飞至 ATV 入轨后 2 圈结束；轨道调相段，如图 10－4 所示，通过多次轨道机动追赶相位差和高度差，控制 ATV 运行至自主导引瞄准点（AP，ISS 后方 39 km，下方 5 km），在 2 次霍曼变轨基础上，一般包括 2 个机动至漂移轨道的脉冲（TP，同时修正发射延迟和入轨偏差）、漂移轨道上的远离飞行能力和碰撞规避能力验证脉冲、弥补计算累积误差的脉冲/减小轨道高度差和修正轨道误差的脉冲，以及 0.5 圈为间隔的 3 个瞄准 AP 点的脉冲。

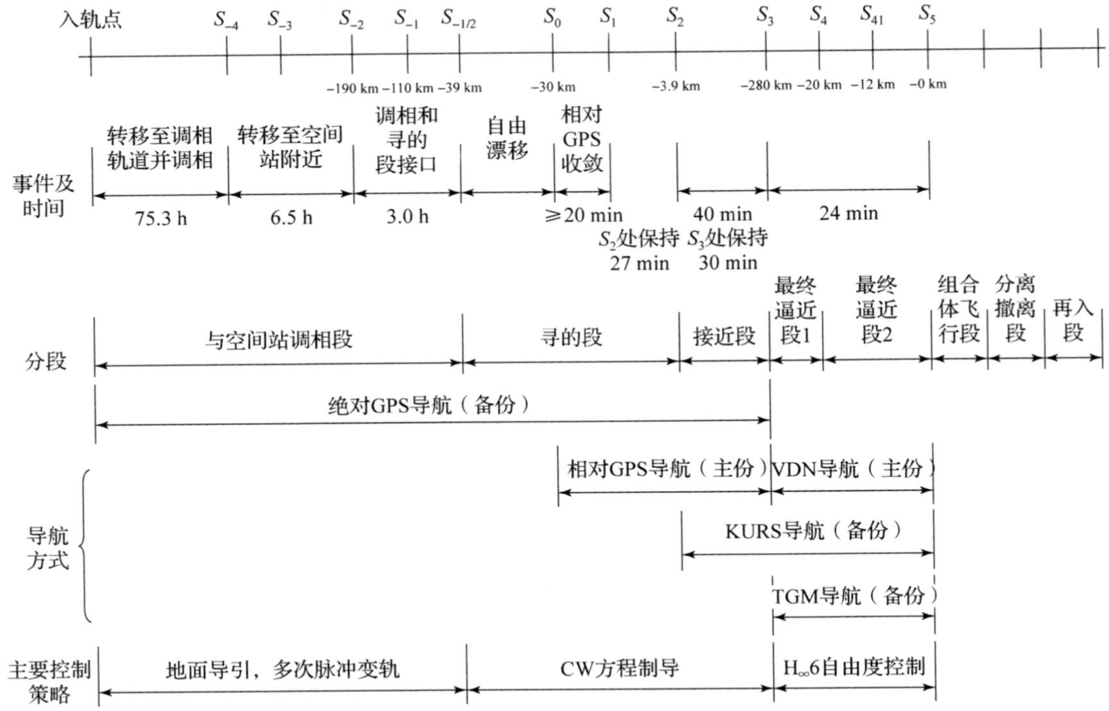

图 10－3　ATV GNC 系统的飞行程序

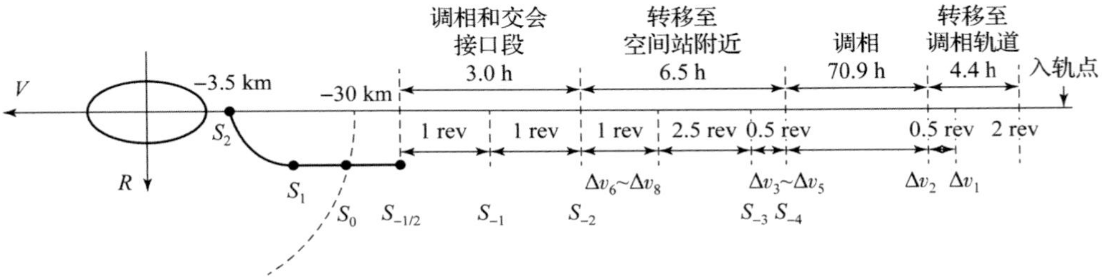

图 10－4　ATV 与空间站调相段

调相段脉冲在开环条件下完成，难以保证在最后一个脉冲结束时刻到达点 S_0，或者即使到达点 S_0，但位置和速度弥散无法满足相对 GPS 收敛和寻的段的安全性要求。因此，在调相段和交会段之间插入一个调相和交会接口段，其间插入 3 个小修正，保证精度能够满足安全性要求，此阶段如图 10－5 所示。

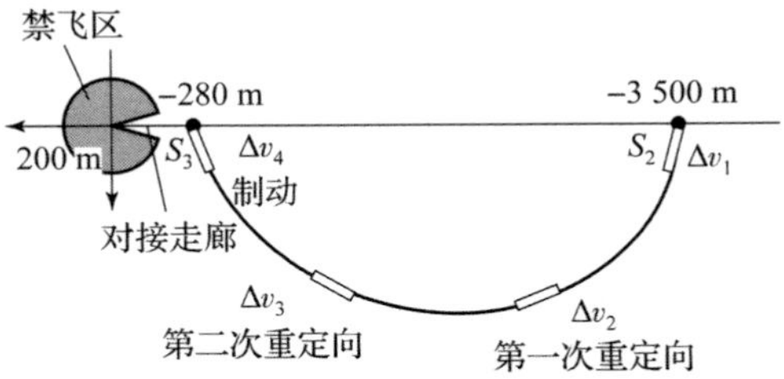

图 10－5　调相和交会接口段

（1）寻的和接近段，在相对距离 30 km 处，ATV 与 ISS 建立星间通信链路，相对 GPS 开机，相对 GPS 经过不少于 20 min 的收敛稳定后，开始以相对 GPS 作为相对导航方式。该段的相对轨道控制策略基于 CW 线性化方程，未考虑空间站的偏心率、J2 项摄动或差分大气阻力，采用 4 脉冲控制，如图 10－6 所示。

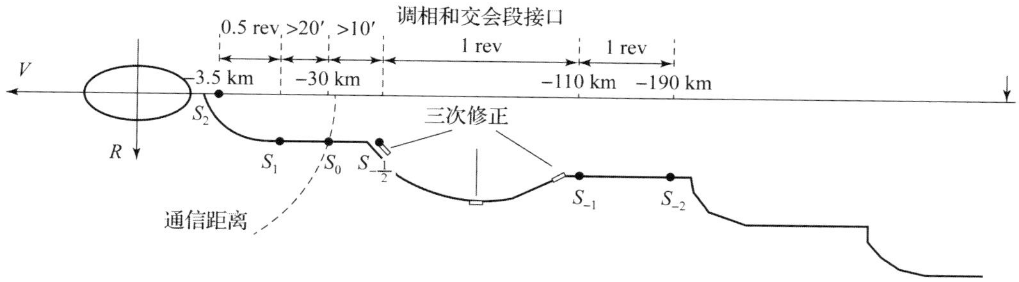

图 10－6　四脉冲轨控示意图

（2）最终逼近段，该段 ATV 以 V－bar 策略逼近空间站，在点 S_4、S_5 间保持与空间站对接口的相对姿态指向，并进行平移完成与空间站的对接。该段中，由于 ATV 本身的 GNC 系统收传感器、执行机构、液体晃动以及太阳能帆板挠性的限制和影响，为了保证最终平移靠拢的精度、足够的稳定裕度和鲁棒性，采用 H ∞控制策略。

（3）联合飞行段，其间可为 ISS 提供升轨控制、规避空间碎片碰撞的轨道机动，以及 ISS 计算机失效或陀螺需要卸载时的备份姿态控制。

（4）分离撤离再入段。该段 ATV 与空间站分离，并执行撤离轨道机动，最终在预定时刻通过刹车减速再入大气层返回地面。

10. 1. 3　完成情况

ATV 入轨后首先进入调相阶段，大概持续九天，成功进行了一系列轨道机动和相关演示。ATV 于 3 月 27 日离开停泊轨道机动至 ISS 附近位置，然后开展了为期两天的演示验证。3 月 29 日，ATV 成功完成了第 1 个验证日的演示验证任务，即成功验证了 ATV 与 ISS 的相对导航技术、相对 GPS 导航技术、安全机动技术等。3 月 31 日，ATV 成功完成了第 2 个验证日的演示验证任务，即成功测试了 ATV 近端接近和控制技术，以及突发情况下的机动、测试 VDM 和 TGM 传感器设备等。4 月 3 号，ATV 成功完成了第 3 个验证日的演示验证任务，实施过程与第 2 个验证日基本相同，星载计算机使用 VDM 数据进行最终逼近和对接机动的控制，并应用 TGM 进行飞行控制监测，最终完全自主地对接成功，对接精度是1. 5 cm。对接后完成了相关在轨服务技术的验证。于 9 月 29 日，ATV 与 ISS 实施制动点火，最后成功离轨。

10. 2　轨道快车

10. 2. 1　项目背景与目的

"轨道快车"（Orbit Express，OE）计划又称轨道快车高级技术演示或轨道快车演示系统。该卫星是以空间防御为目的而开发的一种太空维修技术验证卫星，其包括作为追踪器的实验性服务卫星系统，即“空间自动化运输机器人”（ASTRO）和作为目标器的“下一代卫星”（NEXTSat），如图 10－7 所示。

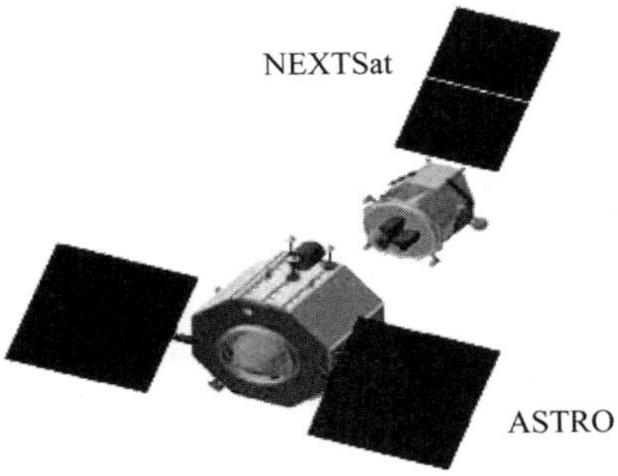

图 10－7　OE 在轨组成部分

轨道快车计划的宗旨在于试验在轨卫星的“自我维护、自我保养和自我生存”能力，验证飞行器的自主逼近、交会、捕获、电力连接、流体传运（自主在轨燃料加注）、自动臂应用（关键组件的替换）以及 AVGS 的性能等，主要具有四方面意义。

（1）延长卫星的寿命，提高在轨卫星的生存能力。

（2）执行未来维修任务，拯救事故卫星。

（3）轨道快车卫星能自行变轨，灵活运动，而不必围绕固定轨道运行，极大地提高了卫星的侦察能力。

（4）轨道快车卫星可以作为空间作战机器人，在太空中掳夺敌方卫星。

追踪星主要技术性能指标如表 10－2 所示。目标星是以美国 Ball 实验室惯性卫星标准平台 RS－300 为基础的，星上装有下列主要部件：①与追踪星相应交会操作辅助设备，如被动对接敏感器、反向发射器和叉形对接机构；②十字形网络天线；③与追踪星相匹配的机械电器接口；④分离机构；⑤轨道替换单元和贮存舱；⑥燃料输送模块。

表 10－2　追踪星主要技术性能指标

系统名称	技术性能
星上计算机	开式结构和模块化设计；RAD 加固 750PC 处理器；太阳指向安全模式
电源	展开式太阳电池翼；2 节锂电池，每节 33 A·h
机械臂	最大臂长 3.3 m；相机安装在作动器终点
推进和燃料输送	72 kg 单元肼推进剂；37 kg 为输送燃料
姿态和导航	三轴姿态稳定；星敏感器和 GPS 接收机；太阳敏感器（4 个）；惯性测量单元（IMU）
交会、接近	交会敏感器，由 3 台可见光相机（1 台备份）、1 台红外相机和 1 台长距离激光测距仪组成；捕获敏感器，为先进视频制导敏感器（AVGS）

10.2.2　演示验证的主要项目与关键技术

轨道快车要演示的是低成本在轨服务途径与自主在轨服务的技术可行性，要演示验证的主要相关与关键技术包括：①验证自主交会捕获敏感器系统（Autonomous Rendezvous and Capture Sensor System，ARCSS）；②研制和验证自主交会对接的制导、导航与控制（AGNC）系统以及追踪星和目标星技术；③在轨飞行验证自主交会、接近操作技术，以及捕获与对接方式；④在轨飞行验证燃料传送；⑤在轨的组件传输与组件核实操作；⑥研制和验证无专利卫星在轨服务接口技术的要求与规范；⑦在轨飞行验证轨道替换单元（ORU）输送；⑧在轨操作复杂的地面支持基础设施。

轨道快车的自主交会和接近演示可以分为远场交会、近场交会和接近操作。远场交会是交会的早期阶段，此时 ASTRO 和 NEXTSat 超出了所有相对导航敏感器的作用距离，两星都依靠惯性导航。ASTRO 依次进行调相机动和调高机动，将 ASTRO 定位在目标航天器后下方的轨道位置。在该位置上，可见光敏感器有效，进行相对导航。近场交会定义为从启动相对导航到启动接近操作这个阶段。接近操作是两星的近距离在轨编队，包括绕飞、位置保持、逼近、捕获以及分离操作。

轨道快车在轨演示主要任务如表 10－3 所示，按计划由 8 个演示任务与 4 个扩展演示任务组成，每个演示任务都包括对接与分离操作，用于展示轨道快车从不同分离距离交会的能力、捕获能力以及在不同光照条件下停泊能力。一个演示任务典型操作为分离至预定距离、交会、接近和捕获以及对接状态下的操作。自主交会和接近是轨道快车计划演示的重要内容。

表 10－3　轨道快车在轨演示主要任务

<table>
<tr><th colspan="2">任务名称</th><th colspan="2">演示内容</th><th>时间</th></tr>
<tr><td colspan="2">初始化与自检</td><td colspan="2">ASTRO 与 NEXTSat 初始化与自检</td><td>11 天</td></tr>
<tr><td colspan="2">演示任务 0</td><td colspan="2">在对接状态下进行首次推进剂传输以及首次电池与计算机传送</td><td>20 天</td></tr>
<tr><td colspan="2">演示任务 1</td><td colspan="2">首次对 NEXTSat 捕获；弹出分离环；处于推进剂与电池传送状态</td><td>11 天</td></tr>
<tr><td rowspan="4">演示任务 2～5</td><td>演示任务 2</td><td rowspan="4">释放 NEXTSat，进行接近操作</td><td>首次分离至 10 m 并首次直接捕获，然后处于推进剂传输状态</td><td rowspan="4">21 天</td></tr>
<tr><td>演示任务 3</td><td>分离至 30 m，首次自由飞行捕获，然后处于电池与推进剂传送状态</td></tr>
<tr><td>演示任务 4</td><td>分离至 60 m</td></tr>
<tr><td>演示任务 5</td><td>首次绕飞（120×60 m）</td></tr>
<tr><td rowspan="3">演示任务 6～8</td><td>演示任务 6</td><td rowspan="3">远程交会；接近操作；捕获并进行推进剂与 ORU 传输</td><td>分离至 NEXTSat 后 1 km</td><td rowspan="3">28 天</td></tr>
<tr><td>演示任务 7</td><td>分离至 NEXTSat 前 7 km</td></tr>
<tr><td>演示任务 8</td><td>分离至 NEXTSat 后 7 km，然后处于电池，计算机与推进剂传送状态</td></tr>
<tr><td colspan="2">AFSPC 要求的扩展演示任务</td><td colspan="2">以上任务结束后将有约 3/4 的燃料剩余进行 4 个额外的演示任务，整个演示任务持续时间将达到一年</td><td>9 个月左右</td></tr>
</table>

10.2.3 GNC方案和演示验证飞行轨迹

1. GNC 方案

轨道快车的GNC系统是面向未来航天器在轨服务的自主GNC系统（AGNC），采用多种新的敏感器、GNC软件和技术，轨道快车的GNC系统的结构框图如图10-8所示。

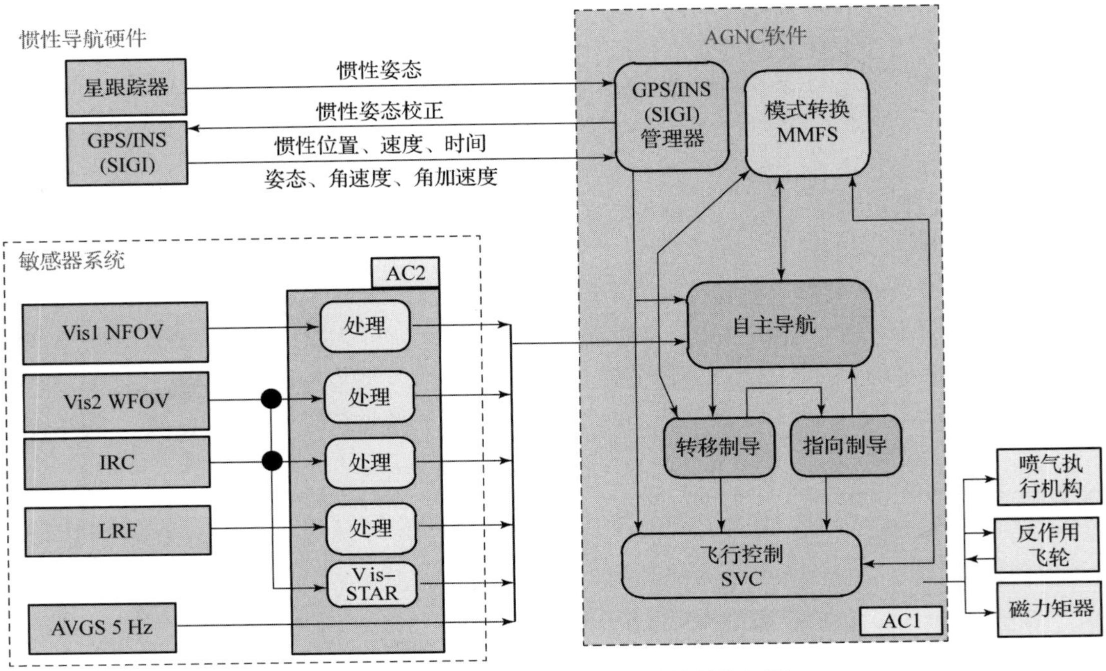

图10-8 轨道快车的GNC系统的结构框图

AGNC系统的主要功能有：采用全自主制导软件，实现释放、分离、撤离、交会、接近与抓捕操作的制导；采用全自主的姿态确定和控制软件，使航天器的指向在接近与分离的每个阶段指向所需要的方向；无论是接近与分离的转移制导模式，还是指向制导模式，自动地安排程序进程；功能冗余的交会敏感器从200 km至捕获的所有阶段均能跟踪目标；全自主的导航滤波器进行多敏感器的数据融合；执行系统内部的健康性检测，如果某些阈值超过了，控制航天器撤离退出交会。

AGNC的主要模块及其功能：转移制导——生成飞控系统指令，改变航天器相对某参考系统的速度大小；指向制导——生成飞控系统指令，改变航天器相对某参考系统的速度方向；惯性导航——给制导模块提供航天器相对惯性参考系状态的最优估计数据，包括时间标记、位置、速度、姿态、姿态角速度以及质量，这些数据是由星载GPS/INS组合系统得到的。如果GPS/INS不可用或数据错误，可由地面上传航天器的惯性数据；相对导航，给制导模块发送相对于目标航天器的位置与姿态数据，如果交会敏感器不可用，可用两航天器的惯性数据差分推算出相关数据；飞行控制，执行来自制导的轨道转移或指向指令。

轨道快车的导航系统大致可以分为绝对导航系统与相对导航系统两部分：绝对导航系统，应用于ASTRO不能观测或者捕获目标星的阶段，该阶段ASTRO采用三轴姿态稳定，采用 GPS/INS 组合导航系统进行绝对导航，采用星敏感器 + 陀螺进行姿态确定，利用姿态信息修正 GPS/INS 组合导航的误差，获得精确的导航信息；相对导航系统，主要提供 ASTRO 与 NEXTSat 从几百千米到捕获之间的 ASTRO 与 NEXTSat 相对运动状态。

相对导航系统的组成如下。

（1）ARCSS。基于视觉的跟踪、定姿与测距软件融合可见光与红外传感器等设备测量数据，输出 ASTRO 相对 NEXTSat 的距离、姿态和方位信息，实现对目标的高稳定跟踪。其组件有：①窄视场可见光捕获与跟踪相机（Vis NFOV）；②中近距离的宽视场可见光跟踪相机（Vis WFOV）；③红外敏感器（Infrared Sensor，IRS）；④高精度激光测距仪（Laser Range Finder，LRF）；⑤聚光灯（Spotlight）（用于近距离照明）；⑥捕获与跟踪软件。

（2）AVGS。基于激光技术的跟踪系统，能独立地提供接近走廊内近距离操作与捕获操作时（NEXTSat）的姿态、距离与方位测量。在最终 200 m 内，AVGS 作为首选敏感器系统进行捕获操作，并向 GNC 系统提供目标星信息。

（3）基于视觉的跟踪、定姿与测距软件（Vis – STAR），给 GNC 系统提供了一个通用、鲁棒的算法，用于计算目标星的距离、姿态和方位，实现对目标的高稳定跟踪。该软件运行模态有三个：远程目标点跟踪（500 m～200 km），中近程轮廓跟踪（10 m～500 m）和最终接近与捕获的目标面跟踪（0 m～10 m）。

（4）星载计算机 2（AC2）。相对敏感器的作用范围和输出信息如图 10 – 9 所示。当服务卫星与目标卫星相距超过 200 km 时，将目标星视为点源，ARCSS 使用窄视场可见光相机捕获目标星（NEXTSat）。接近过程中持续跟踪目标星直到进入其他光学传感器和激光测距仪的作用范围。将所有敏感器输出的数据经过处理后提供给 ASTRO 的 GNC 系统。当目标星的图像变得非常大时，使用 Vis – STAR 计算相对姿态与距离。机械臂伸出时，Vis – STAR 开始独立解算目标星的姿态。宽视场可见光相机用于接近段的最后 30 m，当 NEXTSat 保持在视场内时，它还可以提供额外的可视图像。跟踪算法可以在可见光相机与红外相机间灵活切换，使各光学敏感器交互使用，保证在很宽的光照条件、距离及背景条件，能够实现对目标的连续跟踪和距离的无缝覆盖。

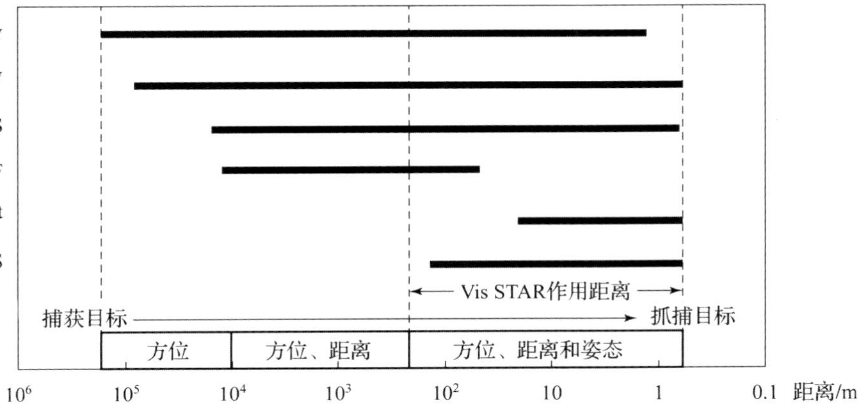

图 10 – 9　相对敏感器的作用范围和输出信息

2. 飞行轨迹

ASTRO 与 NEXTSat 是由同一航天器一起发射入轨的，进入太空之初双星相连，接着分离至预定距离，然后开始自主交会和接近的演示，主要可分为以下三个部分。

（1）远场交会。这是交会的早期阶段，此时 ASTRO 和 NEXTSat 超出了所有相对导航敏感器的作用距离，两星都只能依靠惯性导航。NEXTSat 的星历数据在交会前 24 小时左右上传到 ASTRO，然后启动远场交会，ASTRO 依次进行调相机动（NC）和调高机动（NH），将 ASTRO 定位在目标航天器 200 km 后，7 km 下的轨道位置。在该位置上，可见光敏感器有效，进行相对导航。图 10－10 为远场交会轨迹示意图。

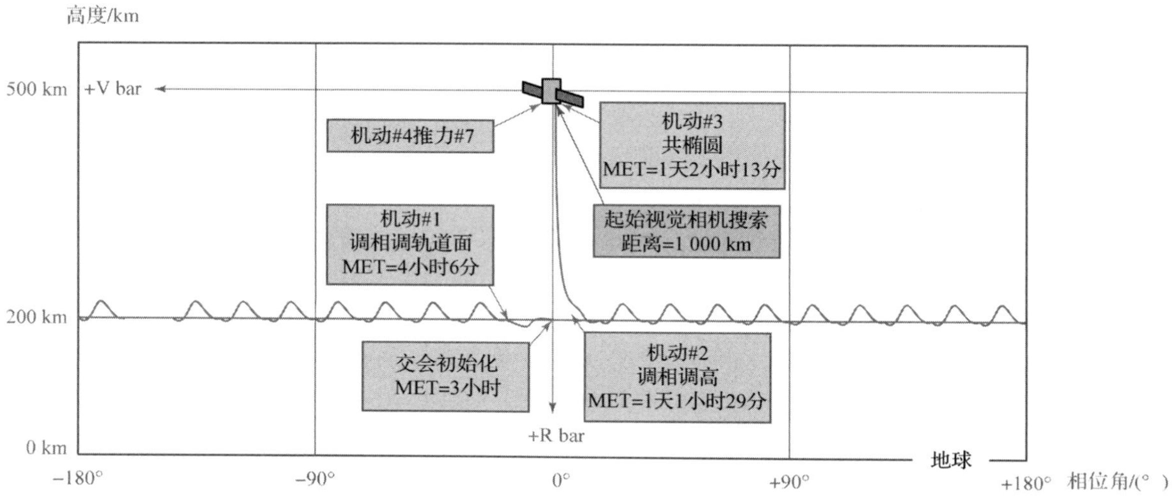

图 10－10　远场交会轨迹示意图

（2）近场交会。近场交会定义为从启动相对导航到启动接近操作这个阶段。当 ASTRO 和目标星之间的距离小于 200 km 时，ASTRO 可见光相机即捕获到了 NEXTSat，ASTRO 切换到相对导航模式，依次进行四个机动——共椭圆机动（NSR）、调高机动（NH）、调相机动（NC）、末段交会（起始点 TI），将 ASTRO 定位在目标星的前方 120 m 左右，此点即为接近操作起始点（POI）。近场交会轨迹如图 10－11 所示，轨迹曲线上 V－bar方向设定了四个位置保持点，分别为 7 km、4 km、1 km 和 －120 m，在这些点上，ASTRO 将保持与 NEXTSat 之间的距离；在 7 km 和 3 km 处，将分别由激光测距仪和红外相机捕获目标。从第一次调高机动到 120 m 处启动接近操，这个过程将持续大约 8.5 小时，对时间紧张的任务，这个时间可以减小到小于 3 小时，但 8.5 小时对于燃料的效率和安全性来讲，是最佳选择。

（3）接近操作。接近操作是两星的近距离在轨编队，包括绕飞、位置保持、逼近、捕获以及分离操作，这个阶段从两星相距 120 m 开始。图 10－12 表示了太阳惯性接近的情况，该接近程序适用于客户航天器在正常操作模式中需要对太阳定向的情况。此时，ASTRO 航天器处于目标指向姿态，使敏感器指向目标。

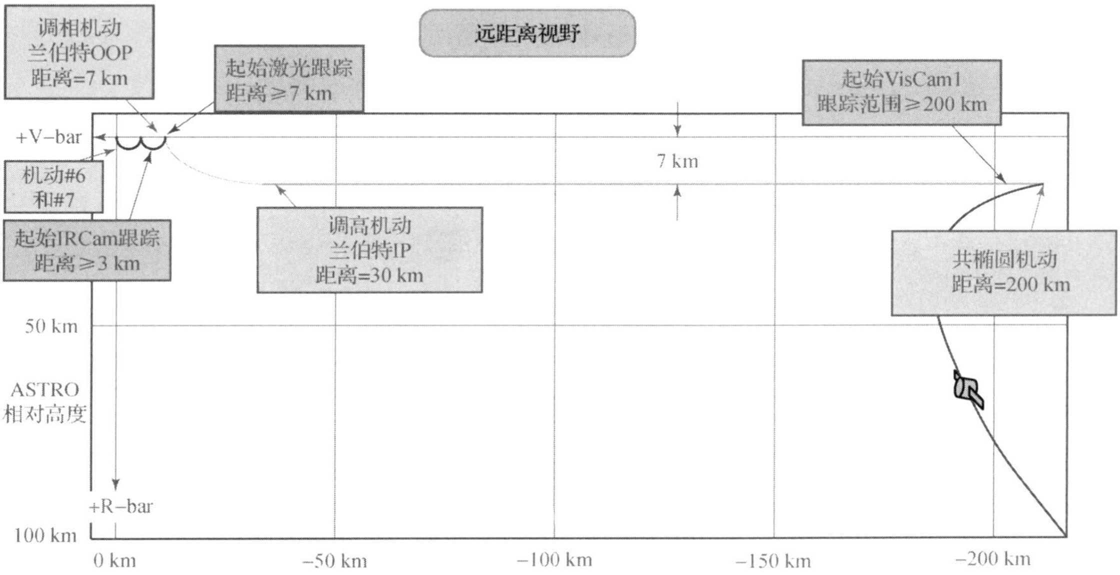

图 10－11　近场交会轨迹示意图

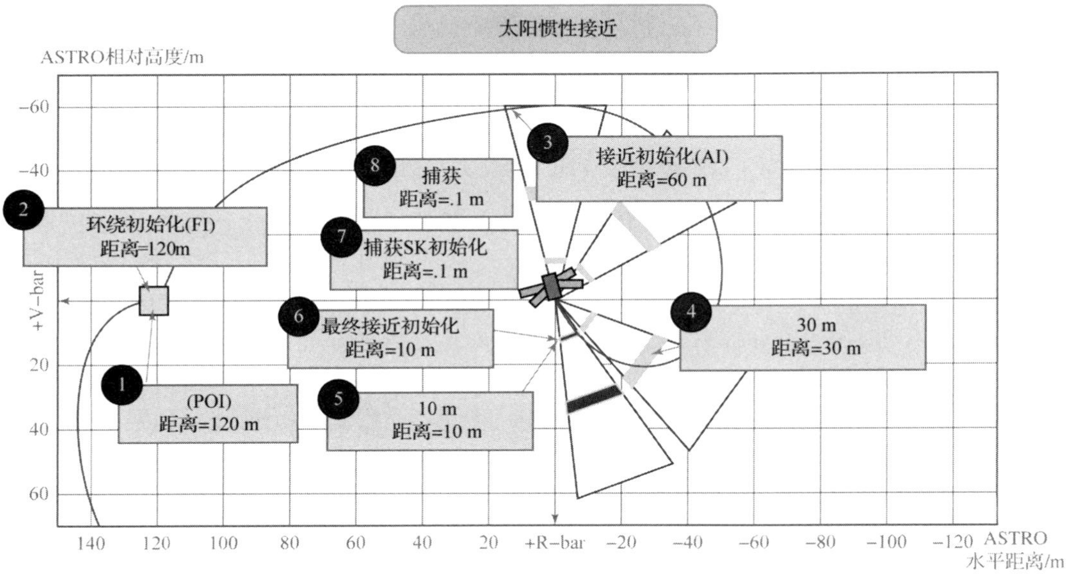

图 10－12　对太阳惯性指向客户星的接近

该程序中的一个重要步骤是给目标星发指令，使它处于准备被捕获的状态，这可以通过直接从地面上行链路传送，也可以通过 ASTRO 转发。当两星相距 60 m 时，启动逼近操作，在 30 m 如果不交会则进行位置保持，然后在 10 m 进行位置保持 10 分钟，以准备最终逼近。

最后的位置保持在 0.1 m 处，此时捕获机构已经展开并进行最后捕获操作。上述流程是直接接近过程，客户也可以选择在接近操作起始点之前先进行绕飞，对客户航天器的情况进行观察。

另一种接近和捕获操作可以针对客户星保持对地稳定的情形。该操作模式除了捕获机构总是指向当地水平坐标系（LVLH）中相同的方向外，与对太阳惯性姿态卫星接近的情况非常类似。图 10－13 表示的是从－R－bar 的方向接近，但根据客户需要，从任何方向的接近都是可以的。

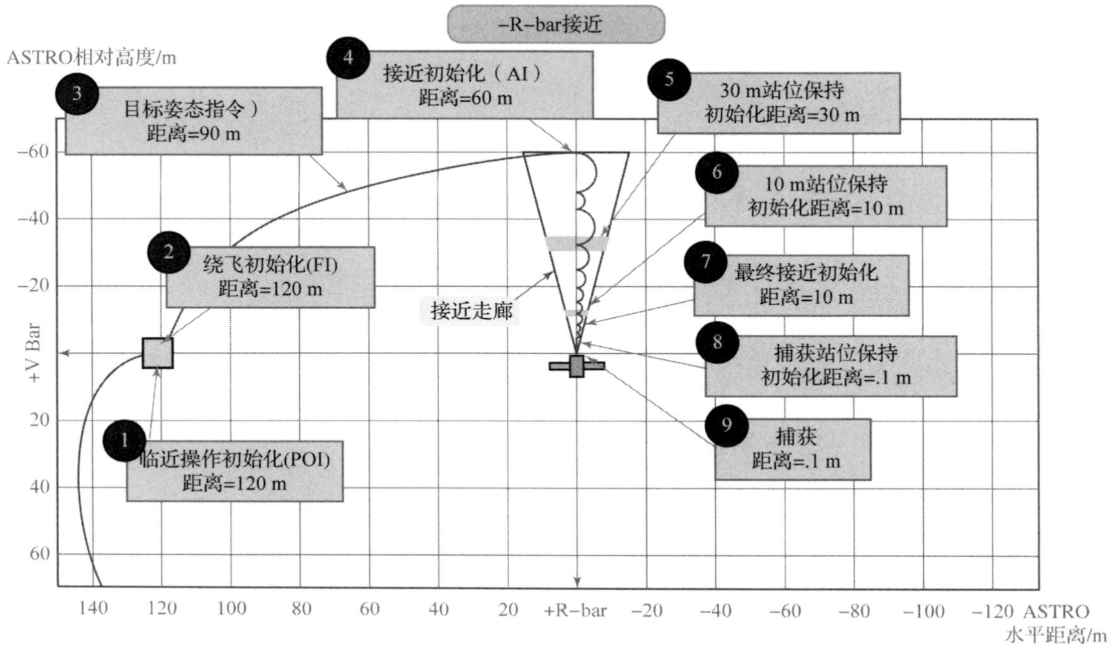

图 10－13　对地稳定客户星的接近

当两星完成刚性对接后，ASTRO 负责复合体的控制，并机动到太阳惯性姿态，为两星提供最大的太阳能。在整个交会、逼近和捕获过程中，ASTRO 上用到了多种导航算法，如果 ASTRO 的传感器检测到了 NEXTSat 对其姿态的扰动超出了预先定义的范围，或者 NEXTSat 发现 ASTRO 或者地面分系统出现了不允许捕获操作的问题，ASTRO 就启动两种避撞模式（back－out 和 break－out）中的一种：back－out 模式用于在 NEXTSat 产生的姿态扰动较小时，提供两航天器间一个正向的分离速度；break－out 模式用于当 NEXTSat 产生严重的姿态扰动时，使 ASTRO 朝向接触概率最小的方向运动。

10.2.4　完成情况

轨道快车计划的在轨演示时间为 2007 年 3 月 8 日至 2007 年 7 月 22 日。卫星在太空中进行了为期 4 个月的演示试验，圆满完成了前 8 个演示任务。在轨道快车使命期间，先后成功进行了 5 次自主交会捕获分离飞行演示，几乎每项试验开始和结束时两星都处于联结状态。

飞行演示采用类似航天飞机交会飞行的逼近方式，即 V－bar 轴稳定轨道点逼近，成功验证了前述的相关技术，特别是 AVGS 成功进行了在轨运作验证演示。2007 年 5 月，轨道快车应用来自 AVGS 的高精度 6 自由度相对导航数据，成功执行了美国第 1 次全自主交会与捕获。之前 AVGS 曾用于 DART 项目，但没取得完全成功。接下来 3 个月时间中，轨道快车又进行了多重交会与对接机动，以及卫星服务技术演示。

思　考　题

1. 尝试调研美国的 GSSAP、瑞典的 PRISMA 等最新任务型号的相对导航与控制系统，可以包括相关测量敏感器、探测模式、相对导航滤波算法、控制元件、相对轨道控制方法等。

2. 尝试调研分析我国的神舟飞船与空间站交会对接过程中的相对导航与控制方法。

第 11 章 航天器相对导航与控制系统仿真实践

人类认识世界都需要经过一个复杂的迭代过程，即感知现象→提出规律→验证规律→修正规律→实践规律，大到宇宙运行的规律、小到花花草草的生长规律无不如此，这其中非常重要的一环是验证“规律”的正确性、准确性。通常的航天领域的实验方法包括在轨试验、地面等效物理实验、地面半物理实验以及数值仿真实验等。由于航天领域的特殊性，直接在轨试验代价太高，通常都是在完成地面实验后，而这其中首当其冲的就是数值仿真实验。通过计算机仿真模拟是对理论设计和规律探索结果进行快速验证的有效方式，因此，了解和掌握相关的仿真方法是航天技术实践的重要基础。

该章重点讲解 GNC 系统框架、仿真中参考轨迹和测量产生方法以及相对导航与控制系统的仿真方法等内容。

11.1 GNC 系统框架

一般来说，航天器的闭环 GNC 系统可由如图 11－1 所示的结构组成。整个闭环框架可以分成两大块：①GNC 算法模块，由制导算法（轨道设计的结果）、控制算法、导航滤波器三部分组成，是纯软的算法；②动力学模块，由执行机构动力学模型、姿轨动力学模型、测量敏感器模型等组成，与硬件直接相关。其中的导航滤波器和测量敏感器又构成了导航系统。各个模块之间相互传递数据或者作用、感知的具体过程如下。

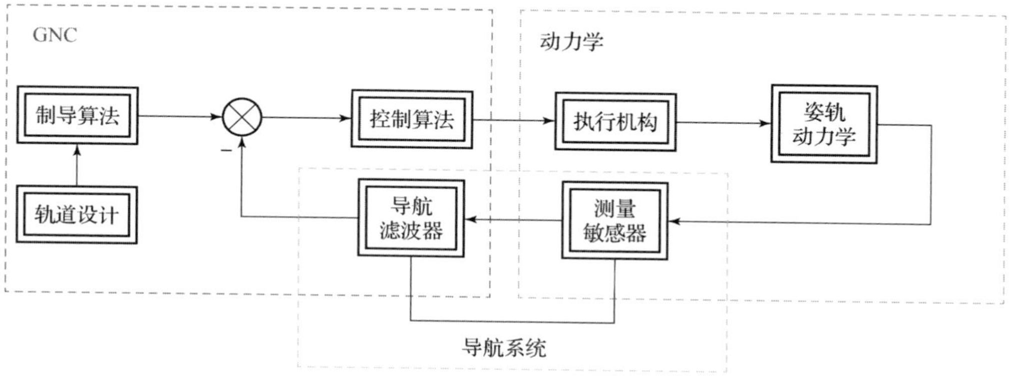

图 11－1 航天器的闭环 GNC 系统框图

（1）制导算法给出的参考信息与导航系统获得的反馈信息求差之后输入控制算法中，计算得到控制律。

（2）控制律传递给执行机构（姿轨控制发动机、动量轮等）等输出控制力和力矩。

（3）控制力和力矩驱动航天器平台调整轨道与姿态。

（4）测量敏感器感知到航天器的轨道和姿态变化，获得测量数据。

（5）导航滤波器对完备或不完备的噪声污染下的测量数据进行处理，获得导航信息，向控制算法提供测量反馈。

11.2　参考轨迹和测量产生方法

在做仿真实验前，需要先回答两个问题：如何为仿真实验提供模拟数据，如何评估仿真结果的好坏。如果不能很好地回答这两个问题，就无法说明仿真实验的可靠性、实验结果分析的准确性。因此，如何生成高精度的参考轨迹和敏感器测量是任何计算机仿真实验的第一步。本小节以航天器相对轨道运动为例，介绍参考轨迹和测量产生方法。

参考轨迹和测量生成的结构如图 11－2 所示，主要包括高精度相对运动动力学模型和测量模型两个模块。在设定好的航天器轨道运动场景条件下，即给定初始轨道参数［$\boldsymbol{r}(0)$，$\boldsymbol{v}(0)$］和轨道控制量序列 $\boldsymbol{u}(t)$时，对微分方程形式的动力学模型进行积分就可以获得相对轨道时间序列［即任意时刻的 $\boldsymbol{r}(t)$ 和 $\boldsymbol{v}(t)$］。当两个航天器都是惯性飞行时（即不是加主动的轨道控制力），$\boldsymbol{u}(t)$ 置为 0。

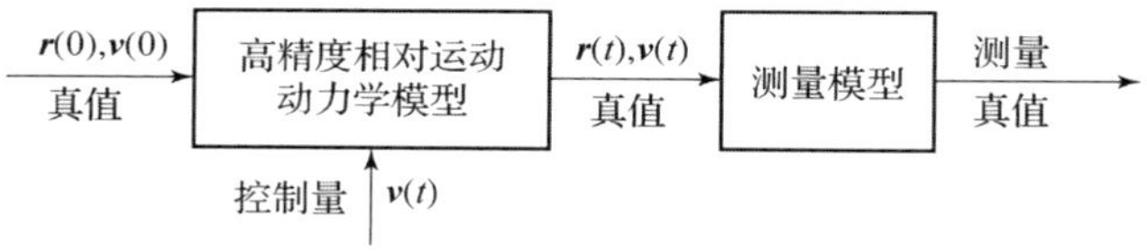

图 11－2　参考轨迹和测量生成的结构

该积分通常可采用四阶龙格库塔（Runge－Kutta）方法进行，在 MATLAB 环境下可以直接调用 ODE45 积分器完成。四阶 Runge－Kutta 方法是一种在工程上应用广泛的高精度非线性微分方程数值求解方法，而 ODE45 是四阶－五阶 Runge－Kutta 算法，它用四阶方法提供候选解，用五阶方法控制误差，是一种自适应步长（变步长）的常微分方程数值解法。关于 Runge－Kutta 方法的具体内涵、ODE45 积分器的使用，读者可自行查阅相关资料。

这里需要说明的是，图 11－2 中的动力学模块可以根据任务要求进行选择，以近圆轨道交会为例，如果在交会制导律或控制律、导航估计算法设计时采用了 CW 动力学模型，那么为了验证算法的有效性和精度，参考轨迹产生采用的动力学模型的精度至少需要比 CW 模型高一个数量级，否则无法作为评估的"尺子"。具体地，可采用 TH 模型、二体假设下的高精度相对运动动力学模型、$J2$ 摄动条件下的相对运动动力学模型等。

获得了相对轨道的时间序列之后，就可以利用已经建立的测量模型计算得到相对导航敏感器的测量真值，即标称的测量值。以光学相机仅测角、数据链通信仅测距为例，仿真系统需要的标称测量值可如下产生：

$$\boldsymbol{i}_{\text{los}}(t)=\frac{\boldsymbol{r}(t)}{\|\boldsymbol{r}(t)\|}\qquad \rho(t)=\sqrt{\boldsymbol{r}(t)^{\mathrm{T}}\boldsymbol{r}(t)}\tag{11.1}$$

如式（11.1）所示获得的标称测量值将作为相对导航仿真系统的输入，结合敏感器测量误差模型，模拟真实的敏感器测量量。

11.3 相对导航系统仿真

相对导航系统仿真的主要模块和结构如图 11－3 所示，主要包括相对动力学模型、测量噪声模型、测量修正模块三个部分。其中，相对运动动力学模型和测量修正模块合起来构成滤波估计模块。由初值猜测和控制量序列作为动力学模型的输入，获得状态预测值（即先验估计）；预测值、模拟的相对敏感器测量值、状态误差协方差初值猜测输入到测量修正模块，进行最优估计计算（包含卡尔曼滤波的协方差更新、增益阵计算、反馈修正等环节）输出相对状态估计值和估计误差协方差矩阵（即后验估计）。

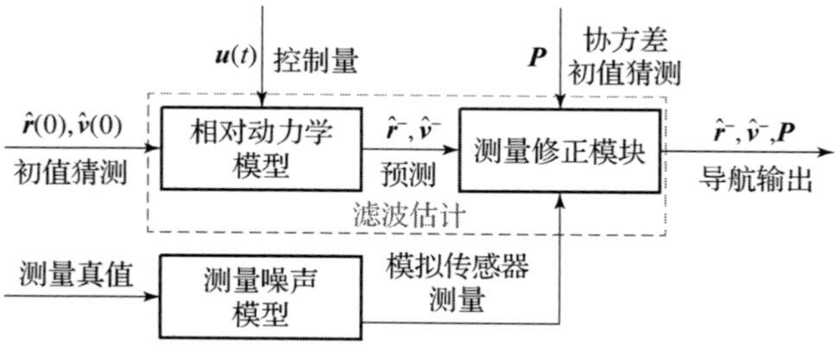

图 11－3　相对导航系统仿真的主要模块和结构

其中，相对轨道运动动力学模型根据任务背景和要求进行选择 CW、TH 模型或其他更高精度的模型。测量噪声模型需要根据导航敏感器的特性进行建模，常规的误差模型包括白噪声（White Noise）、随机常值（Random Constant）、随机游走（Random Walk）、一阶马尔科夫过程（First－order Markov Process）等。

11.3.1 常用测量噪声模型

白噪声是一种数学抽象，若随机过程 $\boldsymbol{w}(t)$ 满足

$$\begin{cases} E[\boldsymbol{w}(t)]=0 \\ E[\boldsymbol{w}(t)\boldsymbol{w}^{\mathrm{T}}(t)]=q\delta(t-\tau) \end{cases} \tag{11.2}$$

则 $\boldsymbol{w}(t)$ 称为白噪声过程。其中，δ 是狄拉克函数。$\boldsymbol{w}(t)$ 的功率谱为

$$S_w(\omega)=\int_{-\infty}^{\infty} q\delta(\mu)\mathrm{e}^{-j\omega\mu}\mathrm{d}\mu=q \tag{11.3}$$

可见 $\boldsymbol{w}(t)$ 的功率谱在整个频率区间内都是常值 q，这与白色光的光谱分布在整个可见光频率区间内的现象是类似的，因此 $\boldsymbol{w}(t)$ 被称作为白色噪声（简称白噪声）过程，且功率谱与方差强度相等。作为白噪声，无论时间 t 和 τ 靠得多么近，只要 $t\neq\tau$，$\boldsymbol{w}(t)$ 和 $\boldsymbol{w}(\tau)$ 总不相关，两者没有任何依赖关系，这一特性在实践过程中的体现是信号做直上直下的跳变。实际系统中跳变剧烈的干扰都可以近似看作白噪声。在 MATLAB 环境下进行仿真时，可用 randn 函数产生标准正态分布的伪随机数（均值为 0，方差为 1）进行模拟，只需要根据实际需求放大方差即可。

凡是不满足式（11.2）的噪声都称为有色噪声过程。有色噪声的功率谱随频率而变，这样有色光的光谱分布在某一频段内的现象是类似的。随机常值、随机游走、一阶马尔科夫过程就是几种常见的有色噪声。其中，随机常值噪声满足如下数学方程：

$$\dot{\boldsymbol{N}}(t)=0 \qquad \boldsymbol{N}(0)\text{是随机变量} \tag{11.4}$$

可见随机常值噪声不随时间变化，给定随机初值之后即固定。

随机游走噪声满足如下方程：

$$\dot{\boldsymbol{N}}(t)=\boldsymbol{w}(t) \tag{11.5}$$

其中，$\boldsymbol{w}(t)$是白噪声。从式（11.5）的定义来看，随机游走的噪声是随机变化的，即随机游走噪声是由白噪声驱动的，对应$\boldsymbol{N}(t)$的解析表达式是

$$\boldsymbol{N}(t)=\boldsymbol{N}(0)+\int_0^t \boldsymbol{w}(\tau)\mathrm{d}\tau \tag{11.6}$$

图 11 -4 所示是相同条件设置下仿真三组的二维随机游走误差曲线，每一组游走一万步。对应的误差初值$\boldsymbol{N}(0)=0$，并以均值为 0 方差为 1 的白噪声作为驱动。

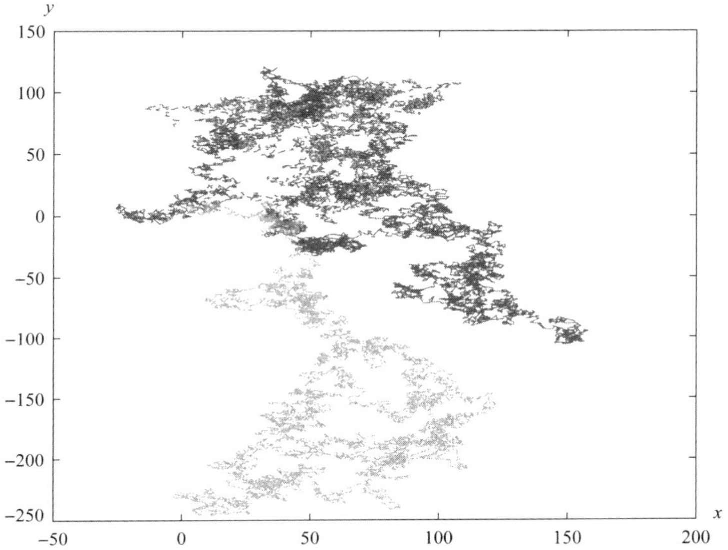

图 11 -4 二维随机游走误差曲线

相关函数满足如下关系的有色噪声称为一阶马尔科夫过程：

$$R_N(t)=R_N(0)\mathrm{e}^{-\alpha|\tau|} \tag{11.7}$$

其中，τ 为两时间点之间的时间间隔；$R_N(0)$为均方值；α 为反相关时间常数。

一阶马尔科夫过程相关函数如图 11 -5 所示，$\dfrac{1}{\alpha}$是相关函数在 $\tau=0$ 处的切线与 τ 轴的交点，具有时间的量纲，称为相关时间。反相关时间描述了不同时间点上随机信号的关联性，α 越大则$\dfrac{1}{\alpha}$越小，相关函数越陡峭，不同时间上随机信号的相关性迅速降低，信号越接近白噪声。

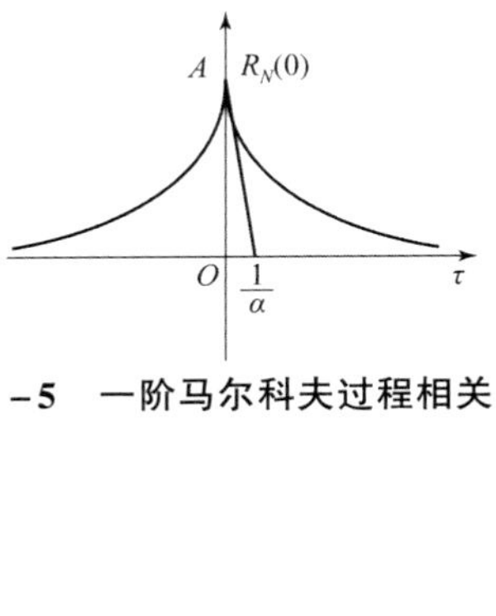

图 11 -5 一阶马尔科夫过程相关函数

一阶马尔科夫过程的时域动力学方程如下：

$$\dot{N}(t) = -\alpha \boldsymbol{N}(t) + w(t) \tag{11.8}$$

其中，$w(t)$是白噪声。式（11.8）对应的解析解可以根据式（2.52）直接得到

$$\boldsymbol{N}(t) = \mathrm{e}^{-\alpha t}\boldsymbol{N}(0) + \int_0^t \mathrm{e}^{-\alpha(t-\tau)} w(\tau)\mathrm{d}\tau \tag{11.9}$$

根据式（11.9）所示的解析解，以误差初值 $\boldsymbol{N}(0)=0$，均值为 0 方差为 1 的白噪声作为驱动，可得到如图 11－6 所示的不同量级反相关时间下的一阶马尔科过程噪声示例曲线。正如前述所言，α 越大，噪声越接近白噪声；反之，则相关性越强。当 α 为零时，一阶马尔科夫过程噪声退化为随机游走误差。

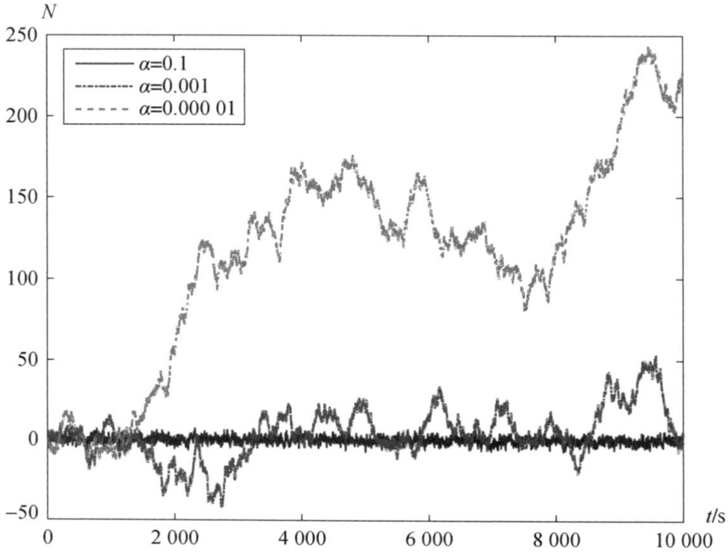

图 11－6　不同量级反相关时间下的一阶马尔科夫过程示例（书后附彩插）

11.3.2　相对导航仿真程序架构

（1）初始化参数。设定两个航天器的初始轨道六根数标称值，航天器之间的初始相对位置 $\hat{\boldsymbol{r}}(0)$和速度 $\hat{\boldsymbol{v}}(0)$猜测值、误差协方差矩阵 $\boldsymbol{P}$、测量误差协方差矩阵 $\boldsymbol{R}$、系统过程噪声矩阵 $\boldsymbol{Q}$ 以及仿真时间、积分步长等参数。

（2）产生参考轨迹。首先，将航天器初始轨道根数标称值转换成惯性系下的初始位置和速度矢量；然后，利用二体动力学模型（或摄动条件下的动力学模型）和初始轨道参数进行高精度的数值积分，获得两个航天器的位置和速度的标称序列。

（3）相对轨道标称值。首先，利用两个航天器惯性位置矢量标称值做差，并左乘惯性系到 LVLH 系的坐标变换矩阵后得到相对位置的标称值；然后，根据哥氏定理对两个航天器的惯性速度矢量标称值处理后得到相对速度的标称值，即先做差、左乘惯性系到 LVLH 系的坐标变换矩阵，后引入坐标系旋转带来的牵连速度项。

（4）导航敏感器测量标称值。利用参考轨迹和相对轨道标称值产生导航敏感器测量量的标称值。

（5）实时相对导航模拟。根据设定好的仿真总时长、步长进行实时相对导航模拟，主

要步骤如下：①进入循环；②读取对应时刻的导航敏感器测量标称值，加入测量噪声，模拟真实测量；③将相对轨道初值、敏感器测量值、估计误差协方差矩阵等参数输入到卡尔曼滤波函数中，进行最优估计，获得当前时刻的相对轨道后验估计、估计误差协方差；④将上一步获得的后验估计和对应的误差协方差矩阵作为新的初值，并进入下一个循环；⑤循环结束，进行导航估计误差分析，绘制误差曲线；⑥仿真结束。

11.4　相对控制系统仿真

相对控制系统仿真的主要模块和结构如图 11－7 所示，主要包括相对运动动力学模型、控制器、推力误差模型、相对导航系统四个部分。由相对状态初值猜测和控制量序列作为动力学模型的输入，获得相对状态的计算值。同时，相对状态初值猜测和控制量序列也将输入到相对导航系统仿真模块之中，用于仿真模拟相对敏感器的测量值并通过滤波估计得到相对状态的估计值，作为控制系统的负反馈，相对导航系统模块已经在上一节中进行了具体介绍。通过期望状态和负反馈产生偏差信号，输入到控制器模块中产生控制量，控制器中的具体的控制算法在第七到第九章中已有介绍，这不再赘述。最后，结合推力误差模型模拟工程实际中有偏差的推力，并用于驱动相对运动动力学模型。

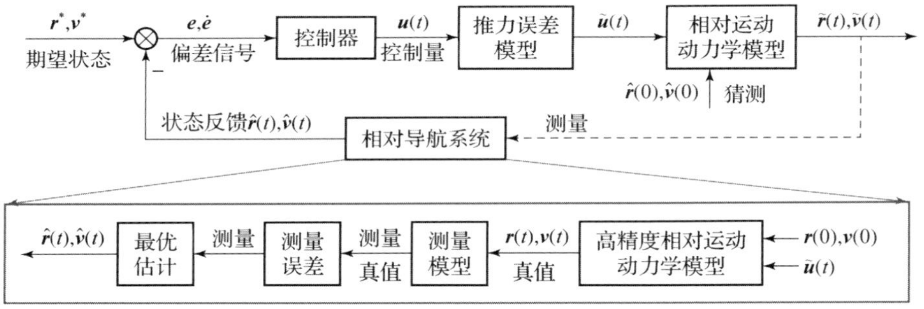

图 11－7　相对控制系统仿真的主要模块和结构

从理论上讲，只要偏差信号不为零，系统就会一直运行并持续产生推力控制航天器运动，这在工程实践中是无法接受的。因此，设计系统时会根据任务要求来设置结束条件（或在仿真中设置循环结束条件）：一种是根据控制精度要求来设置结束条件，即当偏差信息小于一定数量级时认为已经达到了期望状态，可以结束控制；另一种是设置固定长度的仿真时间，时间一到即跳出循环结束仿真。此外，受工程实践制约，通常会根据推力器的工作模式和能力对推力进行变换。

对于连续推力，通常进行限幅操作：

$$\boldsymbol{u}=\begin{cases}\boldsymbol{0} & (\|\boldsymbol{u}\|\leqslant f_{\mathrm{dz}})\\ \boldsymbol{u} & (f_{\mathrm{dz}}<\|\boldsymbol{u}\|<f_{\mathrm{dz}})\\ \boldsymbol{f}_{\mathrm{ub}} & (\|\boldsymbol{u}\|\geqslant f_{\mathrm{ub}})\end{cases} \tag{11.10}$$

其中，f_{dz}和f_{ub}分别表示推力死区和推力上限。

对于有限常值推力，通常进行如下变换操作

$$\boldsymbol{u}=\begin{cases}\boldsymbol{0} & (\|\boldsymbol{u}\|\leqslant f_{\mathrm{lb}})\\ \mathrm{sign}(\boldsymbol{u})\cdot f_{\mathrm{c}} & (\|\boldsymbol{u}\|>f_{\mathrm{lb}})\end{cases} \tag{11.11}$$

其中，f_c 表示推力器输出的常值推力；sign 表示符号函数；f_{lb}表示推力器是否工作的推力边界，该参数很大程度上决定了燃料消耗的数量，具体的设置值需要通过工程经验或者大规模搜索寻优获得。

思 考 题

1. 利用动力学模型积分产生参考轨迹除了可以采用 Runge – Kutta 积分方法外，还可以用什么方法完成？

2. 尝试完成基于光学相机仅有视线角测量的相对导航系统、滑模变结构控制律的圆轨道近程交会相对轨道闭环控制的仿真验证，并调节相关参数分析其敏感性。

参考文献

[1] 秦永元，张洪钺，汪叔华．卡尔曼滤波与组合导航原理［M］．西安：西北工业大学出版社，2012.

[2] 罗建军，马卫华，袁建平，等．组合导航原理与应用［M］．西安：西北工业大学出版社，2012.

[3] GELLER D. Space Navigation Course handouts [M]. 2015. 洛根：Utah State University Press,

[4] D'AMICO S. Autonomous Formation Flying in Low earth orbit [D]. Politecnico di Milano, Italy, 2010.

[5] WOFFINDEN D. Angles - only navigation for autonomous orbital rendezvous [D]. Utah State University, 2020.

[6] ARDAENS J S. Angles - only relative navigation in low Earth orbit [D]. Delft University of Technology, 2008.

[7] BATTIN R. An Introduction to the Mathematics and Methods of Astrodynamics [M]. New York: AIAA, 1999.

[8] FEHSE W. Automated Rendezvous and Docking of Spacecraft [M]. Cambridge: Cambridge University Press, 2003.

[9] CURTIS H. Orbital Mechanics for Engineering Students [M]. Amsterdam: Elsevier Ltd, 2010.

[10] 张淑琴．空间交会对接测量技术及工程应用［M］．北京：中国宇航出版社，2005.

[11] BAR - SHALOM Y, LI X, KIRUBARAJAN T. Estimation with Applications to Tracking and Navigation [M]. New York: John Wiley & Sons, Inc, 2001.

[12] 林来兴．空间交会对接技术［M］．北京：国防工业出版社，1995.

[13] 周建平．空间交会对接技术［M］．北京：国防工业出版社，2013.

[14] 唐国金，罗亚中，张进．空间交会对接任务规划［M］．北京：科学出版社，2008.

[15] 袁源，孙冲，朱战霞，等．空间非合作目标操控及地面验证［M］．北京：科学出版社，2021.

[16] 林西强．空间交会对接系统仿真技术［M］．北京：国防工业出版社，2019.

[17] 李恒年．卫星机动轨道确定［M］．北京：国防工业出版社，2013.

[18] 李恒年．航天测控最优估计方法［M］．北京：国防工业出版社，2015.

[19] 周文勇．在轨服务航天器伴飞轨道设计与控制［D］．西安：西北工业大学，2007.

[20] 龚柏春．航天器自主交会仅测角相对轨道确定方法研究［D］．西安：西北工业大学，2016.

[21] 袁建平，和兴锁，等．航天器轨道机动动力学［M］．北京：中国宇航出版社，2010.

[22] 袁建平，罗建军，岳晓奎，等．卫星导航原理与应用［M］．北京：中国宇航出版社，2004.

[23] PEREZ A. Applications of Relative Motion Models Using Curvilinear Coordinate Frames [D]. Utah State University, 2017.

［24］李九人．空间交会的仅测角相对导航与自主控制方法研究［D］．长沙：国防科学技术大学，2011.

［25］秦永元．惯性导航原理［M］．北京：科学出版社，2006.

［26］ALFRIEND K，VADALI S，GURFIL P et al. Spacecraft Formation Flying Dynamics，Control and Navigation［M］．Amsterdam：Elsevier Ltd，2010.

［27］肖业伦．航空航天器运动的建模——飞行动力学的理论基础［M］．北京：北京航空航天大学出版社，2003.

［28］HOFMANN－WELLENHOF B，LICHTENEGGER H，COLLINS J. Global Positioning System：Theory and Practice［M］．Berlin：Springer－Verlag，2001.

［29］刘暾．空间飞行器动力学［M］．哈尔滨：哈尔滨工业大学出版社，2003.

［30］高耀南，王永富，等．宇航概论［M］．北京：北京理工大学出版社，2018.

［31］程守洙，江之永．普通物理学［M］．北京：高等教育出版社，2010.

［32］屠善澄．卫星姿态动力学与控制［M］．北京：中国宇航出版社，2001.

［33］GONG B，LI W，LI S，MA W，ZHENG L. Angles－only initial relative orbit determination algorithm for non－cooperative spacecraft proximity operations［J］．Astrodynamics，2018，2：217－231.

［34］GONG B，LI S，YANG Y，SHI J，LI W. Maneuver－free approach to range－only initial relative orbit determination for spacecraft proximity operations［J］．Acta Astronautica，2019，163：87－95.

［35］GONG B，MA Y，ZHANG W，LI S，LI X. Deep－neural－network－based angles－only relative orbit determination for space non－cooperative target［J］．Acta Astronautica，2022，204：552－567.

［36］GONG B，WANG S，LI S，LI X. Review of space relative navigation based on angles－only measurements［J］．Astrodynamics，2023，7（2）：131－152.

［37］GONG B，LUO J，LI S，LI W. Observability criterion of angles－only navigation for spacecraft proximity operations［J］．Proceedings of the Institution of Mechanical Engineers，Part G：Journal of Aerospace Engineering，2019，233（12）：4302－4315.

［38］GONG B，LI S，ZHENG L，FENG J. Analytic initial relative orbit solution for angles－only space rendezvous using hybrid dynamics method［J］．CMES－Computer Modeling in Engineering and Sciences，2020，122（1）：221－234.

［39］龚柏春，王沙，张伟夫，等．近地轨道航天器编队仅测距相对导航方法［J］．宇航学报，2022，43（8）：1088－1096.

［40］龚柏春，张德港，张伟夫，等．柱面坐标系下航天器仅测角相对导航算法［J］．中国惯性技术学报，2021，29（6）：756－762.

［41］龚柏春，王沙，郝明瑞，等．航天器近程编队自主协同相对导航方法［J］．宇航学报，2021，42（3）：344－350.

［42］施俊杰，龚柏春，李爽，等．微小卫星临近操作仅测距初始相对定轨解析方法［J］．宇航学报，2018，39（8）：856－862.

［43］GONG B，GELLER DK，LUO J. Initial relative orbit determination analytical covariance and performance analysis for proximity operations [J]. Journal of Spacecraft and Rockets, 2016, 53 (5): 822 -835.

[44] GONG B, LI S, SHI J, YANG Y. Rotation based analytic range - only initial relative orbit solution for natural periodic motion [J]. Acta Astronautica, 2021, 178: 584 -594.

[45] GONG B, WANG S, LI S, ZHENG L. Close - Range Angles - Only Relative Navigation of Multi - agent Cluster for On - Orbit Servicing Mission [C]. In Intelligent Robotics and Applications: 12th International Conference, ICIRA 2019, Shenyang, China, August 8 -11, Springer International Publishing.

[46] WANG J, BUTCHER E A, TANSEL Y. Space - Based Relative Orbit Estimation Using Information Sharing and the Consensus Kalman Filter [J]. Journal of Guidance, Control, and Dynamics, 2019, 43 (3): 491 -507.

[47] KAUFMAN E, LOVELL T A, LEE T. Nonlinear Observability for Relative Orbit Determination with Angles - Only Measurements [J]. The Journal of the Astronautical Sciences, 2016, 63 (1): 60 -80.

[48] BATTISTELLI G, CHISCI L. Stability of consensus extended Kalman filter for distributed state estimation [J]. Automatica, 2016, 68: 169 -178.

[49] GAIAS G, D'AMICO S, ARDAENS J - S. Angles - Only Navigation to a Noncooperative Satellite Using Relative Orbital Elements [J]. Journal of Guidance, Control, and Dynamics, 2014, 37 (2): 439 -451.

[50] WOFFINDEN D C, GELLER D K. Optimal Orbital Rendezvous Maneuvering for Angles - Only Navigation [J]. Journal of Guidance, Control, and Dynamics, 2012, 32 (4): 1382 -1387.

[51] CHEN T, XU S. Double line - of - sight measuring relative navigation for spacecraft autonomous rendezvous [J]. Acta Astronautica, 2009, 67 (1): 122 -134.

[52] WANG J, BUTCHER E A, LOVELL T A. Ambiguous Orbits in Elliptic Chief Spacecraft Relative Orbit Estimation with Range - Only Measurements [J]. Journal of Spacecraft and Rockets, 2019, 56 (3): 708 -724.

[53] BURCHETT B - T. Unscented Kalman filters for range - only cooperative localization of swarms of munitions in three - dimensional flight [J]. Aerospace Science and Technology, 2018, 85: 259 -269.

[54] JOHN A C. Relative Navigation Using Only Intersatellite Range Measurements [J]. Journal of Spacecraft and Rockets, 2017, 54 (1): 13 -28.

[55] 高学海，梁斌，潘乐，等．高轨非合作目标多视线分布式相对导航方法 [J]．宇航学报，2015，36 (3)：292 -299.

[56] 郭新程，孟中杰，黄攀峰．采用单目视觉的非合作目标星状态估计 [J]．宇航学报，2019，40 (10)：1243 -1250.

[57] 高登巍，罗建军，马卫华，等．接近和跟踪非合作机动目标的非线性最优控制 [J]．宇航学报，2013，34 (6)：773 -781.

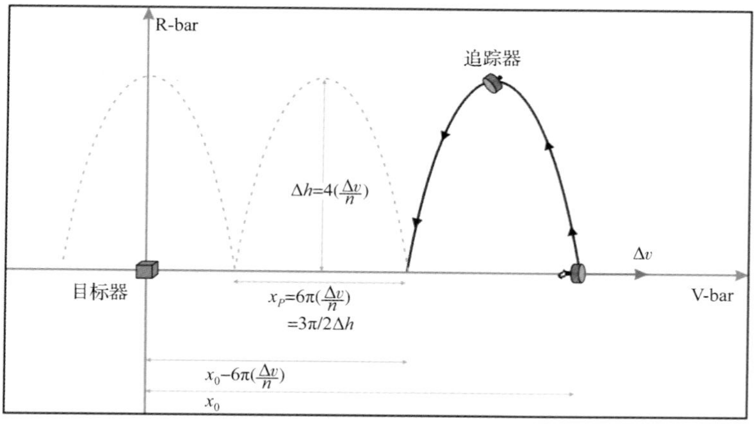

图 3－6　跳跃轨迹尺寸

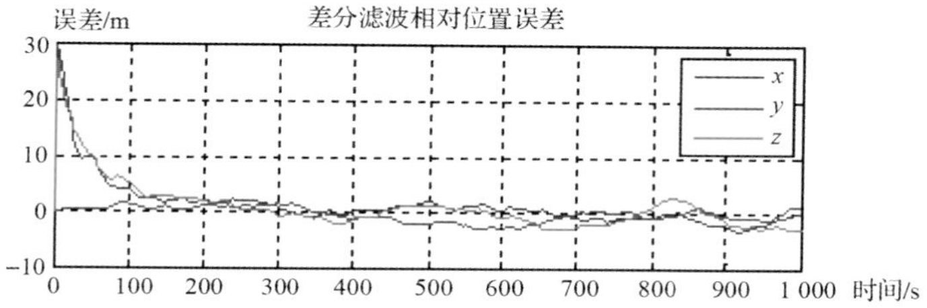

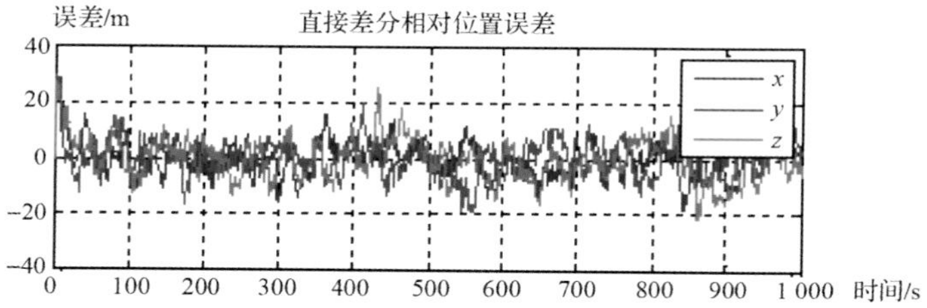

图 6－3　相对位置误差对比分析曲线

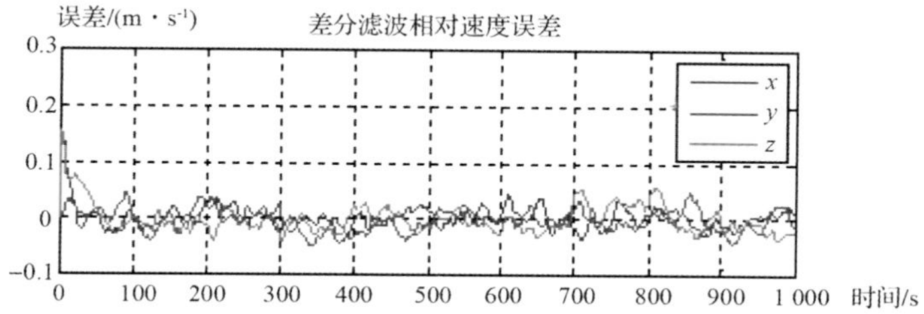

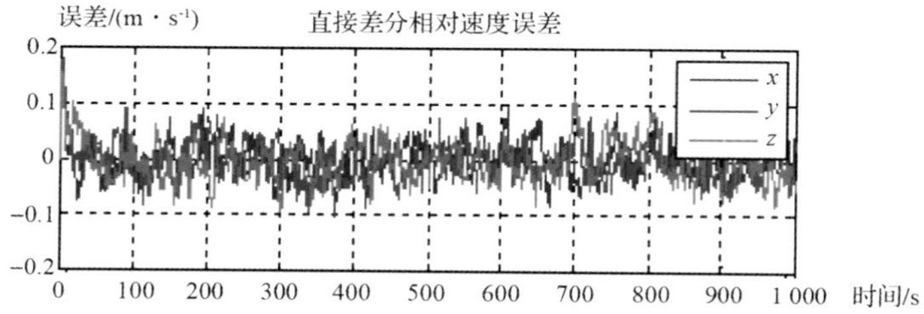

图 6－4　相对速度误差对比分析曲线

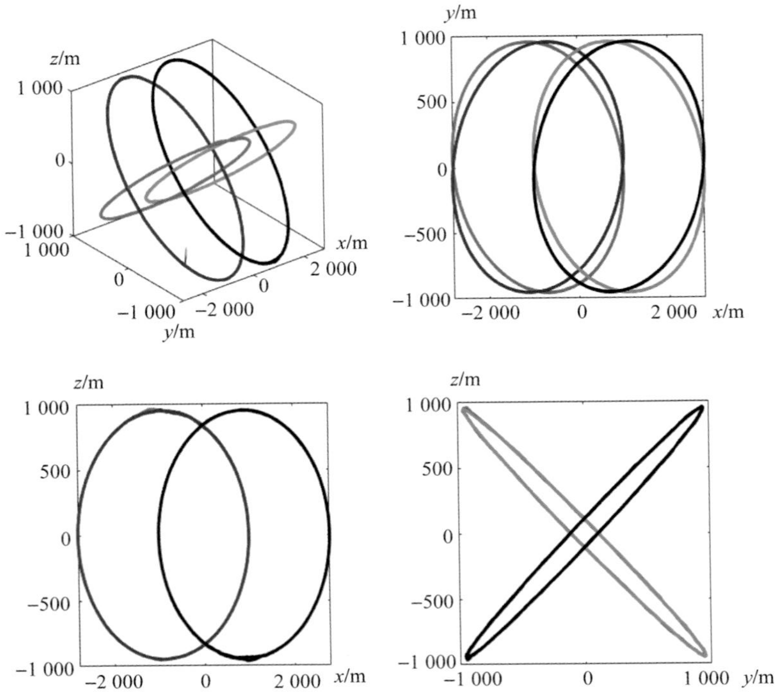

图 6－16　周期相对运动的仅测距镜像轨道（粗实线为真实轨道，其他线为镜像轨道）

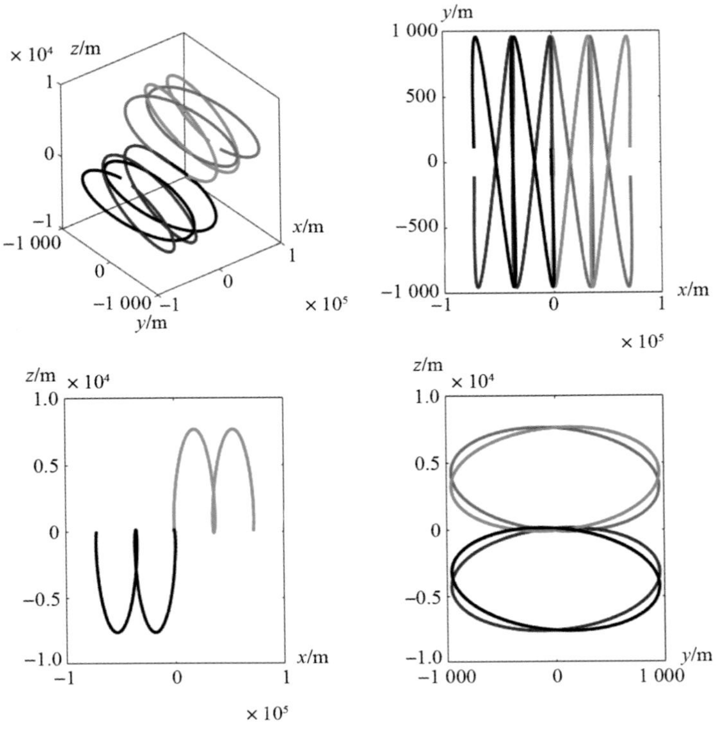

图 6－17　非周期相对运动的仅测距镜像轨道

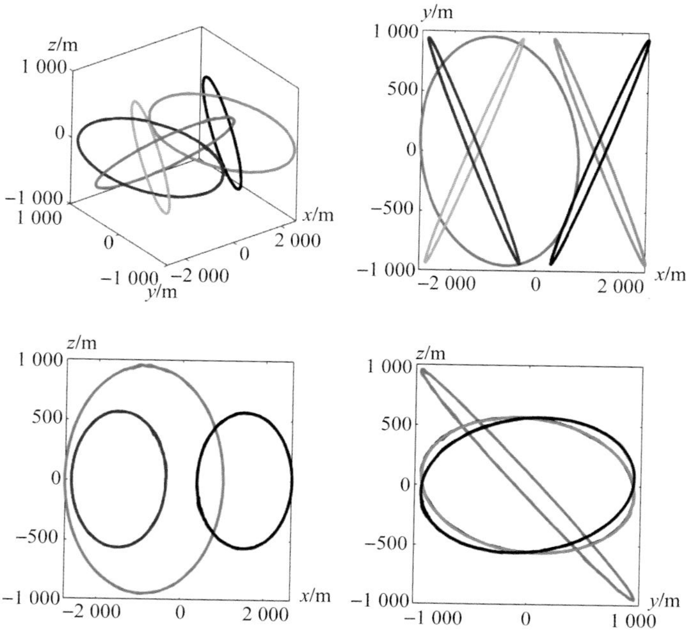

图 6－18　周期相对运动的仅测距变形模糊轨道

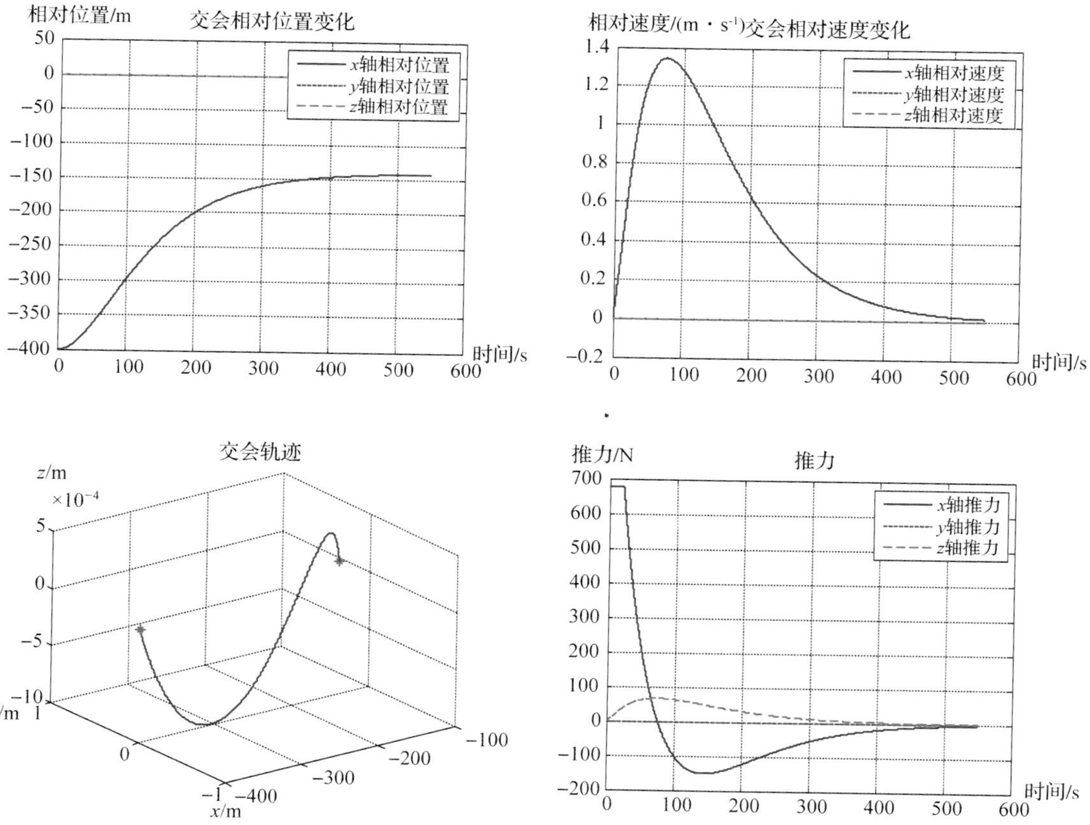

图 8－4　PD 连续推力控制结果

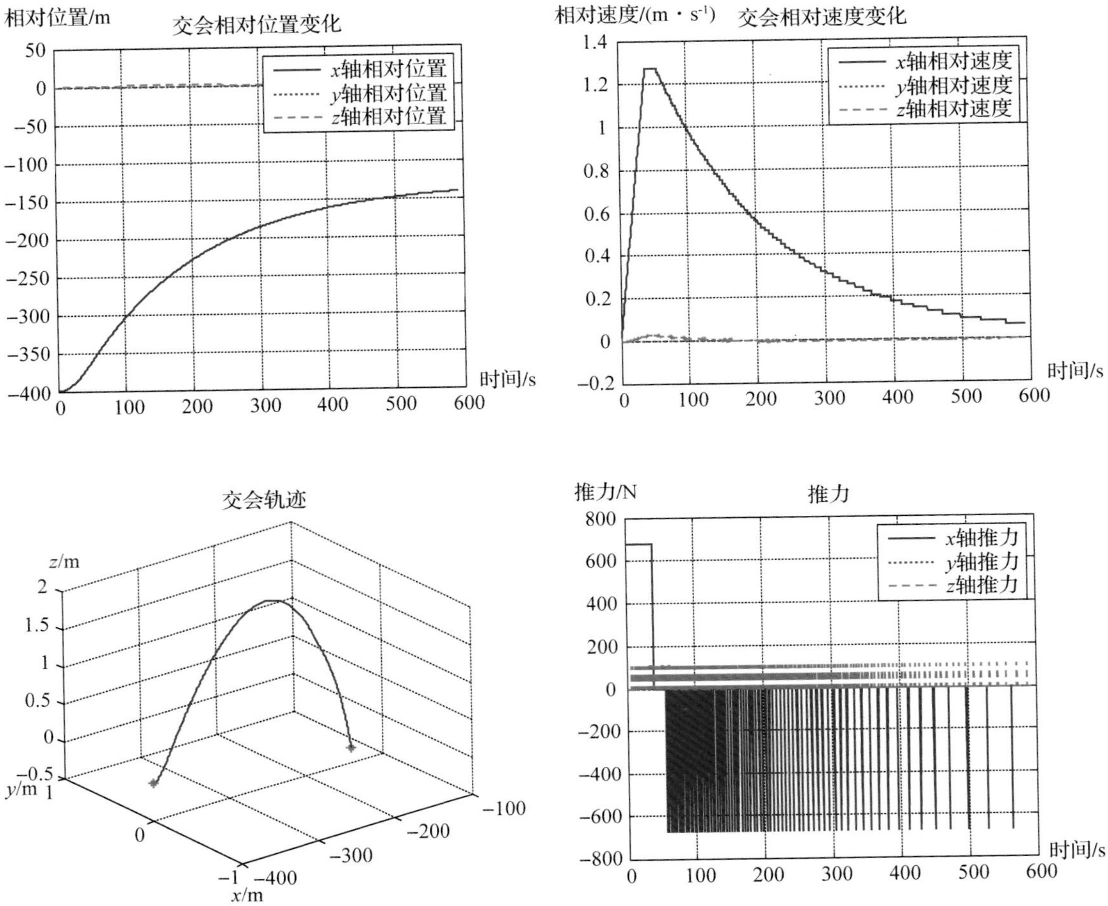

图 8-5　有限常值推力的滑模变结构控制结果

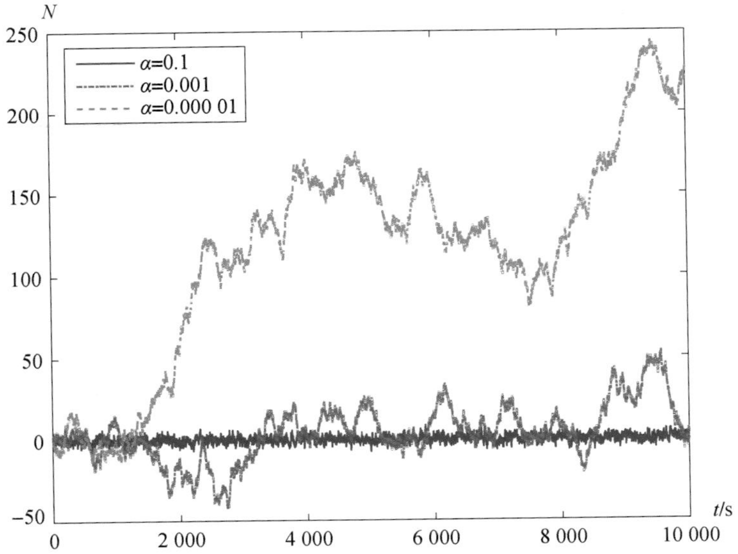

图 11-6　不同量级反相关时间下的一阶马尔科夫过程示例